U0302808

普通高等教育案例版系列教材

供药学、药物制剂、临床药学、中药学、制药工程、医药营销等专业使用

案例版

高 等 数 学

主　编　黄榕波

副主编　刘启贵　滕　辉　吕兴汉　宁　刚

编　委　（按姓氏笔画排序）

马　勇（包头医学院）

宁　刚（广东药科大学）

吕兴汉（首都医科大学）

刘启贵（大连医科大学）

关　理（沈阳医学院）

李国荣（大连医科大学）

赵　燕（新乡医学院）

黄榕波（广东药科大学）

崔慧萍（广东药科大学）

董健卫（广东药科大学）

滕　辉（齐齐哈尔医学院）

科学出版社

北　京

郑 重 声 明

为顺应教学改革潮流和改进现有的教学模式，适应目前高等医学院校的教育现状，提高医学教育质量，培养具有创新精神和创新能力的医学人才，科学出版社在充分调研的基础上，首创案例与教学内容相结合的编写形式，组织编写了案例版系列教材。案例教学在医学教育中，是培养高素质、创新型和实用型医学人才的有效途径。

案例版教材版权所有，其内容和引用案例的编写模式受法律保护，一切抄袭、模仿和盗版等侵权行为及不正当竞争行为，将被追究法律责任。

图书在版编目（CIP）数据

高等数学 / 黄榕波主编.—北京：科学出版社，2016.8
普通高等教育案例版系列教材
ISBN 978-7-03-048595-3

Ⅰ.①高… Ⅱ.①黄… Ⅲ.①高等数学—高等学校—教材 Ⅳ.①O13

中国版本图书馆 CIP 数据核字（2016）第 125330 号

责任编辑：王 超 胡治国 / 责任校对：何艳萍
责任印制：徐晓晨 / 封面设计：陈 敬

版权所有，违者必究。未经本社许可，数字图书馆不得使用

科 学 出 版 社 出版
北京东黄城根北街 16 号
邮政编码：100717
http://www.sciencep.com

北京虎彩文化传播有限公司 印刷
科学出版社发行 各地新华书店经销
*

2016 年 8 月第 一 版 开本：787×1092 1/16
2022 年 8 月第八次印刷 印张：12 1/2
字数：358 000
定价：39.80 元
（如有印装质量问题，我社负责调换）

前　言

药学高等数学案例版教材具有如下特色：

（1）突出药学特色，突出数学在药学中的应用，突显数学与药学的交叉融合，提高学生应用数学的意识和能力.

（2）以案例为引导，培养学生应用数学解决实际问题特别是药学问题的能力，以案例分析为切入点，提高学生数学建模的能力，从而达到培养学生创新思维的目的.

（3）全书保持了案例引导和数学基本知识体系的统一，既可按传统的教学方式开展教学，也可按讨论式、以问题为引导等教学方式开展教学.

（4）突出数学实验教学，提高学生使用计算机技术解决数学问题的能力，达到提高学生综合素质的教学目的.

本书以四年制药学及中药学本科专业学生为主要使用对象，兼顾医药学其他专业．全书内容共十章，涵盖了一元微积分、多元微积分、常微分方程和数学实验等教学内容．便于不同学校和专业根据具体情况对教学内容的选择.

本书在编写和出版过程中得到广东药科大学、首都医科大学、齐齐哈尔医学院、大连医科大学、新乡医学院、沈阳医学院、包头医学院和科学出版社的大力支持和帮助，广东药科大学张磊老师在校对和作图方面做了大量工作，同时本书在编写过程中，参考了许多同类相关的中外教材，在此深表感谢.

本书编者在编写过程中认真负责，踏实用心，扎实工作，但由于水平所限，仍不免存在不当之处，请同行和使用本书的师生不吝赐教，给予指正.

编　者

2016 年 6 月于广州

目　　录

第一章 函数极限与连续

案例 1-1

    快速注射某药物后，药物迅速地分布到血液中，开始时刻血药浓度为 C_0，血药浓度会随时间变化而变化，假定血药浓度变化速率与当时血药浓度成正比. 比例常数为 k.

    问题 1 如何确定经过 t 小时后的血药浓度 $C(t)$？

    问题 2 当 t 越来越大时，血药浓度如何变化？

案例分析

    血药浓度会随时间变化而变化，表明它们之间存在着密切关系，而且对任意一个时刻，都有唯一的血药浓度，这种关系称为函数关系. 确定它们的函数关系具体如下：血药浓度的变化是连续的. 把时间段 $[0, t]$ 等分成 n 小段，每小段时间为 $\dfrac{t}{n}$，当 n 充分大时 $\dfrac{t}{n}$ 很小，每小段内血药浓度的变化速率变化也相当小，可以近似看成常量. 因此第一小段内的变化率为 kC_0，经过第一小段时间后的减小的血药浓度为 $kC_0\dfrac{t}{n}$，故此时的血药浓度为

$$C_1 = C_0 - kC_0\frac{t}{n} = C_0\left(1 - k\frac{t}{n}\right).$$

    由于经过第二小段时间后，血药浓度为

$$C_2 = C_1 - kC_1\frac{t}{n} = C_0\left(1 - k\frac{t}{n}\right) - kC_0\left(1 - k\frac{t}{n}\right)\frac{t}{n} = C_0\left(1 - k\frac{t}{n}\right)^2.$$

    由此类推，经过第 n 小段时间后，血药浓度为

$$C_n = C_0\left(1 - k\frac{t}{n}\right)^n.$$

    当 n 越大时，时间小段越短，所得的结果越精确. 因此当 n 无限增大时，C_n 的变化趋势就是所求的 $C(t)$，即 $C(t) = \lim\limits_{n \to \infty} C_n$，这就是将在后面讲授的极限.

    函数是微积分学研究的基本对象，极限是微积分学的理论基础和工具，本章将介绍函数的概念和性质、极限的定义及计算，同时介绍连续和间断的概念.

第一节 函 数

一、函数的概念

    在案例 1-1 中，血药浓度 C 随着时间 t 变化，而血药浓度变化速率与血药浓度的比例常数 k 不随时间 t 而变化，这两类量显然有不同，分别称为变量与常量. 即在某一变化过程中，数值保持不变的量，称为常量（constant）；在该变化过程中数值变化的量，称为变量（variable）. 例如，圆的半径 r 变化时，圆的面积 $S = \pi r^2$ 随之变化，而圆面积与圆的半径的平方之比 $\dfrac{S}{r^2} = \pi$ 是不变的. 即 S 和 r 是变量，π 是常量. 变量通常在某一范围内变化，其变化范围用集合表示，通常采用区间的形式来表示.

记 $[a,b]=\{x|a\leqslant x\leqslant b,x\in\mathbf{R}\}$，称为闭区间（closed interval）；$(a,b)=\{x|a<x<b,x\in\mathbf{R}\}$，称为开区间（open interval）. 类似地，还可定义半开区间（half-closed interval）和无穷区间（infinite interval），即 $(a,b]=\{x|a<x\leqslant b,x\in\mathbf{R}\}$，称为左开右闭区间；$[a,b)=\{x|a\leqslant x<b,x\in\mathbf{R}\}$，称为左闭右开区间；$(-\infty,+\infty)=\{x|-\infty<x<+\infty,x\in\mathbf{R}\}$. 称开区间 $(x_0-\delta,x_0+\delta)=\{x||x-x_0|<\delta,\delta>0\}$ 为 x_0 的 δ 邻域（neighborhood），记作 $U(x_0,\delta)$，简记为 $U(x_0)$，表示 x_0 的附近. 称 $\{x|0<|x-x_0|<\delta,\delta>0\}$ 为 x_0 的空心 δ 邻域，记作 $\overset{\circ}{U}(x_0,\delta)$，简记为 $\overset{\circ}{U}(x_0)$.

在案例 1-1 中，血药浓度 C 随着时间 t 变化，每一时刻 t 总可以测得唯一的血药浓度 C 与之对应. 它们之间存在着非常密切的关系，这种关系称为函数关系.

函数定义及表示

定义 1.1 设 x 和 y 是某一变化过程中的两个变量，D 是一个给定的非空实数集，若对于任何一个 $x\in D$，变量 y 按某种法则 f 总有唯一确定的值 y 与之对应，则称 y 是 x 的函数（function）. 记为 $y=f(x)$，$x\in D$.

其中，x 称为自变量（independent variable），y 称为因变量（dependent variable），数集 D 称为函数的定义域（domain of definition）. 对于 $x_0\in D$，按照对应法则 f，总有唯一确定的值 y_0（记为 $f(x_0)$ 与之对应，称 $f(x_0)$ 为函数在 x_0 处的函数值. 当自变量 x 取遍 D 中的所有数值时，所有函数值 $f(x)$ 的全体构成的集合称为函数的值域（domain of function value），记为 $f(D)$，即

$$f(D)=\{y|y=f(x),x\in D\}.$$

当函数关系由实际问题给出时，函数的定义域应由实际问题的具体要求来确定，如血药浓度 C 与时间 t 的函数关系记为：$C=C(t)$，$t\in[0,+\infty)$.

函数 $y=f(x)$ 对定义域 D 内每一个确定的 x 值，只有唯一的一个 y 值与其相对应，称为单值函数，在本书定义的函数都是单值函数. 如果对于定义域中的一个 x 值，有两个或以上不同的 y 值与之对应的函数，称为多值函数. 不属于定义 1.1 中定义的函数.

对于以 x 为自变量的关系 $y^2=4x$ 而言，定义域为 $x\geqslant 0$. 可是与每一个大于零的 x 值对应的 y 值有两个：$y=2\sqrt{x}$ 和 $y=-2\sqrt{x}$. 例如，当 $x=1$ 时，$y=2$ 和 $y=-2$ 等.

在平面直角坐标系 xOy 中，点集 $\{(x,y)|y=f(x),x\in D\}$ 称作函数 $y=f(x)$ 的图形或图像.

函数的表示法常用有三种：解析法、图像法、表格法.

例 1.1 使用把染料注入静脉然后从动脉采集血样测定染料浓度的方法测心输出量. 获得数据见表 1-1.

表 1-1 染料浓度变化数据

时间 t/秒	0	2	4	6	8	10
浓度 C/毫克%	0.00	0.40	0.47	0.55	0.52	0.38

浓度 C 与时间 t 的关系由表 1-1 表示. 把表中数据 (t_i,C_i) 描在二维坐标系中并用光滑曲线连接得到一曲线如图 1-1 所示，这条曲线近似表示染料浓度与时间之间的函数关系，此为函数的图像表示法.

例 1.2 Cowling 公式 $y=\dfrac{(x+1)C}{24}$ 表示未成年人服药剂量与年龄的函数关系，其中 C 表示成年人服药剂量，x 表示年龄，y 表示服药剂量. 中国未成年人是指 18 周岁以下的人，故该函数的定义域 $D=[0,18]$.

约定　当函数使用解析法表示时，函数的定义域就是使解析式有意义的一切实数所构成的集合，这种定义域又称为函数的自然定义域.

例 1.3　确定函数 $y = \dfrac{1}{\sqrt{4-9x^2}}$ 的自然定义域.

解　为使根号内的数大于等于 0，且分母不为 0，必须 $4-9x^2 > 0$，即

$$\begin{cases} 2+3x > 0 \\ 2-3x > 0 \end{cases} \quad \text{或} \quad \begin{cases} 2+3x < 0 \\ 2-3x < 0 \end{cases}$$

得函数的定义域 $D = \left(-\dfrac{2}{3}, \dfrac{2}{3}\right)$.

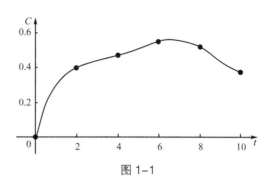

图 1-1

例 1.4　函数 $y = \begin{cases} 1, & x > 0, \\ 0, & x = 0, \\ -1, & x < 0, \end{cases}$ 其定义域为 $D = (-\infty, +\infty)$，值域为 $f(D) = \{1, 0, -1\}$. 称为符号函数，记为 $y = \operatorname{sgn} x$，图形由几段不同的曲线组成，图形如图 1-2 所示. 这类在定义域的不同范围，函数表达式不同的函数称为分段函数.

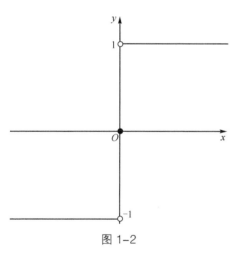

图 1-2

二、函数的性质

（一）函数的有界性

设函数 $y = f(x)$ 在实数集 D 内有定义，若存在一个正数 M，对于所有的 $x \in D$，恒有 $|f(x)| \leqslant M$，则称函数 $y = f(x)$ 在 D 内有界（bounded），M 称为函数 $y = f(x)$ 在 D 内的界. 如果对于任意的正数 M，总存在 $x_0 \in D$，使得 $f(x_0) > M$，则称 $y = f(x)$ 在 D 内无界（unbounded）.

例如，对于任意 $x \in \mathbf{R}$，恒有 $|\sin 2x| \leqslant 1$，因此函数 $y = \sin 2x$ 在 $\mathbf{R}$ 上有界. 例 1.2 和例 1.4 给出的函数在其定义域上均是有界函数. 而例 1.3 给出的函数是无界函数. 确定函数是否有界与考虑的范围密切相关.

（二）函数的单调性

设函数 $y = f(x)$ 在实数集 D 内有定义，如果对实数集 D 内的任意两点 x_1 和 x_2，当 $x_1 < x_2$ 时，总有 $f(x_1) < f(x_2)$，则称函数 $f(x)$ 在 D 内是单调递增的；当 $x_1 < x_2$ 时，总有 $f(x_1) > f(x_2)$，则称函数 $f(x)$ 在 D 内是单调递减的. 单调递增和单调递减的函数统称为单调函数. 函数的单调性与考虑的范围有关.

单调递增函数的图形是沿 x 轴正方向逐渐上升的曲线（图 1-3）；单调递减函数的图形是沿 x 轴正方向逐渐下降的曲线（图 1-4）.

（三）函数的奇偶性

如果函数 $y = f(x)$ 对其定义域内的每一个 x，都有 $f(-x) = f(x)$ 成立，那么函数的图形关于 y 轴对称，称 $f(x)$ 为偶函数. 例如，函数 $f(x) = 2x^2 - 1$，$f(x) = \dfrac{x^3 - x}{x}$ 均是偶函数.

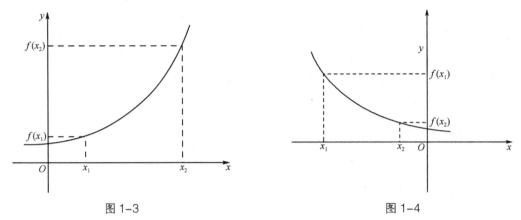

图 1-3   图 1-4

如果函数 $y=f(x)$ 对其定义域内的每一个 x，都有 $f(-x)=-f(x)$ 成立，那么函数的图形关于原点对称，称 $f(x)$ 为奇函数. 例如函数 $f(x)=2x^3-x$ 是奇函数. 而函数 $f(x)=x^3-1$ 非奇非偶.

例 1.5 绝对值函数 $|x|=\begin{cases} x, & x>0, \\ 0, & x=0, \\ -x, & x<0, \end{cases}$ 是偶函数，图像如图 1-5 所示. 绝对值函数的图形在原点处有一个尖角.

例 1.6 对于任意一个实数 x，取它的不超过 x 的最大整数值作为 y 值，称为对 x 取整，也称之为取整函数，记作 $y=[x]$. 例如，$[0.36]=0$，$[\sqrt{2}]=1$，$[-\pi]=-4$ 等. 取整函数定义域为 $(-\infty,+\infty)$，值域为整数集 **Z**，图像如图 1-6 所示. 取整函数的图形在每个整数的地方出现一次跳跃.

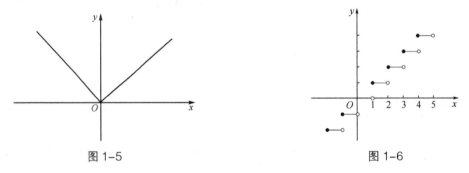

图 1-5   图 1-6

（四）函数的周期性

对于函数 $y=f(x)$，$x\in D$，若存在一个不等于零的常数 T，使得对每一个 $x\in D$，都有 $f(x+T)=f(x)$，则称 $y=f(x)$ 为周期函数，并称常数 T 为这个函数的周期. 周期函数的周期不是唯一的，通常所讲的周期指它的最小正周期.

例如，$\dfrac{2n\pi}{\omega}(n=\pm1,\pm2,\cdots)$ 都是函数 $y=\sin(\omega(x+b))$ 的周期，而最小正周期为 $\dfrac{2\pi}{\omega}$.

三、复合函数与反函数

（一）复合函数

两个函数 $f(x)$ 和 $g(x)$ 串联起来可以产生新的函数关系 $f\circ g$ 和 $g\circ f$（图 1-7），即把前一个函数的函数值作为后一个函数的输入，通过后一个函数得到最终输出，这种运算称为复合运算，得到的新函数称为复合函数.

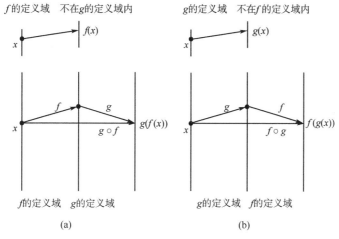

图 1-7

定义 1.2 设 $y=f(u)$ 的定义域为 D，$u=\varphi(x)$ 的定义域为 E，且 $D\bigcap\varphi(E)$ 非空，则称函数 $y=f[\varphi(x)]$ 是由函数 $u=\varphi(x)$ 和函数 $y=f(u)$ 复合而成的复合函数（compound function）. 其中，u 称为中间变量.

例 1.7 设 $y=\sqrt{u}$ 和 $u=1-x^2$ 复合而成的复合函数是 $y=\sqrt{1-x^2}$. 由于 $y=\sqrt{u}$ 的定义域为 $u\geqslant 0$，只有 $1-x^2\geqslant 0$，即 $x\in[-1,1]$ 时，复合函数 $y=\sqrt{1-x^2}$ 才有意义. 故这个函数的定义域为[-1，1].

复合函数的中间变量可以是两个或两个以上. 在微积分学的计算中，经常会遇到复合函数，并且常常需要将一个比较复杂的复合函数分解成若干个简单的函数.

例 1.8 已知函数 $F(x)=(x+1)^6$，且复合函数 $F=f\circ g$，求 f 和 g.

解 $F(x)=(x+1)^6$ 由 $f(u)=u^6$，$g(x)=x+1$ 复合而成.

例 1.9 指出函数 $y=\sqrt[3]{\lg\left(\dfrac{x+1}{x-1}\right)}$ 是由哪些函数复合而成的.

解 $y=\sqrt[3]{\lg\left(\dfrac{x+1}{x-1}\right)}$ 是由 $y=\sqrt[3]{u}$，$u=\lg v$，$v=\dfrac{x+1}{x-1}$ 复合而成的.

（二）反函数

定义 1.3 设函数 $y=f(x)$ 的定义域为 D，值域为 $f(D)$. 若对任一个 $y\in f(D)$，均存在唯一的 $x\in D$ 与之对应，即满足 $f(x)=y$，由此说明 x 是 y 的函数，称这个函数为 $y=f(x)$ 的反函数（inverse function），记为 $x=f^{-1}(y)$，$y\in f(D)$. 习惯上，以 x 表示自变量，y 表示因变量，故 $y=f(x)$ 的反函数记为 $y=f^{-1}(x)$. $y=f(x)$ 称为直接函数. 例如，$y=x^3+1$ 的反函数为 $y=\sqrt[3]{x-1}$.

定理 1.1 若 $y=f(x)$ 在定义域 D 上是单调函数，则在 D 上存在反函数.（证明略）

例如，函数 $f(x)=x^3$ 在 $(-\infty,+\infty)$ 内单调递增，则在 $(-\infty,+\infty)$ 存在反函数 $g(x)=\sqrt[3]{x}$.

四、初 等 函 数

（一）基本初等函数

幂函数、指数函数、对数函数、三角函数和反三角函数统称为基本初等函数.

1. 幂函数、指数函数和对数函数 幂函数、指数函数和对数函数的基本情况简介见表 1-2.

表 1-2

函数	解析式与定义域	性态
幂函数	$y=x^\alpha$ 定义域、值域与图形随 α 的值不同而异	不论 α 为何值，x^α 在 $(0,+\infty)$ 内总有定义，所有图形都通过点（1，1）（图 1-8，图 1-9）
指数函数	$y=a^x(a>0,a\neq 1)$ 定义域为 $(-\infty,+\infty)$，值域为 $(0,+\infty)$	图形通过（0，1）．当 $a>1$ 时，函数单调递增；当 $0<a<1$ 时，函数单调递减（图 1-10）
对数函数	$y=\log_a x(a>0,a\neq 1)$ 定义域为 $(0,+\infty)$，值域为 $(-\infty,+\infty)$．	图形通过点（1，0）．当 $a>1$ 时，函数单调递增；当 $0<a<1$ 时，函数单调递减（图 1-11）．对数函数与指数函数互为反函数．

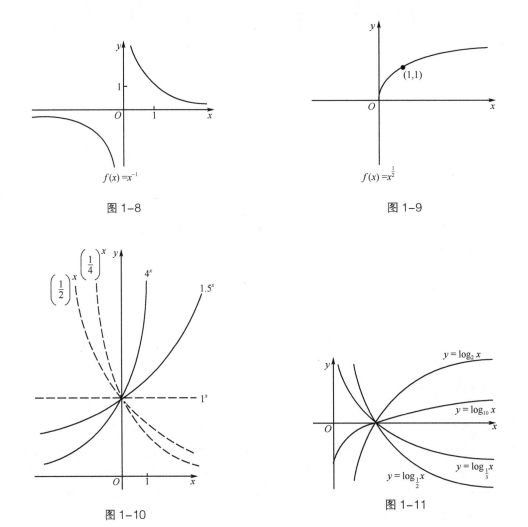

图 1-8　　　　　　　　　　　　图 1-9

图 1-10　　　　　　　　　　　　图 1-11

2. 三角函数　$y=\sin x$，$y=\cos x$，$y=\tan x$，$y=\cot x$ 定义域、值域及有关性态列表说明见表 1-3.

表 1-3

函数	解析式与定义域	性态
正弦函数	$y = \sin x$ 定义域 $(-\infty, +\infty)$，值域 $[-1, 1]$	周期为 2π 的奇函数，图形如图 1-12（a）所示
余弦函数	$y = \cos x$ 定义域为 $(-\infty, +\infty)$，值域为 $[-1, 1]$	周期为 2π 的偶函数，图形如图 1-12（b）所示
正切函数	$y = \tan x$ 定义域为 $x \neq \dfrac{(2k+1)}{2}\pi$，$k = 0, \pm 1, \cdots$，值域为 $(-\infty, +\infty)$	周期为 π 的奇函数，图形如图 1-12（c）所示
余切函数	$y = \cot x$ 定义域为 $x \neq k\pi$，$k = 0, \pm 1, \cdots$，值域为 $(-\infty, +\infty)$	周期为 π 的奇函数，图形如图 1-12（d）所示

除此之外，还有正割函数 $y = \sec x = \dfrac{1}{\cos x}$ 与余割函数 $y = \csc x = \dfrac{1}{\sin x}$.

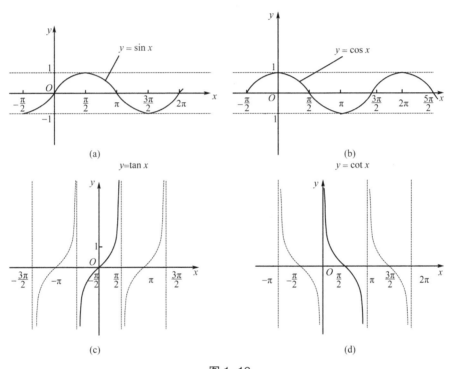

图 1-12

关于三角函数的重要公式见表 1-4.

表 1-4　三角函数的重要公式

三角公式	
奇偶公式	**余角公式**
$\sin(-x) = -\sin x$	$\sin\left(\dfrac{\pi}{2} - x\right) = \cos x$
$\cos(-x) = \cos x$	$\cos\left(\dfrac{\pi}{2} - x\right) = \sin x$
$\tan(-x) = -\tan x$	$\tan\left(\dfrac{\pi}{2} - x\right) = \cot x$
三角恒等式	**和角公式**
$\sin^2 x + \cos^2 x = 1$	$\sin(x+y) = \sin x \cos y + \cos x \sin y$
$1 + \tan^2 x = \sec^2 x$	$\cos(x+y) = \cos x \cos y - \sin x \sin y$

续表

三角公式	
三角恒等式	和角公式
$1 + \cot^2 x = \csc^2 x$	$\tan(x + y) = \dfrac{\tan x + \tan y}{1 - \tan x \tan y}$
倍角公式	半角公式
$\sin 2x = 2 \sin x \cos x$	$\sin \dfrac{x}{2} = \pm \sqrt{\dfrac{1 - \cos x}{2}}$
$\cos 2x = \cos^2 x - \sin^2 x = 2\cos^2 x - 1 = 1 - 2\sin^2 x$	$\cos \dfrac{x}{2} = \pm \sqrt{\dfrac{1 + \cos x}{2}}$
和差化积公式	积化和差公式
$\sin x + \sin y = 2 \sin \dfrac{x+y}{2} \cos \dfrac{x-y}{2}$	$\sin x \cos y = \dfrac{1}{2}\left[\sin(x+y) + \sin(x-y)\right]$
$\cos x + \cos y = 2 \cos \dfrac{x+y}{2} \cos \dfrac{x-y}{2}$	$\cos x \cos y = \dfrac{1}{2}\left[\cos(x+y) + \cos(x-y)\right]$
	$\sin x \sin y = -\dfrac{1}{2}\left[\cos(x+y) - \cos(x-y)\right]$

3. 反三角函数

正弦函数 $y = \sin x$ 在定义域 $(-\infty, +\infty)$ 上不存在反函数, 把正弦函数 $y = \sin x$ 的定义域限制在一个单调区间 $\left[-\dfrac{\pi}{2}, \dfrac{\pi}{2}\right]$ 上, 得到新的函数 $y = \sin x, x \in \left[-\dfrac{\pi}{2}, \dfrac{\pi}{2}\right]$, 则 $y = \sin x$ 在 $\left[-\dfrac{\pi}{2}, \dfrac{\pi}{2}\right]$ 是单调函数, 存在反函数, 这个反函数称为反正弦函数, 记为 $x = \arcsin y, y \in [-1, 1]$, x, y 互换得其反函数为 $y = \arcsin x, x \in [-1, 1]$, 值域为 $\left[-\dfrac{\pi}{2}, \dfrac{\pi}{2}\right]$ 称为主值区间.

同理, 由 $y = \cos x, x \in [0, \pi]$, $y = \tan x, x \in \left(-\dfrac{\pi}{2}, \dfrac{\pi}{2}\right)$, $y = \cot x, x \in (0, \pi)$ 可得到反余弦函数 $y = \arccos x, x \in [-1, 1]$, 反正切函数 $y = \arctan x, x \in (-\infty, +\infty)$, 反余切函数 $y = \operatorname{arccot} x, x \in (-\infty, +\infty)$. 它们的定义域、值域及有关性态列表说明见表 1-5.

表 1-5

函数	解析式与定义域	性态
反正弦函数	$y = \arcsin x$ 定义域: $[-1, 1]$	主值区间 $\left[-\dfrac{\pi}{2}, \dfrac{\pi}{2}\right]$, 图形如图 1-13 (a) 所示
反余弦函数	$y = \arccos x$ 定义域: $[-1, 1]$	主值区间 $[0, \pi]$, 图形如图 1-13 (b) 所示
反正切函数	$y = \arctan x$ 定义域: $(-\infty, +\infty)$	主值区间 $\left(-\dfrac{\pi}{2}, \dfrac{\pi}{2}\right)$, 图形如图 1-13 (c) 所示
反余切函数	$y = \operatorname{arccot} x$ 定义域: $(-\infty, +\infty)$	主值区间 $(0, \pi)$, 图形如图 1-13 (d) 所示

例 1.10 求下列各反三角函数的值:

(1) $\arcsin \dfrac{\sqrt{3}}{2}$; (2) $\arccos 1$; (3) $\arctan 1$; (4) $\operatorname{arccot} \dfrac{1}{\sqrt{3}}$.

解 (1) 因为 $\sin \dfrac{\pi}{3} = \dfrac{\sqrt{3}}{2}$, 且 $-\dfrac{\pi}{2} \leqslant \dfrac{\pi}{3} \leqslant \dfrac{\pi}{2}$, 所以 $\arcsin \dfrac{\sqrt{3}}{2} = \dfrac{\pi}{3}$.

(2) 因为 $\cos 0 = 1$, 且 $0 \leqslant 0 \leqslant \pi$, 所以 $\arccos 1 = 0$.

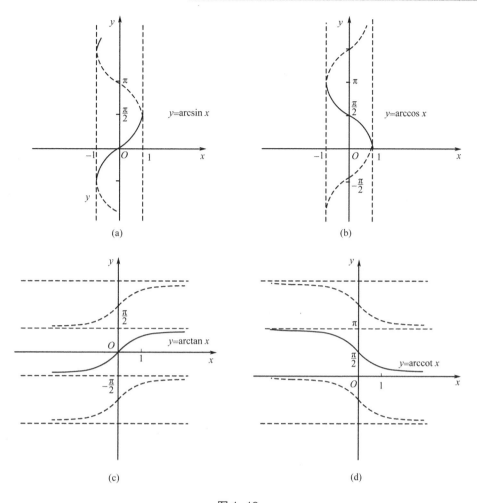

图 1-13

（3）因为 $\tan\dfrac{\pi}{4}=1$，且 $-\dfrac{\pi}{2}<\dfrac{\pi}{4}<\dfrac{\pi}{2}$，所以 $\arctan 1 = \dfrac{\pi}{4}$.

（4）因为 $\cot\dfrac{\pi}{3}=\dfrac{1}{\sqrt{3}}$，且 $0<\dfrac{\pi}{3}<\pi$，所以 $\operatorname{arccot}\dfrac{1}{\sqrt{3}}=\dfrac{\pi}{3}$.

（二）初等函数

由基本初等函数经过有限次四则运算或有限次复合运算而构成，并可以用一个解析式表示的函数称为初等函数. 例如，一次函数 $y=ax+b$，二次函数 $y=x^2+px+q$，多项式函数 $y=a_n x^n + a_{n-1}x^{n-1}+\cdots+a_1 x+a_0$ 以 及 $y=\dfrac{x}{3^x-2}+2\cot\sqrt{x^2+a^2}$， $y=\ln(x+\sqrt{x^2+a^2})$， $y=\mathrm{e}^{\sqrt{x-1}}$， $y=\ln[\cos(a^{2x}-3x)]$， $y=\arctan\sqrt[3]{x+1}$ 等都是初等函数.

除初等函数外，还存在非初等函数. 由于分段函数不能用一个解析式表示，所以分段函数不是初等函数. 如 $y=\operatorname{sgn}x$， $y=x^x$ 等均不是初等函数.

第二节 极 限

案例 1-2

　　高等数学课堂上，王老师告诉同学们一个结论：当 x 无限接近 1 但不等于 1，$f(x) = \dfrac{2x^2 - x - 1}{x - 1}$ 函数值接近 3，并且给出具体解释：当 x 与 1 的距离 $|x-1|$ 足够小，但 x 不等于 1 时，$f(x) = \dfrac{2x^2 - x - 1}{x - 1}$ 与 3 的距离 $|f(x) - 3|$ 可以任意小.

　　同学小李问王老师：要使 $|f(x) - 3| < 0.1$，$|x - 1|$ 满足的条件是什么？王老师很快就给出了满足条件：$0 < |x - 1| < 0.05$；小李再次问，如果要使 $|f(x) - 3| < 0.01$，条件又是什么？王老师又很快给出了满足条件：$0 < |x - 1| < 0.005$. 小李每次的问题王老师总能轻松回答.

　　问题 为什么王老师总能轻松回答小李的挑战？

　　极限是微积分的理论基础，极限的基本问题就是：当 x 接近某个常数 x_0 时，函数 $f(x)$ 的变化趋势是什么？王老师与小李讨论的问题就是一个具体函数 $f(x)$ 的极限基本问题. 然而 $f(x)$ 可以是各种不同的实际问题，如通过计算圆内接正多边形的面积推算圆的面积，即求出圆内接正 n 边形的面积，当 n 趋于无穷大时圆内接正 n 边形的面积的极限就是圆的面积. 又如求曲线段长度时，在曲线上取点，然后用直线依次相连，当取点的个数趋于无穷大时，各线段长度之和的极限就是曲线段的长度. 又如案例 1-1 中，当时间 t 无限增加时，血药浓度 $C(t)$ 的变化趋势.

函数的极限

（一）$x \to x_0$ 时函数 $f(x)$ 的极限

　　案例 1-2 中王老师告诉同学的结论就是函数极限的直观描述性定义. 完整的定义如下.

　　定义 1.4　设函数 $f(x)$ 在点 x_0 的某个空心邻域 $\overset{\circ}{U}(x_0)$ 有定义，如果当 x 无限趋近于 x_0，函数 $f(x)$ 接近一个确定的常数 A，则称 $f(x)$ 当 $x \to x_0$ 时的极限存在，常数 A 称为函数 $f(x)$ 当 $x \to x_0$ 时的极限（limit）. 记作

$$\lim_{x \to x_0} f(x) = A \quad \text{或} \quad f(x) \to A \, (x \to x_0).$$

否则称 $f(x)$ 当 $x \to x_0$ 时的极限不存在.

　　例 1.11　求 $\lim\limits_{x \to 1}(2x + 1)$.

　　解　通过观察，当 $x \to 1$ 时，$2x + 1$ 趋于 $2 \times 1 + 1 = 3$. 记作

$$\lim_{x \to 1}(2x + 1) = 3.$$

　　例 1.12　求 $\lim\limits_{x \to 1} \dfrac{x^2 - 1}{x - 1}$.

　　解　$\dfrac{x^2 - 1}{x - 1}$ 在 $x = 1$ 处没有定义. 通过计算函数在 $x = 0.9, 0.99, 0.995, 1.01, 1.001$ 处的函数值，可以知道当 $x \to 1$ 时 $f(x)$ 的变化趋势. 下面通过代数知识化简解决问题是个好办法.

$$\lim_{x \to 1} \frac{x^2 - 1}{x - 1} = \lim_{x \to 1} \frac{(x+1)(x-1)}{x - 1} = \lim_{x \to 1}(x + 1) = 1 + 1 = 2.$$

例 1.13 求 $\lim\limits_{x\to 0}\sin\dfrac{1}{x}$.

解 计算函数在 $x=\dfrac{2}{k\pi},k=1,2,\cdots$ 处的值，具体计算见表 1-6.

表 1-6

x	$\dfrac{2}{\pi}$	$\dfrac{2}{2\pi}$	$\dfrac{2}{3\pi}$	$\dfrac{2}{4\pi}$	$\dfrac{2}{5\pi}$	$\dfrac{2}{6\pi}$	$\dfrac{2}{7\pi}$	$\dfrac{2}{8\pi}$	$\dfrac{2}{9\pi}$	$\dfrac{2}{10\pi}$	$\dfrac{2}{11\pi}$	$\dfrac{2}{12\pi}$	$\to$	0
$\sin\dfrac{1}{x}$	+1	0	−1	0	+1	0	−1	0	+1	0	−1	0	$\to$	?

可以观察得到，当 $x\to 0$ 时，$\sin\dfrac{1}{x}$ 没有趋近于唯一的常数 A，于是 $\lim\limits_{x\to 0}\sin\dfrac{1}{x}$ 的极限不存在.

例 1.14 案例 1-2 的案例分析.

解 王老师使用距离 $|f(x)-3|$ 表示 $f(x)$ 与 3 的接近度，使用距离 $|x-1|$ 表示 x 与 1 的接近度（$|x-1|>0$ 表示 x 不等于 1）. 事实上，王老师回答同学小李问题的方法如下：让 ε 表示任意的正实数（ε 可以任意小）代替 0.1，0.01 等具体的值.

考察

$$|f(x)-3|=\left|\frac{2x^2-x-1}{x-1}-3\right|<\varepsilon\Leftrightarrow |2x+1-3|<\varepsilon\Leftrightarrow |x-1|<\frac{\varepsilon}{2}.$$

王老师选择了 $\delta=\dfrac{\varepsilon}{2}$，只要 $0<|x-1|<\delta$，总有

$$|f(x)-3|=\left|\frac{2x^2-x-1}{x-1}-3\right|<\varepsilon.$$

相当于说，只要 x 与 1 的距离小于 $\delta=\dfrac{\varepsilon}{2}$，则 $f(x)=\dfrac{2x^2-x-1}{x-1}$ 与 3 的距离就小于 ε. 因此无论小李给出什么样的距离 ε，王老师总能轻松回答. 由于 ε 的任意性，所以式子 $|f(x)-3|=\left|\dfrac{2x^2-x-1}{x-1}-3\right|<\varepsilon$ 表达了 $f(x)=\dfrac{2x^2-x-1}{x-1}$ 与 3 的距离任意小. 于是得到下列的等价形式.

当 x 无限趋近于 x_0 但不等于 x_0 时，函数 $f(x)$ 接近一个确定的常数 $A\Leftrightarrow$ 当 x 与 x_0 的距离足够小时，函数 $f(x)$ 与常数 A 的距离可以任意小 $\Leftrightarrow$ 任意给定的正数 ε（不论它多么小），总存在一个正数 δ，对满足不等式 $0<|x-x_0|<\delta$ 的一切 x，恒有 $|f(x)-A|<\varepsilon$.

下面给出微积分中最重要的定义——极限的精确定义.

*定义 1.5 设函数 $f(x)$ 在点 x_0 的某个空心邻域 $\mathring{U}(x_0)$ 内有定义，如果对任意给定的正数 ε（不论它多么小），总存在一个正数 δ，对满足不等式 $0<|x-x_0|<\delta$ 的一切 x，恒有 $|f(x)-A|<\varepsilon$. 则称常数 A 为函数 $f(x)$ 当 $x\to x_0$ 时的极限，记作 $\lim\limits_{x\to x_0}f(x)=A$，或 $f(x)\to A$（$x\to x_0$）.

此定义也称函数极限的"ε-δ"定义.

极限的几何意义：对于由 ε 确定的 δ，当 x 在 x_0 的空心 δ 邻域内取值时，函数 $y=f(x)$ 的图像位于直线 $y=A-\varepsilon$ 与 $y=A+\varepsilon$ 之间（图 1-14）.

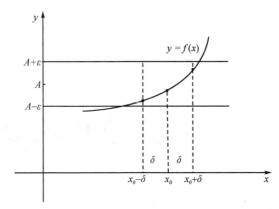

图 1-14

*例 1.15 证明 $\lim\limits_{x \to -1}(3x+1) = -2$.

分析 对任给的正数 ε ，需要确定正数 δ ，使得

$$0 < |x - (-1)| < \delta \Rightarrow |(3x+1) - (-2)| < \varepsilon .$$

为了找到正数 δ ，考察上式右边的不等式

$|(3x+1) - (-2)| < \varepsilon \Leftrightarrow |3x - (-3)| < \varepsilon \Leftrightarrow |3||x - (-1)| < \varepsilon \Leftrightarrow |x - (-1)| < \dfrac{\varepsilon}{3}$ ，易见，取 $\delta = \dfrac{\varepsilon}{3}$ （当然任一小于 $\dfrac{\varepsilon}{3}$ 的 δ 都可以）.

证明 对任给 $\varepsilon > 0$ ，取 $\delta = \dfrac{\varepsilon}{3}$ ，当 $0 < |x - (-1)| < \delta$ 时，总有

$$|(3x+1) - (-2)| = |3x - (-3)| = |3||x - (-1)| < 3\delta = \varepsilon ,$$

所以 $\lim\limits_{x \to -1}(3x+1) = -2$.

在定义 1.4 中，要求 x 从 x_0 的两侧趋近于 x_0 . 但有时只能或只需要考虑 x 从单侧趋近于 x_0 的情况. 如果当 x 从 x_0 的左侧趋近于 x_0 时（记作 $x \to x_0^-$ ，这时 x 总小于 x_0 ）， $f(x)$ 无限趋近于一个确定的常数 A ，则称常数 A 为函数 $f(x)$ 当 $x \to x_0$ 时的左极限. 记作

$$\lim\limits_{x \to x_0^-} f(x) = A \quad \text{或} \quad f(x_0 - 0) = A .$$

如果当 x 从 x_0 的右侧趋近于 x_0 时（记作 $x \to x_0^+$ ，这时 x 总大于 x_0 ）， $f(x)$ 无限趋近于一个确定的常数 A ，则称常数 A 为函数 $f(x)$ 当 $x \to x_0$ 时的右极限. 记作

$$\lim\limits_{x \to x_0^+} f(x) = A \quad \text{或} \quad f(x_0 + 0) = A .$$

定理 1.2 函数 $f(x)$ 当 $x \to x_0$ 时极限存在的充分必要条件是：左、右极限存在且相等.

例 1.16 证明 $\lim\limits_{x \to 0} |x| = 0$.

证明 因为 $\lim\limits_{x \to 0^-} |x| = \lim\limits_{x \to 0^-} (-x) = 0$ ， $\lim\limits_{x \to 0^+} |x| = \lim\limits_{x \to 0^+} x = 0$ ，左、右极限都存在，而且相等，所以， $\lim\limits_{x \to 0} |x| = 0$ （图 1-15）.

例 1.17 讨论函数 $f(x) = \dfrac{x}{|x|}$ 当 $x \to 0$ 时的极限.

解 因为 $\lim\limits_{x \to 0^-} \dfrac{x}{|x|} = \lim\limits_{x \to 0^-} \dfrac{x}{-x} = -1$ ， $\lim\limits_{x \to 0^+} \dfrac{x}{|x|} = \lim\limits_{x \to 0^+} \dfrac{x}{x} = 1$.

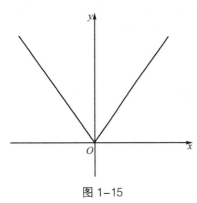

图 1-15

左、右极限都存在但不相等. 所以, $\lim\limits_{x\to 0}\dfrac{x}{|x|}$ 不存在（图 1-16）.

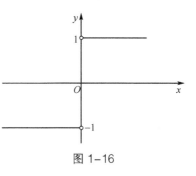

图 1-16

（二）$x\to\infty$ 时函数 $f(x)$ 的极限

记号 $x\to\infty$ 表示 $|x|$ 无限增大, $x\to\infty$ 时 $f(x)$ 的极限的描述性定义如下.

定义 1.6　设 $f(x)$ 是定义在 $\{x\mid |x|\geqslant c, c\text{为常数}\}$ 上的函数, 如果当 x 的绝对值无限增大时, 函数值 $f(x)$ 无限趋近于一个确定的常数 A, 则称 $f(x)$ 当 $x\to\infty$ 时的极限存在, 并称 A 为函数 $f(x)$ 当 $x\to\infty$ 时的极限, 记为 $\lim\limits_{x\to\infty}f(x)=A$, 或 $f(x)\to A\,(x\to\infty)$, 否则, 称 $f(x)$ 当 $x\to\infty$ 时的极限不存在.

下面给出 $x\to\infty$ 时 $f(x)$ 的极限的精确定义.

*定义 1.7　设函数 $f(x)$ 是定义在 $\{x\mid |x|\geqslant c, c\text{为常数}\}$ 上的函数. 如果对任给的正数 ε, 总存在 $X>0$, 使得对于满足不等式 $|x|>X$ 的一切 x, 总有

$$|f(x)-A|<\varepsilon,$$

则称常数 A 为函数 $f(x)$ 当 $x\to\infty$ 时的极限, 记作

$$\lim\limits_{x\to\infty}f(x)=A \quad \text{或} \quad f(x)\to A \quad (x\to\infty).$$

几何意义是: 对于由 ε 确定的 X（正数）, 当 $x<-X$ 或 $x>X$ 时, 函数 $y=f(x)$ 的图形位于直线 $y=A-\varepsilon$ 与 $y=A+\varepsilon$ 之间（图 1-17）.

记号 $x\to+\infty$ 表示 $x>c$（c 为常数）且 $|x|$ 无限增大. 那么只要把上面定义中的 $|x|>X$ 改为 $x>X$, 便得到 $\lim\limits_{x\to+\infty}f(x)=A$ 的定义；记号 $x\to-\infty$ 表示 $x<c$（c 为常数）且 $|x|$ 无限增大,

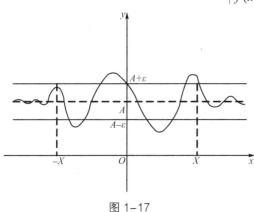

图 1-17

那么只要把定义中的 $|x|>X$ 改为 $x<-X$, 便得到 $\lim\limits_{x\to-\infty}f(x)=A$ 的定义.

*例 1.18　证明 $\lim\limits_{x\to\infty}\dfrac{1}{x^3}=0$.

分析　对任给的正数 ε, 要使不等式 $\left|\dfrac{1}{x^3}-0\right|=\dfrac{1}{|x|^3}<\varepsilon$ 成立, 必须 $\dfrac{1}{|x|}<\sqrt[3]{\varepsilon}$, 即 $|x|>\dfrac{1}{\sqrt[3]{\varepsilon}}$.

证明　对任给的正数 ε, 取 $X=\dfrac{1}{\sqrt[3]{\varepsilon}}$, 对于满足 $|x|>X$ 的一切 x, 都有

$$\left|\dfrac{1}{x^3}-0\right|=\dfrac{1}{|x|^3}<\dfrac{1}{\left(\dfrac{1}{\sqrt[3]{\varepsilon}}\right)^3}=\varepsilon,$$

故 $\lim\limits_{x\to\infty}\dfrac{1}{x^3}=0$.

几何意义为: 直线 $y=0$ 是曲线 $y=\dfrac{1}{x^3}$ 的水平渐近线（图 1-18）.

一般地, 若 $\lim\limits_{x\to\infty}f(x)=A$, 则直线 $y=A$ 是曲线 $y=f(x)$ 的水平渐近线.

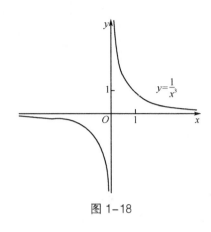

图 1-18

（三）数列的极限

如果函数 $f(x)$ 的定义域为 $\{1,2,3,\cdots\}$ ，则称函数 $f(x)$ 为数列，通常用 $\{a_n\}$ 表示．数列极限 $\lim\limits_{n\to\infty}a_n=A$ 的定义与 $\lim\limits_{x\to\infty}f(x)=A$ 的定义基本一样，只要把函数自变量的取值范围限制在正整数集．

定义 1.8 设 $\{a_n\}$ 是一个数列，A 是一个常数．如果对任给的正数 ε ，总存在一个正整数 N ，使得对于满足不等式 $n>N$ 的一切 n ，总有 $|a_n-A|<\varepsilon$ ．则称常数 A 为数列 $\{a_n\}$ 当 $n\to\infty$ 时的极限，记作

$$\lim_{n\to\infty}a_n=A \quad \text{或} \quad a_n\to A\ (n\to\infty).$$

函数极限的重要定理对数列也同样适用.

第三节　极限的运算

利用极限的直观描述性定义求极限不是一件容易的事情，只能求出一些简单函数的极限．下面介绍极限的四则运算法则，功能强大颇受欢迎，可以解决大部分问题．本节介绍的极限运算法则对 $x\to x_0$ ，$x\to x_0^+$ ，$x\to x_0^-$ ，$x\to\infty$ ，$x\to+\infty$ 和 $x\to-\infty$ 都是成立的．所以，在极限记号 "lim" 的下面不具体标明 x 的变化过程，但必须注意等号左右的变化过程相同．

极限的四则运算

定理 1.3 若 $\lim f(x)=A$ ，$\lim g(x)=B$（A，B 为常数），则有

（1）$\lim[f(x)\pm g(x)]=A\pm B=\lim f(x)\pm\lim g(x)$ ；

（2）$\lim[f(x)\cdot g(x)]=AB=\lim f(x)\cdot\lim g(x)$ ；

（3）$\lim\dfrac{f(x)}{g(x)}=\dfrac{A}{B}=\dfrac{\lim f(x)}{\lim g(x)}(B\neq 0)$ ．

推论 （1）当 C 为常数时，有 $\lim[Cf(x)]=CA=C\cdot\lim f(x)$ ；

（2）$\lim[f^n(x)]=A^n=[\lim f(x)]^n$（$n$ 为正整数）．

例 1.19 求 $\lim\limits_{x\to 2}(5x-1)$ ．

解 $\lim\limits_{x\to 2}(5x-1)=\lim\limits_{x\to 2}5x-\lim\limits_{x\to 2}1=5\lim\limits_{x\to 2}x-1=5\times 2-1=9$ ．

例 1.20 求 $\lim\limits_{x\to 1}\dfrac{2x^3-x+2}{x^2-x+3}$ ．

解 $\lim\limits_{x\to 1}(x^2-x+3)=\lim\limits_{x\to 1}x^2-\lim\limits_{x\to 1}x+\lim\limits_{x\to 1}3=(\lim\limits_{x\to 1}x)^2-\lim\limits_{x\to 1}x+3=1^2-1+3=3\neq 0$ ．

所以，

$$\lim_{x\to 1}\frac{2x^3-x+2}{x^2-x+3}=\frac{\lim\limits_{x\to 1}2x^3-\lim\limits_{x\to 1}x+\lim\limits_{x\to 1}2}{\lim\limits_{x\to 1}(x^2-x+3)}=\frac{2\lim\limits_{x\to 1}x^3-1+2}{(\lim\limits_{x\to 1}x)^2-\lim\limits_{x\to 1}x+3}=\frac{2\times 1^3+1}{1^2-1+3}=1.$$

例 1.21 求 $\lim\limits_{x\to 2}\dfrac{x^2-x-2}{x-2}$ ．

解　$\lim\limits_{x\to 2}\dfrac{x^2-x-2}{x-2}=\lim\limits_{x\to 2}\dfrac{(x-2)(x+1)}{x-2}=\lim\limits_{x\to 2}(x+1)=\lim\limits_{x\to 2}x+1=2+1=3$.

当 $x\to 2$ 时，分母极限为 0，不能直接应用定理 1.3. 通过代数运算（分子分解，消去零因子）将其化为可以应用定理 1.3 的函数.

例 1.22　求 $\lim\limits_{x\to 1}\dfrac{\sqrt{1+x}-\sqrt 2}{x-1}$.

解　$\lim\limits_{x\to 1}\dfrac{\sqrt{1+x}-\sqrt 2}{x-1}=\lim\limits_{x\to 1}\dfrac{(1+x)-2}{(x-1)(\sqrt{1+x}+\sqrt 2)}$

$\qquad=\lim\limits_{x\to 1}\dfrac{1}{\sqrt{1+x}+\sqrt 2}=\dfrac{1}{\lim\limits_{x\to 1}\sqrt{1+x}+\sqrt 2}=\dfrac{1}{2\sqrt 2}$.

注　当 $x\to 0$ 时，分母极限为 0，分子极限也为 0，无法直接应用定理 1.3. 通过代数运算（分子有理化，消去零因子）将其化为可以应用定理 1.3 的函数.

例 1.23　求 $\lim\limits_{x\to 1}\left(\dfrac{1}{x-1}-\dfrac{3}{x^3-1}\right)$.

解　$\lim\limits_{x\to 1}\left(\dfrac{1}{x-1}-\dfrac{3}{x^3-1}\right)=\lim\limits_{x\to 1}\dfrac{x^2+x+1-3}{(x-1)(x^2+x+1)}=\lim\limits_{x\to 1}\dfrac{(x-1)(x+2)}{(x-1)(x^2+x+1)}$

$\qquad=\lim\limits_{x\to 1}\dfrac{x+2}{x^2+x+1}=1$.

当 $x\to 1$ 时，前后两个分式分母极限都为 0，不能直接应用定理 1.3. 通过代数运算（通分，化简，消去零因子）将其化为可以应用定理 1.3 的函数.

上述两个例子都是通过代数运算消去零因子，这种方法称为零因子消去法.

例 1.24　求 $\lim\limits_{x\to\infty}\dfrac{a_mx^m+a_{m-1}x^{m-1}+\cdots+a_1x+a_0}{b_nx^n+b_{n-1}x^{n-1}+\cdots+b_1x+b_0}\ (a_m\neq 0,b_n\neq 0)$.

解　当 $m<n$ 时，

$$\lim\limits_{x\to\infty}\dfrac{a_mx^m+a_{m-1}x^{m-1}+\cdots+a_1x+a_0}{b_nx^n+b_{n-1}x^{n-1}+\cdots+b_1x+b_0}=\lim\limits_{x\to\infty}\dfrac{\dfrac{a_m}{x^{n-m}}+\dfrac{a_{m-1}}{x^{n-m+1}}+\cdots+\dfrac{a_0}{x^n}}{b_n+\dfrac{b_{n-1}}{x}+\cdots+\dfrac{b_0}{x^n}}$$

$$=\dfrac{\lim\limits_{x\to\infty}\dfrac{a_m}{x^{n-m}}+\dfrac{a_{m-1}}{x^{n-m+1}}+\cdots+\dfrac{a_0}{x^n}}{\lim\limits_{x\to\infty}b_n+\dfrac{b_{n-1}}{x}+\cdots+\dfrac{b_0}{x^n}}=\dfrac{0}{b_n}=0 .$$

当 $m>n$ 时，因为 $\lim\limits_{x\to\infty}\dfrac{b_nx^n+b_{n-1}x^{n-1}+\cdots+b_1x+b_0}{a_mx^m+a_{m-1}x^{m-1}+\cdots+a_1x+a_0}=0$ ，所以

$$\lim\limits_{x\to\infty}\dfrac{a_mx^m+a_{m-1}x^{m-1}+\cdots+a_1x+a_0}{b_nx^n+b_{n-1}x^{n-1}+\cdots+b_1x+b_0}=\infty .$$

当 $m=n$ 时，

$$\lim\limits_{x\to\infty}\dfrac{a_mx^m+a_{m-1}x^{m-1}+\cdots+a_1x+a_0}{b_nx^n+b_{n-1}x^{n-1}+\cdots+b_1x+b_0}=\dfrac{\lim\limits_{x\to\infty}\left(a_m+\dfrac{a_{m-1}}{x}+\cdots+\dfrac{a_0}{x^m}\right)}{\lim\limits_{x\to\infty}\left(b_n+\dfrac{b_{n-1}}{x}+\cdots+\dfrac{b_0}{x^m}\right)}=\dfrac{a_m}{b_n} .$$

综合得

$$\lim_{x \to \infty} \frac{a_m x^m + a_{m-1}x^{m-1} + \cdots + a_1 x + a_0}{b_n x^n + b_{n-1}x^{n-1} + \cdots + b_1 x + b_0} (a_m \neq 0, b_n \neq 0) = \begin{cases} 0, & m < n, \\ \infty, & m > n, \\ a_m / b_n, & m = n. \end{cases}$$

例 1.25 设 $f(x) = \begin{cases} 2x, & x \leqslant 1, \\ ax^2 + 1, & x > 1 \end{cases}$（$a$ 为常数），试确定 a 的值，使 $\lim\limits_{x \to 1} f(x)$ 存在.

解 左极限 $\lim\limits_{x \to 1^-} f(x) = \lim\limits_{x \to 1^-} 2x = 2$，右极限 $\lim\limits_{x \to 1^+} f(x) = \lim\limits_{x \to 1^+}(ax^2 + 1) = a+1$.

由极限存在的充分必要条件，可知，当 $a = 1$ 时，$\lim\limits_{x \to 1} f(x)$ 存在且等于 2.

注 由于分段函数在分段点 $x = 1$ 左、右的函数解析表达式不一样，因此，求分段函数在分段点的极限时，必须从确定左、右极限入手.

*第四节　极限定理的证明（选讲）

科学家（达·芬奇）指出："一个喜欢实践，缺乏理论的人像轮船上一个没有舵手和罗盘的水手，他不可能知道航行的方向."下面定理的理论证明有助于加深读者对极限的认识.

一、函数极限的性质

定理 1.4（函数极限的唯一性）　函数极限存在必唯一.

证明 设当 $x \to x_0$ 时函数 $f(x)$ 存在两个极限 A, B.

对任给正数 ε，存在 $\delta_1 > 0$，当 $0 < |x - x_0| < \delta_1$ 时，有 $|f(x) - A| < \varepsilon$ 成立. 对上述的 ε，存在 $\delta_2 > 0$，当 $0 < |x - x_0| < \delta_2$ 时，有 $|f(x) - B| < \varepsilon$ 成立.

取 $\delta = \min\{\delta_1, \delta_2\}$，则当 $0 < |x - x_0| < \delta$ 时，有 $|f(x) - A| < \varepsilon$，$|f(x) - B| < \varepsilon$ 同时成立. 所以当 $0 < |x - x_0| < \delta$ 时，有

$$|A - B| = |A - f(x) + f(x) - B| \leqslant |f(x) - A| + |f(x) - B| < \varepsilon + \varepsilon = 2\varepsilon.$$

由 ε 的任意性知，$A = B$. 故极限存在必唯一.

定理 1.5　（局部有界性）　若 $\lim\limits_{x \to x_0} f(x) = A$，则存在一个 $\delta > 0$，使得函数 $f(x)$ 在 $\overset{\circ}{U}(x_0, \delta)$ 内有界.

证明 取 $\varepsilon = 1$，由 $\lim\limits_{x \to x_0} f(x) = A$ 得，存在 $\delta > 0$，当 $0 < |x - x_0| < \delta$ 时，有

$$|f(x) - A| < 1 \Leftrightarrow A - 1 < f(x) < A + 1,$$

即 $f(x)$ 在 $\overset{\circ}{U}(x_0, \delta)$ 内有界.

定理 1.6（局部保号性）　若 $\lim\limits_{x \to x_0} f(x) = A$，而且 $A > 0$（或 $A < 0$），则存在 $\delta > 0$，对一切 $x \in \overset{\circ}{U}(x_0, \delta)$，有 $f(x) > 0$（或 $f(x) < 0$）.

证明 设 $A > 0$，因为 $\lim\limits_{x \to x_0} f(x) = A$，取 $\varepsilon = \dfrac{A}{2}$，必存在一个正数 δ，当 $0 < |x - x_0| < \delta$ 时，有 $|f(x) - A| < \varepsilon = \dfrac{A}{2}$，即

$$A - \frac{A}{2} < f(x) < A + \frac{A}{2},$$

因此，当 $x \in \overset{\circ}{U}(x_0, \delta)$ 时，有 $f(x) > \dfrac{A}{2} > 0$.

同理可证，$A < 0$ 时，存在一个 $\delta > 0$ ，当 $x \in \overset{\circ}{U}(x_0, \delta)$ 时，有 $f(x) < 0$.

推论 若 $f(x) \geqslant 0$ （或 $f(x) \leqslant 0$ ），且 $\lim\limits_{x \to x_0} f(x) = A$ ，则 $A \geqslant 0$ （或 $A \leqslant 0$ ）.

请读者自己证明.

二、函数极限四则运算法则的证明

对于定理 1.3 只给出极限运算法则中乘法运算的证明，即若 $\lim\limits_{x \to x_0} f(x) = A$ ， $\lim\limits_{x \to x_0} g(x) = B$ ，则 $\lim\limits_{x \to x_0} [f(x)g(x)] = AB$. 其余的自证.

证明 对任给正数 ε ，考察

$$|f(x)g(x) - AB| = |f(x)g(x) - Ag(x) + Ag(x) - AB| \leqslant |f(x) - A||g(x)| + |A||g(x) - B| .$$

由 $\lim\limits_{x \to x_0} f(x) = A$ ，对上述 ε ，存在 $\delta_1 > 0$ ，当 $0 < |x - x_0| < \delta_1$ 时，有 $|f(x) - A| < \varepsilon$ 成立.

由 $\lim\limits_{x \to x_0} g(x) = B$ ，对上述 ε ，存在 $\delta_2 > 0$ ，当 $0 < |x - x_0| < \delta_2$ 时，有 $|g(x) - B| < \varepsilon$ 成立.

由定理 1.5，存在 $\delta_3 > 0$ ，使 $g(x)$ 在 $0 < |x - x_0| < \delta_3$ 上有界，即存在正数 M ，有 $|g(x)| \leqslant M$.

取 $\delta = \min\{\delta_1, \delta_2, \delta_3\}$ ，则当 $0 < |x - x_0| < \delta$ 时，有

$$\begin{aligned} |f(x)g(x) - AB| &= |f(x)g(x) - Ag(x) + Ag(x) - AB| \\ &\leqslant |f(x) - A||g(x)| + |A||g(x) - B| < M\varepsilon + |A|\varepsilon = (M + |A|)\varepsilon . \end{aligned}$$

所以， $\lim\limits_{x \to x_0} [f(x)g(x)] = AB$.

三、极限存在准则

准则 I（夹挤定理） 设对于 $x \in \overset{\circ}{U}(x_0)$ ，恒有 $g(x) \leqslant f(x) \leqslant h(x)$ 成立，若有 $\lim\limits_{x \to x_0} g(x) = A$ ， $\lim\limits_{x \to x_0} h(x) = A$ ，则 $f(x)$ 的极限也存在，且 $\lim\limits_{x \to x_0} f(x) = A$.

证明 因为 $\lim\limits_{x \to x_0} g(x) = A$ ，任给正数 ε ，存在 $\delta_1 > 0$ ，当 $0 < |x - x_0| < \delta_1$ 时，有 $|g(x) - A| < \varepsilon$ 成立. 又 $\lim\limits_{x \to x_0} h(x) = A$ ，对上述的 ε ，存在 $\delta_2 > 0$ ，当 $0 < |x - x_0| < \delta_2$ 时，有 $|h(x) - A| < \varepsilon$ 成立.

取 $\delta = \min\{\delta_1, \delta_2\}$ ，则当 $0 < |x - x_0| < \delta$ 时，有 $|g(x) - A| < \varepsilon$ ， $|h(x) - A| < \varepsilon$ 同时成立. 即 $A - \varepsilon < g(x) < A + \varepsilon$ ， $A - \varepsilon < h(x) < A + \varepsilon$ ，所以当 $0 < |x - x_0| < \delta$ 时，有

$$A - \varepsilon < g(x) \leqslant f(x) \leqslant h(x) < A + \varepsilon ,$$

即

$$|f(x) - A| < \varepsilon .$$

所以 $\lim\limits_{x \to x_0} f(x) = A$.

准则 I 中的 $x \to x_0$ 改为 $x \to \infty$ ，结论也成立. 准则 I 也称为两边夹法则.

*例 1.26 设 $a_n = \dfrac{1}{\sqrt{n^2 + 1}} + \dfrac{1}{\sqrt{n^2 + 2}} + \cdots + \dfrac{1}{\sqrt{n^2 + n}}$ ，求极限 $\lim\limits_{n \to \infty} a_n$.

解 因为

$$\frac{n}{\sqrt{n^2 + n}} \leqslant a_n \leqslant \frac{n}{\sqrt{n^2 + 1}} \quad 且 \quad \lim_{n \to \infty} \frac{n}{\sqrt{n^2 + n}} = \lim_{n \to \infty} \frac{1}{\sqrt{1 + \dfrac{1}{n}}} = 1 ,$$

$$\lim_{n\to\infty}\frac{n}{\sqrt{n^2+1}}=\lim_{n\to\infty}\frac{1}{\sqrt{1+\dfrac{1}{n^2}}}=1,$$

由准则 I 可得：$\lim\limits_{n\to\infty}a_n=1$.

准则 II 单调有界数列必有极限.

由于准则 II 的证明比较复杂，这里不加证明.

例 1.27 证明 $\left\{\left(1+\dfrac{1}{n}\right)^n\right\}$ 的极限存在.

证明 记 $a_n=\left(1+\dfrac{1}{n}\right)^n$，根据二项式定理有

$$a_n=\left(1+\frac{1}{n}\right)^n=1+n\cdot\frac{1}{n}+\frac{n(n-1)}{2!}\left(\frac{1}{n}\right)^2+\cdots+\frac{n(n-1)\cdots(n-k+1)}{k!}\left(\frac{1}{n}\right)^k$$

$$+\cdots+\frac{n(n-1)\cdots(n-n+1)}{n!}\left(\frac{1}{n}\right)^n$$

$$=1+1+\frac{1}{2!}\left(1-\frac{1}{n}\right)+\cdots+\frac{1}{n!}\left(1-\frac{1}{n}\right)\left(1-\frac{2}{n}\right)\cdots\left(1-\frac{n-1}{n}\right),$$

类似地，有

$$a_{n+1}=1+1+\frac{1}{2!}\left(1-\frac{1}{n+1}\right)+\cdots+\frac{1}{n!}\left(1-\frac{1}{n+1}\right)\left(1-\frac{2}{n+1}\right)\cdots\left(1-\frac{n-1}{n+1}\right)$$

$$+\frac{1}{(n+1)!}\left(1-\frac{1}{n+1}\right)\left(1-\frac{2}{n+1}\right)\cdots\left(1-\frac{n-1}{n+1}\right)\left(1-\frac{n}{n+1}\right).$$

比较 a_n 与 a_{n+1} 右端各项，从第 3 项开始，a_n 中的项都小于 a_{n+1} 中的对应项，而且 a_{n+1} 比 a_n 多出最后一项. 因此，$a_n<a_{n+1}$，即数列 $\{a_n\}$ 单调递增.

同时因为

$$1-\frac{1}{n}<1,1-\frac{2}{n}<1,\cdots,1-\frac{n-1}{n}<1,$$

所以

$$a_n<1+1+\frac{1}{2!}+\frac{1}{3!}+\cdots+\frac{1}{n!}<1+1+\frac{1}{2}+\frac{1}{2^2}+\cdots+\frac{1}{2^{n-1}}=1+\frac{1-\dfrac{1}{2^n}}{1-\dfrac{1}{2}}=3-\frac{1}{2^{n-1}}<3.$$

故 $a_n<3$，即数列 $\{a_n\}$ 单调有界. 根据准则 II，$\lim\limits_{n\to\infty}\left(1+\dfrac{1}{n}\right)^n$ 存在，将它记作 e. 即

$$\lim_{n\to\infty}\left(1+\frac{1}{n}\right)^n=\mathrm{e}.$$

例 1.28 （案例 1-1 问题的解答）.

解 （1）$C(t)=\lim\limits_{n\to\infty}C_n=\lim\limits_{n\to\infty}C_0\left(1-k\dfrac{t}{n}\right)^n=C_0\lim\limits_{n\to\infty}\left(1+\dfrac{1}{\dfrac{n}{-kt}}\right)^{\frac{n}{-kt}\cdot(-kt)}$

$$= C_0 \left[\lim_{n \to \infty} \left(1 + \frac{1}{\frac{n}{-kt}} \right)^{\frac{n}{-kt}} \right]^{-kt} = C_0 e^{-kt}.$$

（2）$\lim\limits_{t \to +\infty} C_0 e^{-kt} = 0$.

第五节　两个重要极限

下面是微积分运算中常用的两个重要极限.

一、第一个重要极限 $\lim\limits_{x \to 0} \dfrac{\sin x}{x} = 1$

应用准则 I 证明 $\lim\limits_{x \to 0} \dfrac{\sin x}{x}$ 存在并等于 1.

在图 1-19 所示的单位圆中，设圆心角为 x，当 $0 < x < \dfrac{\pi}{2}$ 时，有

$\triangle OAP$ 面积 $<$ 扇形 OAP 面积 $< \triangle OAN$ 面积.

由于 $OA = OP = 1$，$PM = \sin x, AN = \tan x$，所以有

$\dfrac{1}{2}\sin x < \dfrac{1}{2}x < \dfrac{1}{2}\tan x$，　即　$\sin x < x < \tan x$，（1-1）

因为 $\sin x > 0$，上式除以 $\sin x$ 得 $1 < \dfrac{x}{\sin x} < \dfrac{1}{\cos x}$.

即

$$\cos x < \frac{\sin x}{x} < 1. \qquad (1\text{-}2)$$

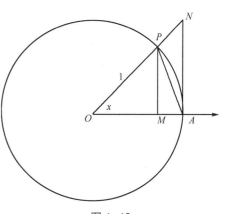

图 1-19

当 $-\dfrac{\pi}{2} < x < 0$ 时，得 $0 < -x < \dfrac{\pi}{2}$，则由式（1-1）有 $\sin(-x) < -x$，得

$$\sin x > x .$$

且由式（1-2）有 $\cos(-x) < \dfrac{\sin(-x)}{-x} < 1$，即 $\cos x < \dfrac{-\sin x}{-x} < 1$，得

$$\cos x < \frac{\sin x}{x} < 1 .$$

于是，当 $-\dfrac{\pi}{2} < x < \dfrac{\pi}{2}(x \neq 0)$ 时，有

$$|\sin x| < |x|, \quad \cos x < \frac{\sin x}{x} < 1. \qquad (1\text{-}3)$$

先证 $\lim\limits_{x \to 0} \cos x = 1$，因为

$$0 < 1 - \cos x = 2\sin^2 \frac{x}{2} < 2\left(\frac{x}{2}\right)^2 = \frac{x^2}{2}.$$

即

$$0 < 1 - \cos x < \frac{x^2}{2}.$$

当 $x \to 0$ 时，$\dfrac{x^2}{2} \to 0$，由准则 I 得

$$\lim_{x \to 0}(1 - \cos x) = 0 \quad 即 \quad \lim_{x \to 0}\cos x = 1.$$

再根据式（1-3）和准则 I 得

$$\lim_{x \to 0}\frac{\sin x}{x} = 1.$$

例 1.29 求 $\displaystyle\lim_{x \to 0}\frac{\sin 2x}{x}$.

解 当 $x \to 0$ 时，$2x \to 0$，

$$\lim_{x \to 0}\frac{\sin 2x}{x} = \lim_{x \to 0}\frac{2\sin 2x}{2x} = 2\lim_{x \to 0}\frac{\sin 2x}{2x} = 2 \times 1 = 2.$$

例 1.30 求 $\displaystyle\lim_{x \to 0}\frac{1 - \cos x}{x^2}$.

解 $\displaystyle\lim_{x \to 0}\frac{1 - \cos x}{x^2} = \lim_{x \to 0}\frac{2\sin^2\dfrac{x}{2}}{x^2} = \frac{1}{2}\lim_{x \to 0}\frac{\sin^2\dfrac{x}{2}}{\left(\dfrac{x}{2}\right)^2} = \frac{1}{2}\left[\lim_{x \to 0}\frac{\sin\dfrac{x}{2}}{\dfrac{x}{2}}\right]^2 = \frac{1}{2}.$

例 1.31 求 $\displaystyle\lim_{x \to 0}\frac{\sin 2x}{\sin 3x}$.

解 $\displaystyle\lim_{x \to 0}\frac{\sin 2x}{\sin 3x} = \frac{2}{3}\lim_{x \to 0}\frac{\sin 2x / 2x}{\sin 3x / 3x} = \frac{2}{3}\frac{\displaystyle\lim_{2x \to 0}\frac{\sin 2x}{2x}}{\displaystyle\lim_{3x \to 0}\frac{\sin 3x}{3x}} = \frac{2}{3}.$

例 1.32 求 $\displaystyle\lim_{x \to 0}\frac{\arctan x}{x}$.

解 令 $t = \arctan x$，则 $x = \tan t$，且当 $x \to 0$ 时，$t \to 0$，于是

$$\lim_{x \to 0}\frac{\arctan x}{x} = \lim_{t \to 0}\frac{t}{\tan t} = \lim_{t \to 0}\left(\frac{t}{\dfrac{\sin t}{\cos t}}\right) = \lim_{t \to 0}\cos t\left(\lim_{t \to 0}\frac{\sin t}{t}\right)^{-1} = 1 \times 1 = 1.$$

二、第二个重要极限 $\displaystyle\lim_{x \to \infty}\left(1 + \frac{1}{x}\right)^x = \mathrm{e}$

应用准则 I，证明 $\displaystyle\lim_{x \to \infty}\left(1 + \frac{1}{x}\right)^x$ 存在. 事实上，当 x 为正实数时，必存在一个正整数 n，使 $n \leqslant x < n+1$，因此

$$\left(1 + \frac{1}{n+1}\right)^n < \left(1 + \frac{1}{x}\right)^x < \left(1 + \frac{1}{n}\right)^{n+1},$$

当 $n \to \infty$ 时，$(n+1) \to \infty$，$x \to +\infty$，且有

$$\lim_{n \to \infty}\left(1 + \frac{1}{n+1}\right)^n = \lim_{n \to \infty}\left(1 + \frac{1}{n+1}\right)^{n+1}\bigg/\left(1 + \frac{1}{n+1}\right) = \mathrm{e}/1 = \mathrm{e},$$

$$\lim_{n \to \infty}\left(1 + \frac{1}{n}\right)^{n+1} = \lim_{n \to \infty}\left(1 + \frac{1}{n}\right)^n\left(1 + \frac{1}{n}\right) = \mathrm{e} \cdot 1 = \mathrm{e},$$

应用准则 II，得 $\lim\limits_{x \to +\infty}\left(1+\dfrac{1}{x}\right)^{x} = e$.

当 $x < 0$ 时，设 $t = -x$，则 $t > 0$，且当 $x \to -\infty$ 时，$t \to +\infty$. 由于

$$\left(1+\frac{1}{-t}\right)^{-t} = \frac{1}{\left(1-\dfrac{1}{t}\right)^{t}} = \frac{1}{\left(\dfrac{t-1}{t}\right)^{t}} = \frac{1}{\left(\dfrac{t-1}{t-1+1}\right)^{t}} = \frac{1}{\left(\dfrac{1}{1+\dfrac{1}{t-1}}\right)^{t}} = \left(1+\frac{1}{t-1}\right)^{t},$$

因此

$$\lim_{x \to -\infty}\left(1+\frac{1}{x}\right)^{x} = \lim_{t \to +\infty}\left(1+\frac{1}{-t}\right)^{-t} = \lim_{t \to +\infty}\left(1+\frac{1}{t-1}\right)^{t}$$

$$= \lim_{t \to +\infty}\left(1+\frac{1}{t-1}\right)^{t-1} \cdot \lim_{t \to +\infty}\left(1+\frac{1}{t-1}\right) = e \times 1 = e.$$

综上所述，得

$$\lim_{x \to \infty}\left(1+\frac{1}{x}\right)^{x} = e.$$

e 是一个无理数，它的值为 2.718281828459045⋯. 以 e 为底的对数称为自然对数，记作 $\ln x$. 在自然科学与社会科学研究中，e 是一个很重要的常数.

例 1.33 求 $\lim\limits_{x \to \infty}\left(1+\dfrac{3}{x}\right)^{x}$.

解

$$\lim_{x \to \infty}\left(1+\frac{3}{x}\right)^{x} = \lim_{x \to \infty}\left(1+\frac{1}{\dfrac{x}{3}}\right)^{x} = \lim_{x \to \infty}\left(1+\frac{1}{\dfrac{x}{3}}\right)^{\frac{x}{3} \cdot 3} = \left(\lim_{x \to \infty}\left(1+\frac{1}{\dfrac{x}{3}}\right)^{\frac{x}{3}}\right)^{3}.$$

令 $\dfrac{x}{3} = t$，则 $x \to \infty$ 时，$t \to \infty$. 故有

$$\lim_{x \to \infty}\left(1+\frac{3}{x}\right)^{x} = \left(\lim_{t \to \infty}\left(1+\frac{1}{t}\right)^{t}\right)^{3} = e^{3}.$$

例 1.34 求 $\lim\limits_{x \to \infty}\left(1-\dfrac{1}{x}\right)^{x}$.

解 $\lim\limits_{x \to \infty}\left(1-\dfrac{1}{x}\right)^{x} = \lim\limits_{x \to \infty}\left(1+\dfrac{1}{-x}\right)^{x} = \lim\limits_{x \to \infty}\left(1+\dfrac{1}{-x}\right)^{(-x) \cdot (-1)} = \dfrac{1}{\lim\limits_{x \to \infty}\left(1+\dfrac{1}{-x}\right)^{(-x)}}$，则 $x \to \infty$ 时，

$-x \to \infty$. 故有

$$\lim_{x \to \infty}\left(1-\frac{1}{x}\right)^{x} = \frac{1}{\lim\limits_{-x \to \infty}\left(1+\dfrac{1}{-x}\right)^{(-x)}} = \frac{1}{e} = e^{-1}.$$

例 1.35 求 $\lim\limits_{x \to +\infty}\left(\dfrac{x+1}{x-2}\right)^{x}$.

解 $\lim\limits_{x \to +\infty}\left(\dfrac{x+1}{x-2}\right)^x = \lim\limits_{x \to +\infty}\left(\dfrac{1+\dfrac{1}{x}}{1-\dfrac{2}{x}}\right)^x = \dfrac{\lim\limits_{x \to +\infty}\left(1+\dfrac{1}{x}\right)^x}{\lim\limits_{x \to +\infty}\left[\left(1+\dfrac{2}{-x}\right)^{\frac{-x}{2}}\right]^{-2}}$

$\qquad\qquad = \dfrac{\mathrm{e}}{\mathrm{e}^2} = \mathrm{e}^3.$

第六节　无穷小量与无穷大量

一、无穷小量

定义 1.9 如果 $\lim\limits_{x \to x_0} f(x) = 0$，则称 $f(x)$ 为 $x \to x_0$ 时的无穷小量（infinitesimal），简称为无穷小. 一般用 α，β，γ 表示.

例如，由 $\lim\limits_{x \to \infty}\dfrac{1}{x} = 0$ 可知，$\dfrac{1}{x}$ 是 $x \to \infty$ 时的无穷小量. 由于零的极限总等于零，所以，数零是唯一可以作为无穷小量的常量. 除数零外，无穷小量是某个变化过程以零为极限的变量，必须指明变化过程，更不能看成是一个很小的数.

定义中的变化过程 $x \to x_0$ 可换成 $x \to x_0^+$，$x \to x_0^-$，$x \to \infty$，$x \to +\infty$，$x \to -\infty$ 等.

无穷小量与函数极限的关系可以由定理 1.7 说明.

定理 1.7 $\lim\limits_{x \to x_0} f(x) = A$ 的充分必要条件是：函数 $f(x) - A$ 是 $x \to x_0$ 时的无穷小量.

证明 设 $\lim\limits_{x \to x_0} f(x) = A$，则对于任意给定的小正数 ε，存在正数 δ：当 $0 < |x - x_0| < \delta$ 时，有 $|f(x) - A| < \varepsilon$ 或 $|[f(x) - A] - 0| < \varepsilon$ 成立，因此，$f(x) - A$ 的极限为零. 即函数 $f(x)$ 与常数 A 之差为无穷小量.

反之，函数 $f(x)$ 与常数 A 之差为无穷小量时，$|[f(x) - A] - 0| \to 0$，对于给定的小正数 ε，一定存在正数 δ：当 $0 < |x - x_0| < \delta$ 时，恒有 $|[f(x) - A] - 0| < \varepsilon$ 或 $|f(x) - A| < \varepsilon$，即 $\lim\limits_{x \to x_0} f(x) = A$.

二、无穷小量的运算

定理 1.8 有限个无穷小量的代数和仍然是无穷小量.

证明 设 α，β，γ 是三个无穷小量，对于任意给定的小正数 ε，显然，$\dfrac{\varepsilon}{3}$ 也是小正数. 根据无穷小量的定义，必存在一个正数 δ（或 X），当 $0 < |x - x_0| < \delta$（或 $|x| > X$）时，下列不等式

$$|\alpha| < \frac{\varepsilon}{3}, \quad |\beta| < \frac{\varepsilon}{3}, \quad |\gamma| < \frac{\varepsilon}{3}$$

同时成立. 从而有

$$|\alpha + \beta + \gamma| \leqslant |\alpha| + |\beta| + |\gamma| < \frac{\varepsilon}{3} + \frac{\varepsilon}{3} + \frac{\varepsilon}{3} = \varepsilon.$$

因此，$\alpha + \beta + \gamma$ 是无穷小量. 类似地，可以证明有限个无穷小量的代数和也是无穷小量.

定理 1.9 有界函数与无穷小量的乘积是无穷小量.

证明 设函数 β 在 x_0 的某空心 δ_0 邻域内（或 $|x| > X_0$ 时）有界，则一定存在一个正数 M，使 $|\beta| \leqslant M$.

又设 α 是无穷小量，则对于任意给定的正数 ε，必存在一个正数 $\delta \leqslant \delta_0$（或 $X \geqslant X_0$），当 $0 < |x - x_0| < \delta$（或 $|x| > X$）时，不等式 $|\alpha| < \dfrac{\varepsilon}{M}$ 恒成立. 从而有

$$|\alpha\beta| = |\alpha||\beta| < \frac{\varepsilon}{M}M = \varepsilon.$$

因此，$\alpha\beta$ 是无穷小量，即有界函数与无穷小量的乘积是无穷小量.

推论 1 常量与无穷小量的乘积是无穷小量.

推论 2 有限个无穷小量的乘积是无穷小量.

例 1.36 求 $\lim\limits_{x \to \infty} \dfrac{\sin 3x}{x}$.

解 由于 $|\sin 3x| \leqslant 1$；当 $x \to \infty$ 时，$\dfrac{1}{x}$ 为无穷小；根据定理 1.9，$\dfrac{\sin 3x}{x}$ 也是无穷小，即有

$$\lim_{x \to \infty} \frac{\sin 3x}{x} = 0.$$

三、无穷小量阶的比较

定义 1.10 设 α, β 是同一极限过程中的无穷小量，即 $\lim \alpha = 0, \lim \beta = 0$.

（1）若 $\lim \dfrac{\alpha}{\beta} = 0$，则称 α 是比 β 高阶的无穷小，记作 $\alpha = o(\beta)$；

（2）若 $\lim \dfrac{\alpha}{\beta} = C \neq 0$，则称 α 与 β 是同阶无穷小，记作 $\alpha = O(\beta)$；特别地，当 $k = 1$ 时，称 α 与 β 是等价无穷小，记作 $\alpha \sim \beta$；

（3）若 $\lim \dfrac{\alpha}{\beta^k} = C \neq 0$，则称 α 是关于 β 的 k 阶的无穷小.

由等价无穷小的定义，可以获得如下结论.

若 $\alpha \sim \alpha', \beta \sim \beta'$，且 $\lim \dfrac{\alpha'}{\beta'}$ 存在，则 $\lim \dfrac{\alpha}{\beta}$ 也存在，并且 $\lim \dfrac{\alpha}{\beta} = \lim \dfrac{\alpha'}{\beta'}$. 这是因为

$$\lim \frac{\alpha}{\beta} = \lim \left(\frac{\alpha}{\alpha'} \cdot \frac{\alpha'}{\beta'} \cdot \frac{\beta'}{\beta} \right) = \lim \frac{\alpha}{\alpha'} \cdot \lim \frac{\alpha'}{\beta'} \cdot \lim \frac{\beta'}{\beta} = \lim \frac{\alpha'}{\beta'}.$$

这个结论表明，在求两个无穷小之比的极限时，分子分母都可以用各自的等价无穷小代换. 只要代换的无穷小选择适当，可以简化计算.

例 1.37 求 $\lim\limits_{x \to 0} \dfrac{\sin 3x}{\sin 4x}$.

解 因为 $\lim\limits_{x \to 0} \dfrac{\sin 3x}{3x} = 1$，$\lim\limits_{x \to 0} \dfrac{\sin 4x}{4x} = 1$，所以当 $x \to 0$ 时，$\sin 3x \sim 3x, \sin 4x \sim 4x$，于是

$$\lim_{x \to 0} \frac{\sin 3x}{\sin 4x} = \lim_{x \to 0} \frac{3x}{4x} = \frac{3}{4}.$$

为了应用方便，给出当 $x \to 0$ 时，常用的等价无穷小：

$$\sin x \sim x, \quad \tan x \sim x, \quad \arcsin x \sim x, \quad \arctan x \sim x, \quad \ln(1+x) \sim x,$$

$$1 - \cos x \sim \frac{1}{2}x^2, \quad e^x - 1 \sim x, \quad \sqrt[n]{1+x} - 1 \sim \frac{1}{n}x, \quad (1+x)^\mu - 1 \sim \mu x.$$

四、无 穷 大 量

定义 1.11 如果当 $x \to x_0$（或 $x \to \infty$）时，函数 $f(x)$ 的绝对值能无限增大，则称 $f(x)$ 为 $x \to x_0$

（或 $x \to \infty$ ）时的无穷大量，简称为无穷大.

*定义 1.12 如果函数 $f(x)$ 对于任意给定的无论多么大的正数 M ，总存在一个正数 δ （或 X ）使满足不等式 $0 < |x - x_0| < \delta$ （或 $|x| > X$ ）的一切 x ，都有不等式 $|f(x)| > M$ 成立，则称 $f(x)$ 为 $x \to x_0$ （或 $x \to \infty$ ）时的无穷大量，简称无穷大. 并记为

$$\lim_{x \to x_0} f(x) = \infty \quad （或 \lim_{x \to \infty} f(x) = \infty）.$$

*例 1.38 证明：$\lim\limits_{x \to 0} \dfrac{1}{x} = \infty$.

分析 对于任意的正数 M ，要使不等式 $\left| \dfrac{1}{x} \right| > M$ 成立，只需 $|x| < \dfrac{1}{M}$.

证明 对于任意给定的正数 M ，取 $\delta = \dfrac{1}{M}$ ，则当 $0 < |x - 0| < \delta = \dfrac{1}{M}$ 时，总有

$$\left| \frac{1}{x} \right| = \frac{1}{|x|} > \frac{1}{\dfrac{1}{M}} = M .$$

即 $\lim\limits_{x \to 0} \dfrac{1}{x} = \infty$.

一般地，若 $\lim\limits_{x \to x_0} f(x) = \infty$ ，则直线 $x = x_0$ 是函数 $f(x)$ 图形的垂直渐近线. 因此，直线 $x = 0$ 是函数 $y = \dfrac{1}{x}$ 的垂直渐近线.

无穷小量与无穷大量的关系：当函数 $f(x)$ 为无穷大量时，则 $\dfrac{1}{f(x)}$ 为无穷小量；反之，若函数 $f(x)$ 为无穷小量时（ $f(x) \neq 0$ ），则 $\dfrac{1}{f(x)}$ 为无穷大量.

注 函数为无穷大量或无穷小量（非常数 0），必须指明自变量的变化过程.

例如：函数 $f(x) = \dfrac{1}{x-1}$ ，当 $x \to 0$ 时，$f(x) \to -1$ ；当 $x \to 1$ 时，$f(x) \to \infty$ 为无穷大量；当 $x \to \infty$ 时，$f(x) \to 0$ 为无穷小量.

第七节　函数的连续性

一、连续函数的概念

连续是许多自然现象的本质属性，表示一个变化过程没有突变的现象，如自然界中动植物的生长、人体体温的升降、河水的流动等都是连续的概念. 其共同特点是：当时间变化很微小时，相应量的变化也很微小. 对于函数 $y = f(x)$ 在点 x_0 连续，从其图形直观看就是其图形经过点 x_0 是连续不断的（图 1-20）. 图 1-21 的情形表示函数在点 x_0 是间断的.

从图 1-20 可以观察到，函数极限 $\lim\limits_{x \to x_0} f(x)$ 与函数在点 x_0 的函数值 $f(x_0)$ 相等，而从图 1-21 可以观察到函数极限 $\lim\limits_{x \to x_0} f(x)$ 不等于函数值 $f(x_0)$. 下面给出函数在一点处连续的概念.

定义 1.13 设函数 $y = f(x)$ 在点 x_0 的某个 δ 邻域 $U(x_0, \delta)$ 内有定义，如果函数 $y = f(x)$ 当 $x \to x_0$ 时的极限存在，且等于它在点 x_0 的函数值 $f(x_0)$ ，即 $\lim\limits_{x \to x_0} f(x) = f(x_0)$.

则称函数 $y = f(x)$ 在点 x_0 处连续（continuity）.

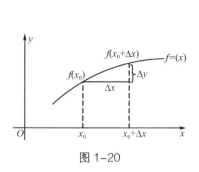

图 1-20

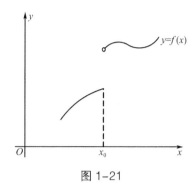

图 1-21

从自然现象连续的本质来看函数在点 x_0 的连续性，那么连续就是当自变量变化很小时，函数值变化也很小.

对于函数 $y = f(x)$ ，称 $\Delta x = x - x_0$ 为自变量的增量，当自变量 x 由 x_0 变到 $x_0 + \Delta x$ 时，称 $\Delta y = f(x_0 + \Delta x) - f(x_0)$ 为函数 $y = f(x)$ 在 x_0 处的增量. 其几何意义如图 1-20 所示. 下面给出函数在点 x_0 连续的另一等价定义.

定义 1.14 设函数 $y = f(x)$ 在点 x_0 的某个 δ 邻域 $U(x_0, \delta)$ 内有定义，如果自变量的增量 Δx 趋近于零时，相应的函数增量 Δy 也趋近于零，即

$$\lim_{\Delta x \to 0} \Delta y = \lim_{\Delta x \to 0} [f(x_0 + \Delta x) - f(x_0)] = 0 ,$$

则称函数 $y = f(x)$ 在点 x_0 处连续. 并将 x_0 称为函数 $y = f(x)$ 的连续点.

如果记 $x = x_0 + \Delta x$ ，则 $\Delta y = f(x) - f(x_0)$ ，且 $\Delta x \to 0$ 时，$x \to x_0$ ，$\Delta y \to 0$ ，则 $f(x) - f(x_0) \to 0$ ，即 $f(x) \to f(x_0)$. 故定义 1.13 与定义 1.14 等价.

同理可以定义函数在一点处左连续和右连续.

定义 1.15 若函数 $y = f(x)$ 在点 x_0 的某个 δ 邻域 $U(x_0, \delta)$ 内有定义且 $\lim\limits_{x \to x_0^-} f(x) = f(x_0)$ ，则称 $f(x)$ 在点 x_0 处左连续. 若函数 $y = f(x)$ 在点 x_0 附近有定义且 $\lim\limits_{x \to x_0^+} f(x) = f(x_0)$ ，则称 $f(x)$ 在点 x_0 处右连续.

易见，函数 $y = f(x)$ 在点 x_0 处连续的充分必要条件是：在点 x_0 处既左连续又右连续.

若函数 $y = f(x)$ 在区间 (a, b) 内的每一点都连续，则称函数 $y = f(x)$ 在区间 (a, b) 内连续，或称函数 $y = f(x)$ 为区间 (a, b) 内的连续函数. 如果函数 $y = f(x)$ 在闭区间 $[a, b]$ 上有定义，在开区间 (a, b) 内连续，同时在区间左端点 $x = a$ 处右连续，右端点 $x = b$ 处左连续，则称函数 $y = f(x)$ 在闭区间 $[a, b]$ 上连续，或称函数 $y = f(x)$ 为闭区间 $[a, b]$ 上的连续函数.

例 1.39 证明正弦函数 $y = \sin x$ 为连续函数.

证明 $y = \sin x$ 的定义域为 $(-\infty, +\infty)$ ，任取 $x_0 \in (-\infty, +\infty)$ ，并记 $x = x_0 + \Delta x$ ，则 $\Delta y = \sin(x_0 + \Delta x) - \sin x_0 = 2\sin\dfrac{\Delta x}{2} \cdot \cos\dfrac{2x_0 + \Delta x}{2}$ ，

$$\lim_{\Delta x \to 0} \Delta y = \lim_{\Delta x \to 0}\left[2\sin\frac{\Delta x}{2} \cdot \cos\frac{(2x_0 + \Delta x)}{2}\right] = \lim_{\Delta x \to 0}\frac{\sin\dfrac{\Delta x}{2}}{\dfrac{\Delta x}{2}}\lim_{\Delta x \to 0}\left[\Delta x \cos\frac{(2x_0 + \Delta x)}{2}\right]$$

$$= 1 \times 0 = 0 .$$

由 x_0 的任意性，$y = \sin x$ 为 $(-\infty, +\infty)$ 上的连续函数. 同理，可以证明余弦函数 $y = \cos x$ 也是连续函数.

二、函数的间断点

由函数连续的定义可知，函数 $y = f(x)$ 在点 x_0 处连续必须同时满足下列三个条件：

（1）函数 $y = f(x)$ 在点 x_0 的附近有定义；

（2）当 $x \to x_0$ 时，$f(x)$ 的极限存在；

（3）函数 $f(x)$ 在 $x \to x_0$ 时的极限值等于 $f(x)$ 在点 x_0 处的函数值 $f(x_0)$，即

$$\lim_{x \to x_0} f(x) = f(x_0).$$

定义 1.16　不满足上述其中任何一个条件的点 x_0 称为函数 $y = f(x)$ 的间断点或不连续点.

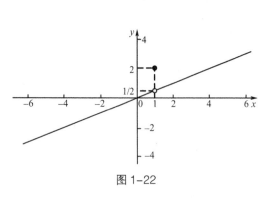

图 1-22

例 1.40　讨论函数 $f(x) = \begin{cases} \dfrac{x}{2}, & x \neq 1, \\ 2, & x = 1 \end{cases}$ 在点 $x = 1$ 处的连续性.

解　由于 $\lim_{x \to 1} f(x) = \lim_{x \to 1} \dfrac{x}{2} = \dfrac{1}{2}$，而 $f(1) = 2$，不满足条件（3），故 $x = 1$ 为函数 $f(x)$ 的间断点（图 1-22）. 如果将 $f(1)$ 的定义改为 $f(1) = \dfrac{1}{2}$，则 $x = 1$ 称为函数 $f(x)$ 的连续点，所以这类间断点也称为可去间断点.

例 1.41　讨论函数 $f(x) = \begin{cases} x^2 + 1, & x \leqslant 0, \\ x + 1, & 0 < x \leqslant 1, \\ x^2, & x > 1 \end{cases}$ 在 $x = 0, x = 1$ 处的连续性.

解　因为 $f(0) = 1$，且 $\lim_{x \to 0^-} f(x) = \lim_{x \to 0^-} (x^2 + 1) = 1$，$\lim_{x \to 0^+} f(x) = \lim_{x \to 0^+} (x + 1) = 1$，得 $\lim_{x \to 0} f(x) = 1$，于是 $\lim_{x \to 0} f(x) = f(0)$. 所以 $x = 0$ 是函数 $f(x)$ 的连续点.

由于 $\lim_{x \to 1^-} f(x) = \lim_{x \to 1^-} (x + 1) = 2$，$\lim_{x \to 1^+} f(x) = \lim_{x \to 1^+} x^2 = 1$，函数的左、右极限都存在但不相等，即 $\lim_{x \to 1} f(x)$ 不存在，不满足条件（2）. 所以 $x = 1$ 是函数的间断点（图 1-23）. 由于函数图像在 $x = 1$ 处产生跳跃，故也称为跳跃间断点.

例 1.42　讨论函数 $f(x) = \dfrac{1}{(x - 2)^2}$ 在 $x = 2$ 处的连续性.

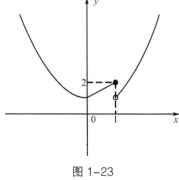

图 1-23

解　因为 $\lim_{x \to 2} f(x) = \lim_{x \to 2} \dfrac{1}{(x - 2)^2} = \infty$，函数在 $x = 2$ 处左、右极限均不存在，故 $x = 2$ 是函数的间断点. 函数图形以直线 $x = 2$ 为垂直渐近线（图 1-24）. 这类间断点也称为无穷间断点.

例 1.43　讨论函数 $f(x) = \cos \dfrac{1}{x}$ 在 $x = 0$ 处的连续性.

解　不仅函数 $f(x) = \cos \dfrac{1}{x}$ 在 $x = 0$ 处无定义，而且当 $x \to 0$ 时，$\cos \dfrac{1}{x}$ 在 -1 与 1 之间振荡无限多次（图 1-25），因此不存在极限. 所以，$x = 0$ 是函数的间断点，这类间断点也称为振荡间断点.

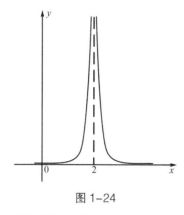

图 1-24

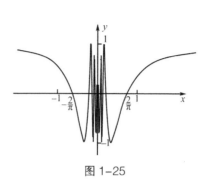

图 1-25

左、右极限同时存在的间断点都称为第一类间断点，可去间断点和跳跃间断点均为第一类间断点；此外的所有间断点都称为第二类间断点，无穷间断点是第二类间断点．第二类间断点的左右极限至少有一个不存在．

三、连续函数的运算与初等函数的连续性

下面定理给出了连续函数经过四则运算后仍然保持连续性．

定理 1.10　如果函数 $f(x)$ 与 $g(x)$ 都在点 x_0 处连续，则：

（1）　$f(x) \pm g(x)$ ；（2）　$f(x) \cdot g(x)$ ；（3）　$\dfrac{f(x)}{g(x)}(g(x_0) \neq 0)$

在点 x_0 也连续．

证明　记 $h(x) = f(x) + g(x)$ ，那么 $h(x_0) = f(x_0) + g(x_0)$ ．

因为函数 $f(x)$ 和 $g(x)$ 都在点 x_0 处连续，即

$$\lim_{x \to x_0} f(x) = f(x_0) , \quad \lim_{x \to x_0} g(x) = g(x_0) .$$

由定理 1.3，

$$\lim_{x \to x_0} h(x) = \lim_{x \to x_0} [f(x) \pm g(x)] = \lim_{x \to x_0} f(x) \pm \lim_{x \to x_0} g(x) = f(x_0) \pm g(x_0) = h(x_0) ,$$

所以 $f(x) \pm g(x)$ 在点 x_0 处连续．

类似地，可以证明 $f(x) \cdot g(x)$ ，$f(x) / g(x)(g(x_0) \neq 0)$ 在 x_0 处连续．

上述结论可以推广到有限个函数的情形．

前面已经证明 $\sin x$ 和 $\cos x$ 都是其定义域上的连续函数，因此，所有的三角函数在其定义域内都是连续函数．可以证明下列结论．

定理 1.11　基本初等函数在其定义域内都是连续函数．

复合运算是函数的重要运算，复合函数在以后的学习中非常重要．连续函数经过复合后仍然保持连续性．下面给出一个范围更广的定理——复合函数极限的运算定理．

定理 1.12　如果 $\lim\limits_{x \to x_0} \varphi(x) = c$ ，记 $u = \varphi(x)$ ，函数 $y = f(u)$ 在 $u = c$ 连续，则

$$\lim_{x \to x_0} f[\varphi(x)] = f\left[\lim_{x \to x_0} \varphi(x) \right] = f(c) .$$

特别地，当 $u = \varphi(x)$ 在点 $x = x_0$ 处连续且 $y = f(u)$ 在 $u_0 = \varphi(x_0)$ 连续，那么复合函数 $f[\varphi(x)]$ 在 $x = x_0$ 处连续．

证明　由于函数 $y = f(u)$ 在 $u = c$ 处连续，所以，对于任意给定的正数 ε ，总存在一个正数 η ，

当 $|u-c|<\eta$ 时，有不等式

$$|f(u)-f(c)|<\varepsilon \qquad\qquad (1\text{-}4)$$

成立，又由于 $\lim\limits_{x\to x_0}\varphi(x)=c$，对于上述的正数 η，存在一个正数 δ，当 $0<|x-x_0|<\delta$ 时，有不等式

$$|\varphi(x)-c|=|u-c|<\eta \qquad\qquad (1\text{-}5)$$

成立. 综合式（1-4）和式（1-5）可知，对于任意给定的正数 ε，我们可以找到一个正数 δ，当 $0<|x-x_0|<\delta$ 时，有不等式

$$|f[\varphi(x)]-f(c)|=|f(u)-c|<\varepsilon$$

成立，即 $\lim\limits_{x\to x_0}f[\varphi(x)]=f(c)$.

特别地，当 $u=\varphi(x)$ 在点 $x=x_0$ 处连续时，有 $c=\varphi(x_0)$，即

$$\lim\limits_{x\to x_0}f[\varphi(x)]=f(\varphi(x_0)).$$

所以 $y=f[\varphi(x)]$ 在 $x=x_0$ 处连续.

例 1.44 证明 $f(x)=\cos\dfrac{x+3}{x^2-1}$ 在除点 $x=-1,1$ 外的任意实数上连续.

证明 因为 $\dfrac{x+3}{x^2-1}$ 在除点 $x=-1,1$ 外的任意实数上连续，余弦函数在任意实数上连续，由定理 1.12 可知，$f(x)=\cos\dfrac{x+3}{x^2-1}$ 在除点 $x=-1,1$ 外的任意实数上连续.

由基本初等函数的连续性、连续函数的四则运算法则和复合函数的连续性定理，可以得到下面重要结论.

定理 1.13 初等函数在其定义区间内都是连续函数.

应用初等函数的连续性是求初等函数极限简单可行的方法. 如果 x_0 是初等函数 $y=f(x)$ 的定义区间内的一个点，则 $f(x)$ 在 x_0 点处连续，因此 $\lim\limits_{x\to x_0}f(x)=f(x_0)$；如果 $\lim\limits_{x\to x_0}\varphi(x)=u_0$，而 u_0 是初等函数 $f(u)$ 的定义区间内的一个点，则 $\lim\limits_{x\to x_0}f(\varphi(x))=f(\lim\limits_{x\to x_0}\varphi(x))=f(u_0)$.

例 1.45 求 $\lim\limits_{x\to 0}\dfrac{\ln(1+x)}{x}$.

解 $\lim\limits_{x\to 0}\dfrac{\ln(1+x)}{x}=\lim\limits_{x\to 0}[\ln(1+x)^{\frac{1}{x}}]=\ln[\lim\limits_{x\to 0}(1+x)^{\frac{1}{x}}]=\ln\mathrm{e}=1$.

例 1.46 求 $\lim\limits_{x\to 1}\dfrac{x^2+\ln(2-x)}{4\arctan x-x}$.

解 因为函数 $f(x)=\dfrac{x^2+\ln(2-x)}{4\arctan x-x}$ 为初等函数，且 $x=1$ 为其连续点. 故有

$$\lim\limits_{x\to 1}\dfrac{x^2+\ln(2-x)}{4\arctan x-x}=\dfrac{1^2+\ln(2-1)}{4\arctan 1-1}=\dfrac{1}{\pi-1}.$$

四、闭区间上连续函数的性质

闭区间上的连续函数有以下性质，不作证明，只作必要的说明.

定理 1.14（最大值与最小值定理） 若函数 $y=f(x)$ 在闭区间 $[a,b]$ 上连续，则函数 $y=f(x)$ 在闭区间 $[a,b]$ 上必有最大值与最小值.

由定理 1.14 可知，若函数 $y=f(x)$ 在闭区间 $[a,b]$ 上连续，至少存在点 $x_1,x_2\in[a,b]$，使得 $f(x_1)$ 是 $y=f(x)$ 在 $[a,b]$ 上的最大值，$f(x_2)$ 是 $y=f(x)$ 在 $[a,b]$ 上的最小值，即对一切 $x\in[a,$

$b]$，都有 $f(x_2) \leqslant f(x) \leqslant f(x_1)$．直观说明如图 1-26 所示．

由上述定理易见：若函数在闭区间 $[a,b]$ 上连续，则函数在闭区间上有界．

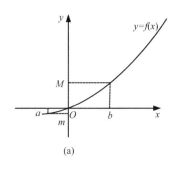 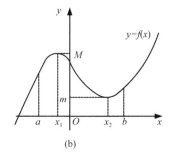 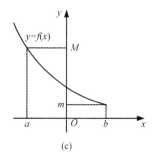

（a）　　　　　　　（b）　　　　　　　（c）

图 1-26

定理 1.15（介值定理）　若函数 $y=f(x)$ 在闭区间 $[a,b]$ 上连续，c 是 $f(a)$ 和 $f(b)$ 之间的一个数 $f(a) \neq f(b)$，则至少存在一点 $\xi \in (a,b)$，使得 $f(\xi)=c$．

图 1-27 是定 b 理 1.15 的一种几何说明．

推论（零点定理）　若函数 $y=f(x)$ 在闭区间 $[a,b]$ 上连续，且 $f(a)$ 与 $f(b)$ 异号（即 $f(a)f(b)<0$），则至少存在一点 $\xi \in (a,b)$，使得 $f(\xi)=0$．

称 ξ 为函数 $f(x)$ 的零点，它就是方程 $f(x)=0$ 的根．

例 1.47　证明方程 $x^3 + \sin x + x - 1 = 0$ 在区间 $(0,1)$ 内至少有一根．

证明　初等函数 $p(x) = x^3 + \sin x + x - 1$ 在闭间 $[0,1]$ 上连续，并有 $p(0) = -1$，$p(1) = 1 + \sin 1$，得 $p(0) \cdot p(1) < 0$．由零点定理知 $p(x)$ 在区间 $(0,1)$ 内至少有一个零点，即方程在区间 $(0,1)$ 内至少有一根．

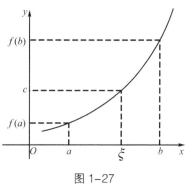

图 1-27

习　题

1. 已知函数 $f(x) = \dfrac{3}{x-2}$，求 $\dfrac{f(x+h)-f(x)}{h}$，并化简．

2. 求下列函数的定义域．

（1）$y = \dfrac{1}{\sqrt{x-1}} + \lg(x^2 - 1)$；

（2）$y = \dfrac{1}{\sqrt{x^2 - 2x - 3}}$；

（3）$y = \dfrac{4-x^2}{x^2-x-6}$；

（4）$y = \sqrt{\log_2 x} + \sqrt{9-x^2}$．

3. 判断下列函数是奇函数、偶函数，或非奇非偶．

（1）$y = -2$；

（2）$y = 2x$；

（3）$y = \dfrac{e^x - e^{-x}}{2}$；

（4）$y = 3^x$；

（5）$y = \dfrac{x^2 - 1}{x}$；

（6）$f(x) = \begin{cases} -x^2 + 4, & x \leqslant 1, \\ 3x, & x > 1. \end{cases}$

4. 某药厂生产 x 盒药的成本是 $f(x) = 400 + 5\sqrt{x(x-4)}$ 元，每一盒药可卖 6 元.

（1）建立生产 x 盒药的总利润函数 $p(x)$ ；

（2）求出 $p(200)$ 和 $p(1000)$ 的值；

（3）如果药厂不赚不亏，必须生产多少盒药？

5. 用 $A(u)$ 表示由直线 $y = x+1$ 、 y 轴、 x 轴和直线 $x = u$ 所围成区域的面积. 求：

（1） $A(1)$ ；　　　　　（2） $A(u)$ ；　　　　　（3） $A(u)$ 的定义域；　　　　　（4）画出 $A(u)$ 的图形.

6. 下列函数中哪些是周期函数？对周期函数指出其周期.

（1） $y = \cos^2 x$ ；

（2） $y = 3\cos 2x$ ；

（3） $y = 1 + \tan x$ ；

（4） $y = \sin x^2$.

7. 已知 $f(u) = \sqrt{u^2 - 1}$ ， $u = \varphi(x) = \dfrac{2}{x}$ ，求下列复合函数及其定义域.

（1） $f[\varphi(x)]$ ；

（2） $\varphi[f(u)]$.

8. 指出下列函数是由哪些函数复合而成的.

（1） $y = \sin\sqrt{x}$ ；

（2） $y = \arctan\dfrac{x}{3}$ ；

（3） $y = (x^3 - 1)^7$ ；

（4） $y = e^{-\sin x}$ ；

（5） $y = \lg\cos\sqrt{x}$ ；

（6） $y = \arccos\left(\dfrac{x}{a} + 1\right)^2$.

9. 求下列函数的极限.

（1） $\lim\limits_{x \to 2}(x - 3)$ ；

（2） $\lim\limits_{t \to 1}(1 - 2t^2)$ ；

（3） $\lim\limits_{x \to 3}(t^2 - x^2)$ ；

（4） $\lim\limits_{x \to 1}\dfrac{x^2 + 3}{x}$ ；

（5） $\lim\limits_{n \to \infty}(2n - 1)$ ；

（6） $\lim\limits_{x \to \infty}\left(1 + \dfrac{1}{x^2}\right)$.

10. 应用极限定义证明：

（1） $\lim\limits_{n \to \infty}\dfrac{1}{n^2} = 0$ ；

（2） $\lim\limits_{n \to \infty}\dfrac{n+1}{3n-1} = \dfrac{1}{3}$ ；

（3） $\lim\limits_{x \to 1}\dfrac{x^2 - 5x + 4}{x - 1} = -3$ ；

（4） $\lim\limits_{x \to \infty}\dfrac{1 + 2x^2}{x^2} = 2$.

11. 求下列函数的极限.

（1） $\lim\limits_{x \to \infty}\dfrac{2x+1}{x^2-1}$ ；

（2） $\lim\limits_{x \to \infty}\dfrac{2x^2+1}{x^2-x-1}$ ；

（3） $\lim\limits_{x \to \infty}\dfrac{x^3 - x + 5}{x^2 + x + 1}$ ；

（4） $\lim\limits_{x \to 1}\dfrac{x}{x^2 - 1}$ ；

（5） $\lim\limits_{x \to 1}\dfrac{2x-2}{x^2 - 5x + 4}$ ；

（6） $\lim\limits_{x \to 3}\dfrac{x-3}{x^2 + 9}$ ；

（7） $\lim\limits_{x \to 1}\dfrac{x-1}{\sqrt{2-x} - \sqrt{x}}$ ；

（8） $\lim\limits_{x \to +\infty}\left(\sqrt{x+1} - \sqrt{x}\right)$.

12. 求下列函数的极限.

（1） $\lim\limits_{\alpha \to 0}\dfrac{\tan 3\alpha}{\alpha}$ ；

（2） $\lim\limits_{x \to 0}\dfrac{x}{\sin\dfrac{x}{2}}$ ；

（3）$\lim\limits_{x \to 0} \dfrac{\tan 3x}{\sin 5x}$；

（4）$\lim\limits_{x \to 0} \dfrac{1-\cos x}{\sin x}$；

（5）$\lim\limits_{x \to \infty} \left(1 + \dfrac{1}{x+1}\right)^x$；

（6）$\lim\limits_{x \to \infty} \left(1 - \dfrac{3}{x}\right)^{2x}$；

（7）$\lim\limits_{x \to \infty} \left(\dfrac{x+3}{x-1}\right)^{x+1}$；

（8）$\lim\limits_{\alpha \to 0} (1 - 2\alpha)^{\frac{1}{\alpha}}$.

*13. 应用极限存在法则求下列极限.

（1）$\lim\limits_{n \to \infty} \sqrt[n]{1 + 2^n + 3^n}$；

（2）$\lim\limits_{n \to \infty} \left(\dfrac{n}{n^2 + \pi} + \dfrac{n}{n^2 + 2\pi} + \cdots + \dfrac{n}{n^2 + n\pi}\right)$；

（3）对于 $n=1$，2，$\cdots$，均有 $0 < x_n < 1$，且 $x_{n+1} = 2x_n - x_n^2$，求 $\lim\limits_{n \to \infty} x_n$；

（4）设 $x_1 > 0$ 且 $x_{n+1} = \dfrac{1}{2}\left(x_n + \dfrac{a}{x_n}\right)$ $(n = 1, 2, \cdots, a > 0)$，证明 $\lim\limits_{n \to \infty} x_n$ 存在，并求此极限.

14. 每隔时间 τ 注射一次剂量为 D_0 的药物，第 n 次注射后，体内药量 D_n 与第 n 次注射后的时间 t 的关系为

$$D_n(t) = \dfrac{1 - e^{-nk\tau}}{1 - e^{-k\tau}} D_0 e^{-kt} \qquad （k \text{ 为正常数）},$$

求 $n \to \infty$ 时的体内药量 $\lim\limits_{n \to \infty} D_n(t)$.

15. 下列函数哪个是无穷小？哪个是无穷大？

（1）$f(x) = \dfrac{x}{x^2 - 3}$，当 $x \to \sqrt{3}$；

（2）$f(x) = \dfrac{x^2 - 1}{x^3 + 1}$，当 $x \to 1$；

（3）$f(x) = \dfrac{\tan\sqrt{x}}{x}$，当 $x \to 0$；

（4）$f(x) = \dfrac{1 - \cos x}{x}$，当 $x \to 0$.

16. 当 $x \to 0$ 时，比较下列无穷小的阶：x，$\tan x$，$1 - \cos x$.

17. 令函数 $y = \begin{cases} -1, & x \leqslant 0, \\ ax + b, & 0 < x < 1, \\ 1, & x \geqslant 1 \end{cases}$，要使函数在每一点都连续，$a$ 和 b 的值等于多少？

18. 确定下列函数的间断点及其类型.

（1）$y = \dfrac{x+2}{x^2 + x - 2}$；

（2）$y = \dfrac{\cos x}{\dfrac{\pi}{2} - x}$；

（3）$y = \dfrac{1}{\sqrt{x^2 + 3x + 2}}$；

（4）$y = \begin{cases} x, & x < 0, \\ x^2, & 0 \leqslant x \leqslant 1, \\ 2 - x, & x > 1. \end{cases}$

19. 根据初等函数的连续性求下列函数的极限.

（1）$\lim\limits_{x \to 1} \dfrac{x^2 \tan\dfrac{x\pi}{4}}{1 + \ln\left(1 + \sqrt{x-1}\right)}$；

（2）$\lim\limits_{x \to \pi} 3^{\arcsin(\sqrt{2x - \pi} - \sqrt{\pi})}$.

20. 证明方程 $x = \sin x + 2$ 至少有一个不超过 3 的正根.

第二章　导数与微分

案例 2-1

　　药物进入机体血液后，在吸收、代谢的作用下，血药浓度会随着时间的推移而发生变化，呈现先增大后减小的趋势. 另外，由于机体内某些因素的影响，血药浓度的变化速率也在不断发生变化. 静脉滴注的体内血药浓度变化规律为 $C(t)=\dfrac{k_0}{Vk}\left(1-\mathrm{e}^{-kt}\right)$，其中 k_0 为滴注速率，k 为消除速率，V 为表观容积，均为常数.

　　问题　如何计算药物进入机体血液后的某时刻 t_0 的血药浓度的变化率？

案例分析

　　从 t_0 到 t 的时间段内，血药浓度的变化量为 $C(t)-C(t_0)$，这一时间段的长度为 $t-t_0$，因此，该时间段内，血药浓度的平均变化率为

$$\frac{C(t)-C(t_0)}{t-t_0}. \tag{2-1}$$

　　当 t_0 到 t 的时间段很短时，（2-1）所得的平均变化率就近似等于 t_0 时刻的瞬时变化率，即当 t 越接近 t_0，（2-1）所得的平均变化率就越接近 t_0 时刻的瞬时变化率. 于是，当 t 无限趋近于 t_0 时，平均变化率的极限值就等于 t_0 时刻血药浓度的变化率，即 t_0 时刻血药浓度的变化率等于

$$\lim_{t\to t_0}\frac{C(t)-C(t_0)}{t-t_0}.$$

　　导数是微积分的最重要的内容，其基本问题就是：当 x 接近 x_0 时，函数 $f(x)$ 的平均变化率变化趋势是什么？案例 2-1 讨论的血药浓度变化率问题就是一个具体函数 $f(x)$ 的导数基本问题. 许多各种不同的实际问题最终可以归结为导数基本问题，如通过计算曲线上一点处的平均变化率推算该点处的切线的斜率. 又如求自由落体的瞬时速度时，在该时刻 t_0 附近取另一时刻 t，然后计算其平均变化率（平均速度），当 t 无限趋近于 t_0 时，平均变化率的极限值就等于 t_0 时刻瞬时速度.

第一节　导数概念

一、导数的定义

（一）函数在 x_0 处的导数

　　定义 2.1　设函数 $y=f(x)$ 在 x_0 的某个邻域内有定义，x 是 x_0 邻域内的一点，$\Delta x=x-x_0$ 为自变量的增量，相应地，函数取得增量 $\Delta y=f(x)-f(x_0)$. 我们称 $\dfrac{\Delta y}{\Delta x}=\dfrac{f(x)-f(x_0)}{x-x_0}$ 为函数在 x_0 处的平均变化率. 如果极限

$$\lim_{\Delta x\to 0}\frac{\Delta y}{\Delta x}=\lim_{x\to x_0}\frac{f(x)-f(x_0)}{x-x_0}$$

存在，则称函数 $y=f(x)$ 在 x_0 处可导，并称这个极限值为 $y=f(x)$ 在 x_0 处的导数（derivative），记为 $y'\big|_{x=x_0}, \dfrac{dy}{dx}\big|_{x=x_0}$ 或 $f'(x_0), \dfrac{df}{dx}\big|_{x=x_0}$，即

$$f'(x_0) = \lim_{x \to x_0} \frac{f(x) - f(x_0)}{x - x_0}. \tag{2-2}$$

若上述极限不存在，就说 $f(x)$ 在 x_0 处不可导或者 $f(x)$ 在 x_0 处导数不存在.

导数的其他定义形式.

由 $\Delta x = x - x_0$，得 $x = x_0 + \Delta x$，当 $x \to x_0$ 时，$\Delta x \to 0$，则

$$f'(x_0) = \lim_{\Delta x \to 0} \frac{f(x_0 + \Delta x) - f(x_0)}{\Delta x}. \tag{2-3}$$

令 $\Delta x = h$，则

$$f'(x_0) = \lim_{h \to 0} \frac{f(x_0 + h) - f(x_0)}{h}. \tag{2-4}$$

案例 2-1 中所计算的血药浓度在 t_0 时刻的变化率为函数 $C(t)$ 在 t_0 处的导数 $C'(t_0)$.

（二）导函数

定义 2.2　如果函数 $f(x)$ 在开区间 I 内每点处都可导，那么就称函数 $f(x)$ 在开区间 I 内可导. 这样，对于任一 $x \in I$，都对应着 $f(x)$ 的一个确定的导数值，从而就构成了一个新的函数，这个函数叫做 $y=f(x)$ 的导函数（derivative function），简称导数，记作 $y', f'(x), \dfrac{dy}{dx}$ 或 $\dfrac{df(x)}{dx}$，即

$$f'(x) = \lim_{\Delta x \to 0} \frac{f(x + \Delta x) - f(x)}{\Delta x}. \tag{2-5}$$

显然，函数 $f(x)$ 在 x_0 处的导数 $f'(x_0)$ 就是导函数 $f'(x)$ 在 $x=x_0$ 处的函数值，即

$$f'(x_0) = f'(x)\big|_{x=x_0}.$$

注　在（2-5）中，在取极限的过程中，x 是常数，Δx 是变量.

（三）导数的计算

求函数 $y=f(x)$ 在 x 处的导数步骤：

（1）求增量 $\Delta y = f(x + \Delta x) - f(x)$；

（2）计算平均变化率 $\dfrac{\Delta y}{\Delta x} = \dfrac{f(x + \Delta x) - f(x)}{\Delta x}$；

（3）取极限 $\lim\limits_{\Delta x \to 0} \dfrac{\Delta y}{\Delta x} = \lim\limits_{\Delta x \to 0} \dfrac{f(x + \Delta x) - f(x)}{\Delta x}$.

例 2.1　求函数 $y = kx + b$（$k \neq 0, k, b$ 为常数）的导数.

解　$\Delta y = [k(x + \Delta x) + b] - (kx + b) = k\Delta x$，

所以

$$\frac{\Delta y}{\Delta x} = \frac{k\Delta x}{\Delta x} = k,$$

取极限得

$$\lim_{\Delta x \to 0} \frac{\Delta y}{\Delta x} = \lim_{\Delta x \to 0} k = k.$$

即直线方程的导数为对应直线的斜率.

例 2.2　求函数 $y = x^2$ 在 $x = 1$，$x = 2$ 处的导数.

解　$\Delta y = (x + \Delta x)^2 - x^2 = (2x + \Delta x)\Delta x$，

所以

$$\frac{\Delta y}{\Delta x} = \frac{(2x + \Delta x)\Delta x}{\Delta x} = 2x + \Delta x ,$$

取极限得

$$\lim_{\Delta x \to 0} \frac{\Delta y}{\Delta x} = \lim_{\Delta x \to 0} (2x + \Delta x) = 2x ,$$

所以，$y'|_{x=1} = 2$，$y'|_{x=2} = 4$.

当我们熟练了之后，上述三个步骤可以合并为一个.

例 2.3　求函数 $y = \sqrt{x}$ 的导数.

解　$\lim_{\Delta x \to 0} \frac{\Delta y}{\Delta x} = \lim_{\Delta x \to 0} \frac{\sqrt{x + \Delta x} - \sqrt{x}}{\Delta x} = \lim_{\Delta x \to 0} \frac{1}{\sqrt{x + \Delta x} + \sqrt{x}} = \frac{1}{2\sqrt{x}}$，

即

$$(\sqrt{x})' = \frac{1}{2\sqrt{x}} .$$

（四）单侧导数

根据导数的定义知，$f(x)$ 在 x_0 处的导数

$$f'(x_0) = \lim_{h \to 0} \frac{f(x_0 + h) - f(x_0)}{h}$$

是一个极限，而极限存在的充分必要条件是左、右极限都存在并且相等，因此 $f(x)$ 在 x_0 处可导的充分必要条件是左、右极限

$$\lim_{h \to 0^-} \frac{f(x_0 + h) - f(x_0)}{h} \quad \text{和} \quad \lim_{h \to 0^+} \frac{f(x_0 + h) - f(x_0)}{h}$$

都存在且相等．这两个极限分别称为 $f(x)$ 在 x_0 处的左导数（left derivative）和右导数（right derivative），记作 $f'_-(x_0)$ 和 $f'_+(x_0)$，即

$$f'_-(x_0) = \lim_{h \to 0^-} \frac{f(x_0 + h) - f(x_0)}{h} , \tag{2-6}$$

$$f'_+(x_0) = \lim_{h \to 0^+} \frac{f(x_0 + h) - f(x_0)}{h} . \tag{2-7}$$

左导数和右导数统称为单侧导数（unilateral derivative）.

由导数和单侧导数的定义，我们有如下结论：

$$f'(x_0) = A \Leftrightarrow f'_-(x_0) = f'_+(x_0) = A .$$

例 2.4　讨论函数 $f(x) = |x|$ 在 $x = 0$ 处的可导性.

解　因为 $\lim_{\Delta x \to 0} \frac{f(0 + \Delta x) - f(0)}{\Delta x} = \lim_{\Delta x \to 0} \frac{|\Delta x| - 0}{\Delta x} = \lim_{\Delta x \to 0} \frac{|\Delta x|}{\Delta x}$，而

$$\frac{|\Delta x|}{\Delta x} = \begin{cases} 1, & \Delta x > 0 \\ -1, & \Delta x < 0, \end{cases}$$

所以

$$\lim_{\Delta x \to 0^+} \frac{|\Delta x|}{\Delta x} = 1, \quad \lim_{\Delta x \to 0^-} \frac{|\Delta x|}{\Delta x} = -1,$$

即 $f'_-(x_0) = -1, f'_+(x_0) = 1$.

由单侧导数和导数之间的关系知 $f(x) = |x|$ 在 $x = 0$ 处不可导.

二、导数的几何意义

设曲线方程为 $y = f(x)$，$M(x_0, y_0)$ 是曲线上一定点，$N(x, y)$ 为曲线上一动点，连接 M 与 N 的直线称为割线，记为 L_{MN}，其斜率为 $k_{MN} = \frac{f(x) - f(x_0)}{x - x_0}$．如图 2-1 所示.

当动点 N 沿着曲线趋近于定点 M（$x \to x_0$）时，割线 L_{MN} 趋近于过点 M 的切线 MT，从而 k_{MN} 趋近于切线的斜率 k，即

$$k = \lim_{x \to x_0} \frac{f(x) - f(x_0)}{x - x_0}.$$

因此，$y = f(x)$ 在 x_0 处的导数 $f'(x_0)$ 的几何意义是：曲线 $y = f(x)$ 在 $M(x_0, y_0)$ 处的切线的斜率.

从而，曲线 $y = f(x)$ 在 x_0 处的切线方程为

$$y - y_0 = f'(x_0)(x - x_0). \tag{2-8}$$

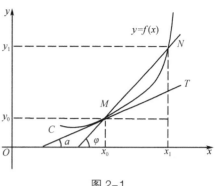

图 2-1

特别地，当 $f'(x_0) = 0$ 时，表明切线是水平的；当 $f'(x_0) = \infty$ 时，表明切线垂直于 x 轴（即为直线 $x = x_0$）.

另外，根据法线的定义知，若 $f'(x_0) \neq 0$，则曲线 $y = f(x)$ 在 x_0 处的法线方程为

$$y - y_0 = -\frac{1}{f'(x_0)}(x - x_0). \tag{2-9}$$

例 2.5　求双曲线 $y = \dfrac{1}{x}$ 在点 $\left(\dfrac{1}{2}, 2\right)$ 处的切线方程和法线方程.

解　根据导数的几何意义知，所求切线的斜率为

$$k = \left(\frac{1}{x}\right)' \bigg|_{x = \frac{1}{2}} = -\frac{1}{x^2} \bigg|_{x = \frac{1}{2}} = -4,$$

于是，$y = \dfrac{1}{x}$ 在点 $\left(\dfrac{1}{2}, 2\right)$ 处的切线方程为

$$y - 2 = -4\left(x - \frac{1}{2}\right),$$

整理得

$$4x + y - 4 = 0.$$

所求法线的方程为

$$y - 2 = \frac{1}{4}\left(x - \frac{1}{2}\right),$$

整理得

$$2x - 8y + 15 = 0.$$

三、函数可导与连续的关系

函数 $y = f(x)$ 在 x_0 处可导与 $y = f(x)$ 在 x_0 处连续有如下关系.

定理 2.1　若 $y = f(x)$ 在 x_0 处可导，则 $y = f(x)$ 在 x_0 处连续.

证明　若 $y = f(x)$ 在 x_0 处可导，则 $\lim\limits_{\Delta x \to 0} \dfrac{\Delta y}{\Delta x} = f'(x_0)$，得

$$\lim_{\Delta x \to 0} \Delta y = \lim_{\Delta x \to 0} \left(\frac{\Delta y}{\Delta x} \cdot \Delta x\right) = \lim_{\Delta x \to 0} \frac{\Delta y}{\Delta x} \cdot \lim_{\Delta x \to 0} \Delta x = f'(x_0) \cdot 0 = 0,$$

根据函数在一点处连续的定义知 $y = f(x)$ 在 x_0 处连续.

可导必连续，反之不然，即连续不一定可导.

例如，$f(x) = |x|$ 在 $x = 0$ 处连续，但由例 2.4 知 $f(x) = |x|$ 在 $x = 0$ 处不可导.

再来看一个连续但不可导的例子.

例 2.6 讨论函数

$$f(x) = \begin{cases} x\arctan\dfrac{1}{x}, & x \neq 0, \\ 0, & x = 0 \end{cases}$$

在 $x = 0$ 处的连续性与可导性.

解 $\lim\limits_{x\to 0} f(x) = \lim\limits_{x\to 0} x\arctan\dfrac{1}{x} = 0 = f(0)$（无穷小和有界函数的乘积仍为无穷小），所以 $f(x)$ 在 $x = 0$ 处连续；

而 $f'(0) = \lim\limits_{x\to 0}\dfrac{f(x)-f(0)}{x-0} = \lim\limits_{x\to 0}\dfrac{x\arctan\dfrac{1}{x}-0}{x} = \lim\limits_{x\to 0}\arctan\dfrac{1}{x}$，

当 $x \to 0^+$ 时，$\dfrac{1}{x} \to +\infty$，$\arctan\dfrac{1}{x} \to \dfrac{\pi}{2}$；当 $x \to 0^-$ 时，$\dfrac{1}{x} \to -\infty$，$\arctan\dfrac{1}{x} \to -\dfrac{\pi}{2}$，

所以 $\lim\limits_{x\to 0}\arctan\dfrac{1}{x}$ 不存在，从而 $f(x)$ 在 $x = 0$ 处不可导.

四、常数与几个基本初等函数的导数

（一）常数 C 的导数

设函数 $y = f(x) = C$（C 为常数），则

$$\lim_{\Delta x\to 0}\frac{\Delta y}{\Delta x} = \lim_{\Delta x\to 0}\frac{C-C}{\Delta x} = \lim_{\Delta x\to 0} 0 = 0,$$

即

$$C' = 0.$$

（二）幂函数的导数

设函数 $y = x^n$（n 为正整数），则

$$\lim_{\Delta x\to 0}\frac{\Delta y}{\Delta x} = \lim_{\Delta x\to 0}\frac{(x+\Delta x)^n - x^n}{\Delta x}$$

$$= \lim_{\Delta x\to 0}\frac{1}{\Delta x}\left[nx^{n-1}\Delta x + \frac{n(n-1)}{2!}x^{n-2}(\Delta x)^2 + \cdots + (\Delta x)^n\right]$$

$$= \lim_{\Delta x\to 0}\left[nx^{n-1} + \frac{n(n-1)}{2!}x^{n-2}\Delta x + \cdots + (\Delta x)^{n-1}\right] = nx^{n-1},$$

即

$$(x^n)' = nx^{n-1}.$$

（三）三角函数 $y = \sin x$ 和 $y = \cos x$ 的导数

设函数 $y = \sin x$，则

$$\lim_{\Delta x\to 0}\frac{\Delta y}{\Delta x} = \lim_{\Delta x\to 0}\frac{\sin(x+\Delta x)-\sin x}{\Delta x} = \lim_{\Delta x\to 0}\frac{2\cos\left(x+\dfrac{\Delta x}{2}\right)\sin\dfrac{\Delta x}{2}}{\Delta x}$$

$$= \lim_{\Delta x\to 0}\left(\cos\left(x+\frac{\Delta x}{2}\right)\cdot\frac{\sin\dfrac{\Delta x}{2}}{\dfrac{\Delta x}{2}}\right) = \lim_{\Delta x\to 0}\cos\left(x+\frac{\Delta x}{2}\right)\cdot\lim_{\frac{\Delta x}{2}\to 0}\frac{\sin\dfrac{\Delta x}{2}}{\dfrac{\Delta x}{2}} = \cos x,$$

即

$$(\sin x)' = \cos x.$$

同理可知 $(\cos x)' = -\sin x$.

（四）对数函数的导数

设函数 $y = \log_a x$（ $a > 0$ 且 $a \neq 1$ ），则

$$
\lim_{\Delta x \to 0} \frac{\Delta y}{\Delta x} = \lim_{\Delta x \to 0} \frac{\log_a(x + \Delta x) - \log_a x}{\Delta x} = \lim_{\Delta x \to 0} \frac{\log_a\left(1 + \frac{\Delta x}{x}\right)}{\Delta x}
$$

$$
= \lim_{\Delta x \to 0} \log_a\left(1 + \frac{\Delta x}{x}\right)^{\frac{x}{\Delta x} \cdot \frac{1}{x}} = \frac{1}{x} \cdot \lim_{\frac{\Delta x}{x} \to 0} \log_a\left(1 + \frac{\Delta x}{x}\right)^{\frac{x}{\Delta x}}
$$

$$
= \frac{1}{x}\log_a e = \frac{1}{x}\frac{\ln e}{\ln a} = \frac{1}{x \ln a} ,
$$

即

$$
(\log_a x)' = \frac{1}{x \ln a} .
$$

第二节　求　导　方　法

一、函数的和、差、积、商的求导法则

定理 2.2 如果函数 $u = u(x)$ 及 $v = v(x)$ 都在点 x 处可导，那么它们的和、差、积、商（分母为零的点除外）如在点 x 处可导，且

（1） $[u(x) \pm v(x)]' = u'(x) \pm v'(x)$ ；

（2） $[u(x)v(x)]' = u'(x)v(x) + u(x)v'(x)$ ；

（3） $\left[\dfrac{u(x)}{v(x)}\right]' = \dfrac{u'(x)v(x) - u(x)v'(x)}{v^2(x)}$ $(v(x) \neq 0)$.

仅对商的求导法则（3）进行证明.

证明 $\left[\dfrac{u(x)}{v(x)}\right]' = \lim\limits_{\Delta x \to 0} \dfrac{\dfrac{u(x + \Delta x)}{v(x + \Delta x)} - \dfrac{u(x)}{v(x)}}{\Delta x} = \lim\limits_{\Delta x \to 0} \dfrac{u(x + \Delta x)v(x) - v(x + \Delta x)u(x)}{v(x + \Delta x)v(x)\Delta x}$

$$
= \lim_{\Delta x \to 0} \frac{[u(x + \Delta x) - u(x)]v(x) - [v(x + \Delta x) - v(x)]u(x)}{v(x + \Delta x)v(x)\Delta x}
$$

$$
= \lim_{\Delta x \to 0} \frac{\dfrac{u(x + \Delta x) - u(x)}{\Delta x}v(x) - u(x)\dfrac{v(x + \Delta x) - v(x)}{\Delta(x)}}{v(x + \Delta x)v(x)}
$$

$$
= \frac{u'(x)v(x) - u(x)v'(x)}{v^2(x)} .
$$

注 （1） 和差的求导法则可以推广到有限个的情形.

设函数 $u_i(x)(i = 1, 2, \cdots, n)$ 在点 x 处都可导，则

$$
[u_1(x) \pm u_2(x) + \cdots + u_n(x)]' = u_1'(x) \pm u_2'(x) \pm \cdots \pm u_n'(x) .
$$

（2） n 个函数的乘积的求导公式

$$
[u_1(x)u_2(x)\cdots u_n(x)]' = u_1'(x)u_2(x)\cdots u_n(x) + \cdots + u_1(x)u_2(x)\cdots u_n'(x) .
$$

例 2.7 $y = 2x^3 - 5x^2 + 3x - 7$ ，求 y' .

解 $y' = (2x^3 - 5x^2 + 3x - 7)' = (2x^3)' - (5x^2)' + (3x)' - (7)'$

$\quad = 2 \cdot 3x^2 - 5 \cdot 2x + 3 - 0 = 6x^2 - 10x + 3$.

例 2.8 $f(x) = x^3 + 4\cos x - \sin \dfrac{\pi}{2}$ ，求 $f'(x)$ 及 $f'\left(\dfrac{\pi}{2}\right)$.

解 $f'(x) = 3x^2 - 4\sin x$ ， $f'\left(\dfrac{\pi}{2}\right) = \dfrac{3}{4}\pi^2 - 4$.

例 2.9 $y = \tan x$ ，求 y' .

解 $y' = (\tan x)' = \left(\dfrac{\sin x}{\cos x}\right)' = \dfrac{(\sin x)'\cos x - \sin x(\cos x)'}{\cos^2 x}$

$\quad = \dfrac{\cos^2 x + \sin^2 x}{\cos^2 x} = \dfrac{1}{\cos^2 x} = \sec^2 x$ ，

即

$$(\tan x)' = \sec^2 x .$$

同理可求

$$(\cot x)' = -\csc^2 x .$$

例 2.10 $y = \sec x$ ，求 y' .

解 $y' = (\sec x)' = \left(\dfrac{1}{\cos x}\right)' = \dfrac{(1)' \cdot \cos x - 1 \cdot (\cos x)'}{\cos^2 x}$

$\quad = \dfrac{\sin x}{\cos^2 x} = \sec x \tan x$ ，

即

$$(\sec x)' = \sec x \tan x .$$

同理可求

$$(\csc x)' = -\csc x \cot x .$$

二、反函数的求导法则

定理 2.3 若函数 $x = f(y)$ 在区间 I_y 内单调、可导且 $f'(y) \neq 0$ ，则其反函数 $y = f^{-1}(x)$ 在区间 $I_x = \{x \mid x = f(y),\ y \in I_y\}$ 内也可导，且

$$[f^{-1}(x)]' = \dfrac{1}{f'(y)} . \tag{2-10}$$

证明 函数 $x = f(y)$ 在区间 I_y 内单调、可导（从而连续），则它的反函数 $y = f^{-1}(x)$ 一定存在，且 $f^{-1}(x)$ 在区间 I_x 内也单调连续.

任取 $x \in I_x$ ，给 x 以增量 Δx （ $\Delta x \neq 0$ ，且 $x + \Delta x \in I_x$ ），由 $y = f^{-1}(x)$ 的单调性知

$$\Delta y = f^{-1}(x + \Delta x) - f^{-1}(x) \neq 0 ,$$

于是有

$$\dfrac{\Delta y}{\Delta x} = \dfrac{1}{\dfrac{\Delta x}{\Delta y}} ,$$

再由 $y = f^{-1}(x)$ 的连续性知

$$\lim_{\Delta x \to 0} \Delta y = 0 \ ,$$

从而

$$[f^{-1}(x)]' = \lim_{\Delta x \to 0} \frac{\Delta y}{\Delta x} = \lim_{\Delta y \to 0} \frac{1}{\dfrac{\Delta x}{\Delta y}} = \frac{1}{f'(y)} \ .$$

例 2.11　求 $y = \arcsin x$ 的导数.

解　$y = \arcsin x$ 的反函数 $x = \sin y$ 在区间 $I_y = \left(-\dfrac{\pi}{2}, \dfrac{\pi}{2}\right)$ 内单调、可导，且

$$(\arcsin x)'_x = \frac{1}{(\sin y)'_y} = \frac{1}{\cos y} = \frac{1}{\sqrt{1-\sin^2 y}} = \frac{1}{\sqrt{1-x^2}} \ ,$$

即

$$(\arcsin x)' = \frac{1}{\sqrt{1-x^2}} \ .$$

同理可得

$$(\arccos x)' = -\frac{1}{\sqrt{1-x^2}} \ .$$

例 2.12　求 $y = \arctan x$ 的导数.

解　$y = \arctan x$ 的反函数 $x = \tan y$ 在区间 $I_y = \left(-\dfrac{\pi}{2}, \dfrac{\pi}{2}\right)$ 内单调、可导，且

$$(\arctan x)'_x = \frac{1}{(\tan y)'_y} = \frac{1}{\sec^2 y} = \frac{1}{1+\tan^2 y} = \frac{1}{1+x^2} \ ,$$

即

$$(\arctan x)' = \frac{1}{1+x^2} \ .$$

同理可得

$$(\text{arc} \cot x)' = -\frac{1}{1+x^2} \ .$$

例 2.13　求 $y = a^x (a > 0, \ 且 a \neq 1)$ 的导数.

解　$y = a^x$ 的反函数 $x = \log_a y$ 在区间 $I_y = (0, +\infty)$ 内单调、可导，且

$$(a^x)'_x = \frac{1}{(\log_a y)'_y} = y \ln a = a^x \ln a \ ,$$

即

$$(a^x)' = a^x \ln a \ .$$

特别地

$$(e^x)' = e^x \ .$$

三、复合函数的求导法则

对于 $\cos x^3$，$\ln \cos x$，e^{x^2} 这样的函数，我们还不知道它们是否可导，可导的话如何求它们的导数. 这些问题借助于下面的复合函数的求导法则可以得到解决.

定理 2.4　如果函数 $y = f(u)$ 在 u 处可导，函数 $u = \varphi(x)$ 在 x 处可导，则复合函数 $y = f[\varphi(x)]$ 在 x 处也可导，且

$$\frac{\mathrm{d}y}{\mathrm{d}x} = \frac{\mathrm{d}y}{\mathrm{d}u} \cdot \frac{\mathrm{d}u}{\mathrm{d}x} \ . \tag{2-11}$$

证明   函数 $y = f(u)$ 在 u 处可导，函数 $u = \varphi(x)$ 在 x 处可导，可导必定连续，故有

$$\lim_{\Delta u \to 0} \Delta y = 0, \qquad \lim_{\Delta x \to 0} \Delta u = 0,$$

且

$$\lim_{\Delta x \to 0} \frac{\Delta y}{\Delta x} = \lim_{\Delta x \to 0} \left(\frac{\Delta y}{\Delta u} \cdot \frac{\Delta u}{\Delta x} \right) = \lim_{\Delta x \to 0} \frac{\Delta y}{\Delta u} \cdot \lim_{\Delta x \to 0} \frac{\Delta u}{\Delta x} = \lim_{\Delta u \to 0} \frac{\Delta y}{\Delta u} \cdot \lim_{\Delta x \to 0} \frac{\Delta u}{\Delta x} = \frac{\mathrm{d}y}{\mathrm{d}u} \cdot \frac{\mathrm{d}u}{\mathrm{d}x},$$

即

$$\frac{\mathrm{d}y}{\mathrm{d}x} = \frac{\mathrm{d}y}{\mathrm{d}u} \cdot \frac{\mathrm{d}u}{\mathrm{d}x}.$$

例 2.14   求函数 $y = \cos x^3$ 的导数.

解 $y = \cos x^3$ 可以看作由 $y = \cos u$，$u = x^3$ 复合而成，由复合函数的求导法则，

$$\frac{\mathrm{d}y}{\mathrm{d}x} = \frac{\mathrm{d}y}{\mathrm{d}u} \cdot \frac{\mathrm{d}u}{\mathrm{d}x} = (-\sin u) \cdot (3x^2) = -3x^2 \sin x^3.$$

例 2.15   求函数 $y = \ln \cos x$ 的导数.

解 $y = \ln \cos x$ 可以看作由 $y = \ln u$，$u = \cos x$ 复合而成，由复合函数的求导法则，

$$\frac{\mathrm{d}y}{\mathrm{d}x} = \frac{\mathrm{d}y}{\mathrm{d}u} \cdot \frac{\mathrm{d}u}{\mathrm{d}x} = \left(\frac{1}{u} \right) \cdot (-\sin x) = -\tan x.$$

例 2.16   求函数 $y = \mathrm{e}^{x^2}$ 的导数.

解 $y = \mathrm{e}^{x^2}$ 可以看作由 $y = \mathrm{e}^u$，$u = x^2$ 复合而成，由复合函数的求导法则，

$$\frac{\mathrm{d}y}{\mathrm{d}x} = \frac{\mathrm{d}y}{\mathrm{d}u} \cdot \frac{\mathrm{d}u}{\mathrm{d}x} = (\mathrm{e}^u)'_u \cdot (x^2)'_x = 2x\mathrm{e}^u = 2x\mathrm{e}^{x^2}.$$

对复合函数的分解比较熟练之后，就不必再写出中间变量，计算过程就按如下方式来进行.

例 2.17   求函数 $y = \sqrt[3]{1 - 2x^2}$ 的导数.

解 $\dfrac{\mathrm{d}y}{\mathrm{d}x} = [(1 - 2x^2)^{\frac{1}{3}}]' = \dfrac{1}{3}(1 - 2x^2)^{-\frac{2}{3}} \cdot (1 - 2x^2)' = \dfrac{-4x}{3\sqrt[3]{(1 - 2x^2)^2}}.$

例 2.18   求 $y = \ln \ln x$ 的导数.

解 $\dfrac{\mathrm{d}y}{\mathrm{d}x} = (\ln \ln x)' = \dfrac{1}{\ln x} \cdot (\ln x)' = \dfrac{1}{x \ln x}.$

复合函数的求导法则可以推广到有限多个可导函数的复合函数的情形.

例如，函数 $y = f(u)$，$u = \varphi(v)$，$v = \psi(x)$，则

$$\frac{\mathrm{d}y}{\mathrm{d}x} = \frac{\mathrm{d}y}{\mathrm{d}u} \cdot \frac{\mathrm{d}u}{\mathrm{d}v} \cdot \frac{\mathrm{d}v}{\mathrm{d}x}. \tag{2-12}$$

例 2.19   求函数 $y = \ln \cos(\mathrm{e}^x)$ 的导数.

解 $y = \ln \cos(\mathrm{e}^x)$ 可以看作由 $y = \ln u$，$u = \cos v$，$v = \mathrm{e}^x$ 复合而成的，因此

$$\frac{\mathrm{d}y}{\mathrm{d}x} = \frac{\mathrm{d}y}{\mathrm{d}u} \cdot \frac{\mathrm{d}u}{\mathrm{d}v} \cdot \frac{\mathrm{d}v}{\mathrm{d}x} = \frac{1}{u} \cdot (-\sin v) \cdot \mathrm{e}^x = \frac{1}{\cos \mathrm{e}^x} \cdot (-\sin \mathrm{e}^x) \cdot \mathrm{e}^x = -\mathrm{e}^x \tan(\mathrm{e}^x).$$

若不写中间变量，则上述解题过程可以写为

$$\frac{\mathrm{d}y}{\mathrm{d}x} = \frac{1}{\cos \mathrm{e}^x} \cdot (\cos \mathrm{e}^x)' = \frac{1}{\cos \mathrm{e}^x} \cdot (-\sin \mathrm{e}^x) \cdot (\mathrm{e}^x)' = -\mathrm{e}^x \tan(\mathrm{e}^x).$$

例 2.20   求函数 $y = \mathrm{e}^{\sin \frac{1}{x}}$ 的导数.

解 $\dfrac{\mathrm{d}y}{\mathrm{d}x} = \left(\mathrm{e}^{\sin \frac{1}{x}} \right)' = \mathrm{e}^{\sin \frac{1}{x}} \cdot \left(\sin \frac{1}{x} \right)' = \mathrm{e}^{\sin \frac{1}{x}} \cdot \cos \dfrac{1}{x} \cdot \left(\dfrac{1}{x} \right)' = -\dfrac{1}{x^2} \mathrm{e}^{\sin \frac{1}{x}} \cos \dfrac{1}{x}.$

例 2.21   求解案例 2-1.

解 $C'(t) = -\dfrac{k_0}{Vk} \mathrm{e}^{-kt}(-kt)' = \dfrac{k_0}{V} \mathrm{e}^{-kt}$ ，即在 t_0 时刻的变化率为

$$C'(t_0) = \frac{k_0}{V} \mathrm{e}^{-kt_0} .$$

四、基本初等函数的导数公式

到目前为止，学习的求导的方法如下：定义、四则运算法则、复合函数的求导法则和反函数的求导法则，利用这些工具有如下公式.

（一）常数和基本初等函数的导数公式

（1）$(C)' = 0$ ；　　　　　　　　　　　（2）$(x^\alpha)' = \alpha x^{\alpha-1}$ ；

（3）$(\sin x)' = \cos x$ ；　　　　　　　（4）$(\cos x)' = -\sin x$ ；

（5）$(\tan x)' = \sec^2 x$ ；　　　　　　（6）$(\cot x)' = -\csc^2 x$ ；

（7）$(\sec x)' = \sec x \tan x$ ；　　　　（8）$(\csc x)' = -\csc x \cot x$ ；

（9）$(a^x)' = a^x \ln a$ ；　　　　　　　（10）$(\mathrm{e}^x)' = \mathrm{e}^x$ ；

（11）$(\log_a x)' = \dfrac{1}{x \ln a}$ ；　　　　（12）$(\ln x)' = \dfrac{1}{x}$ ；

（13）$(\arcsin x)' = \dfrac{1}{\sqrt{1-x^2}}$ ；　　（14）$(\arccos x)' = -\dfrac{1}{\sqrt{1-x^2}}$ ；

（15）$(\arctan x)' = \dfrac{1}{1+x^2}$ ；　　（16）$(\operatorname{arccot} x)' = -\dfrac{1}{1+x^2}$.

（二）函数和、差、积、商的求导法则

如果函数 $u = u(x)$ 及 $v = v(x)$ 都可导，那么

（1）$[u(x) \pm v(x)]' = u'(x) \pm v'(x)$ ；

（2）$[u(x)v(x)]' = u'(x)v(x) + u(x)v'(x)$ ；

特别地，$[Cu(x)]' = Cu'(x)$ （C是常数）.

（3）$\left[\dfrac{u(x)}{v(x)}\right]' = \dfrac{u'(x)v(x) - u(x)v'(x)}{v^2(x)}$ （$v(x) \neq 0$）.

（三）反函数的求导法则

若函数 $x = f(y)$ 在区间 I_y 内单调、可导且 $f'(y) \neq 0$ ，则其反函数 $y = f^{-1}(x)$ 在区间 $I_x = \{x \mid x = f(y),\ y \in I_y\}$ 内也可导，且

$$[f^{-1}(x)]' = \frac{1}{f'(y)} .$$

（四）复合函数的求导法则

如果函数 $y = f(u)$ 在 u 处可导，函数 $u = \varphi(x)$ 在 x 处可导，则复合函数 $y = f[\varphi(x)]$ 在 x 处也可导，且

$$\frac{\mathrm{d}y}{\mathrm{d}x} = \frac{\mathrm{d}y}{\mathrm{d}u} \cdot \frac{\mathrm{d}u}{\mathrm{d}x} .$$

五、隐函数求导法

函数 $y = f(x)$ 表示两个变量 y 与 x 之间的对应关系，例如，$y = \sin x$，$y = \ln x + \sqrt{x}$ 等，这种函数表达式的特点是：等号的左边是因变量的符号，右边是含有自变量的式子，用这种方式表达的函数叫做显函数.

有些函数的表达方式却不是这样，例如，方程 $x^5 + xy + y^3 = 0$，当自变量 x 在其定义域内取定一个值时，变量 y 有确定的值与其对应，这样的函数叫做隐函数.

一般地，如果变量 x 和 y 满足一个方程 $F(x, y) = 0$，在一定条件下，当 x 取某区间内的任一值时，相应地总有满足这方程的唯一的 y 与之对应，那么就说方程 $F(x, y) = 0$ 在该区间内确定了一个隐函数.

例 2.22　求 $x^5 + xy + y^3 = 0$ 所确定的隐函数的导数 y'.

解　方程的两边分别对 x 求导，得

$$5x^4 + y + xy' + 3y^2 y' = 0 ,$$

即

$$(x + 3y^2)y' = -(5x^4 + y) ,$$

解得

$$y' = -\frac{5x^4 + y}{x + 3y^2} .$$

注　在求导的过程中，y 是关于 x 的函数.

例 2.23　求方程 $y^5 + 2y - x - 3x^7 = 0$ 所确定的隐函数在 $x = 0$ 处的导数 $\left.\dfrac{\mathrm{d}y}{\mathrm{d}x}\right|_{x=0}$.

解　方程两边对 x 求导，得

$$5y^4 \frac{\mathrm{d}y}{\mathrm{d}x} + 2\frac{\mathrm{d}y}{\mathrm{d}x} - 1 - 21x^6 = 0 ,$$

解得

$$\frac{\mathrm{d}y}{\mathrm{d}x} = \frac{1 + 21x^6}{5y^4 + 2} .$$

又因为 $x = 0$ 时 $y = 0$，所以

$$\left.\frac{\mathrm{d}y}{\mathrm{d}x}\right|_{x=0} = \left.\frac{1 + 21x^6}{5y^4 + 2}\right|_{x=0} = \frac{1}{2} .$$

六、对数求导法

在某些场合，利用所谓的对数求导法求函数的导数，比用通常的方法简单一些，这种方法是先对 $y = f(x)$ 的两边取对数，然后再利用隐函数求导法求出 y 的导数.

例 2.24　求 $y = x^{\sin x}$ $(x > 0)$ 的导数.

解　两边取对数，得

$$\ln y = \sin x \ln x ,$$

方程两边对 x 求导，得

$$\frac{1}{y} \cdot y' = \cos x \cdot \ln x + \sin x \cdot \frac{1}{x} ,$$

于是

$$y' = y(\cos x \cdot \ln x + \sin x \cdot \frac{1}{x}) = x^{\sin x}(\cos x \ln x + \frac{1}{x}\sin x) .$$

例 2.25　求隐函数 $y^x = x^y (x, y > 0)$ 的导数.

解　方程两边取对数，得

$$x \ln y = y \ln x ,$$

两边对 x 求导, 得

$$\ln y + x \cdot \frac{1}{y} \cdot y' = y' \ln x + y \cdot \frac{1}{x},$$

整理得

$$\left(\frac{x}{y} - \ln x \right) y' = \frac{y}{x} - \ln y,$$

即

$$y' = \frac{\dfrac{y}{x} - \ln y}{\dfrac{x}{y} - \ln x} = \frac{y^2 - xy \ln y}{x^2 - xy \ln x}.$$

注 （1）这种函数称为幂指函数. 求幂指函数的导数时, 既不能按照幂函数的求导法则, 也不能按照指数函数的求导法则.

（2） 这种幂指函数的导数也可按照以下方法求解.

设幂指函数为 $y = u^v (u > 0)$, 则 $y = e^{\ln u^v} = e^{v \ln u}$, 从而

$$y' = (e^{v \ln u})' = e^{v \ln u} \left(v' \cdot \ln u + v \cdot \frac{1}{u} \cdot u' \right) = u^v \left(v' \ln u + \frac{v u'}{u} \right).$$

对数求导法除了可以很方便地求解幂指函数的导数, 对求下面这种连乘函数的导数也非常有效.

例 2.26 求 $y = \sqrt{\dfrac{(x-1)(x+2)}{(x+3)(x-4)}}$ $(x > 4)$ 的导数 y'.

解 方程两边取对数, 得

$$\ln y = \frac{1}{2} [\ln(x-1) + \ln(x+2) - \ln(x+3) - \ln(x-4)],$$

两边对 x 求导, 得

$$\frac{1}{y} \cdot y' = \frac{1}{2} \left(\frac{1}{x-1} + \frac{1}{x+2} - \frac{1}{x+3} - \frac{1}{x-4} \right),$$

即

$$y' = \frac{y}{2} \left(\frac{1}{x-1} + \frac{1}{x+2} - \frac{1}{x+3} - \frac{1}{x-4} \right)$$

$$= \frac{1}{2} \sqrt{\frac{(x-1)(x+2)}{(x+3)(x-4)}} \left(\frac{1}{x-1} + \frac{1}{x+2} - \frac{1}{x+3} - \frac{1}{x-4} \right).$$

注 本题可直接用复合函数的求导法则求导, 但是求解过程比较复杂.

七、参数方程所确定的函数的导数

研究物体运动的轨迹时, 常遇到参数方程, 例如, 研究抛射体的运动问题时, 如果空气阻力忽略不计, 那么抛射体的运动轨迹可表示为

$$\begin{cases} x = v_1 t, \\ y = v_2 t - \dfrac{1}{2} g t^2, \end{cases}$$

其中 v_1, v_2 分别是抛射体初速度的水平分量和铅直分量, g 是重力加速度, t 是飞行时间, x 和 y 分别是飞行中抛射体在铅直平面上的位置的横坐标和纵坐标.

在上式中, x, y 都是关于 t 的函数. 如果把对应于同一个 t 值的 y 与 x 的值看作是对应的, 那么这样就得到 y 与 x 之间的函数关系.

一般地, 若参数方程

$$\begin{cases} x = \varphi(t), \\ y = \psi(t) \end{cases} \tag{2-13}$$

确定 y 与 x 的函数关系，则称此函数关系所表达的函数为由参数方程所确定的函数.

在实际问题中，需要计算由参数方程（2-13）所确定的函数的导数，但有时从该方程组中消去参数 t 会有困难. 因此需要有一种方法能直接由参数方程（2-13）算出它所确定的函数的导数来，下面就来讨论这种方法.

在（2-13）中，如果函数 $x = \varphi(t)$ 具有单调连续反函数 $t = \varphi^{-1}(x)$，且此反函数能与 $y = \psi(t)$ 构成复合函数，那么参数方程（2-13）所确定的函数可以看成是由函数 $y = \psi(t)$，$t = \varphi^{-1}(x)$ 复合而成的函数 $y = \psi[\varphi^{-1}(x)]$. 现在计算这个复合函数的导数.

为此，假定 $x = \varphi(t)$，$y = \psi(t)$ 都可导，并且 $\varphi'(t) \neq 0$. 于是，根据复合函数和反函数的求导法则，有

$$\frac{\mathrm{d}y}{\mathrm{d}x} = \frac{\mathrm{d}y}{\mathrm{d}t} \cdot \frac{\mathrm{d}t}{\mathrm{d}x} = \frac{\mathrm{d}y}{\mathrm{d}t} \cdot \frac{1}{\dfrac{\mathrm{d}x}{\mathrm{d}t}} = \frac{\psi'(t)}{\varphi'(t)},$$

即

$$\frac{\mathrm{d}y}{\mathrm{d}x} = \frac{\psi'(t)}{\varphi'(t)}. \tag{2-14}$$

上式也可以写成

$$\frac{\mathrm{d}y}{\mathrm{d}x} = \frac{\dfrac{\mathrm{d}y}{\mathrm{d}t}}{\dfrac{\mathrm{d}x}{\mathrm{d}t}}.$$

式（2-14）就是由参数方程（2-13）所确定的 y 关于 x 的函数的导数公式.

例 2.27 已知抛射体的运动轨迹的参数方程为

$$\begin{cases} x = v_1 t, \\ y = v_2 t - \dfrac{1}{2} g t^2, \end{cases}$$

求抛射体在时刻 t 的运动速度的大小.

解 速度水平方向的分量为

$$\frac{\mathrm{d}x}{\mathrm{d}t} = v_1,$$

铅直分量为

$$\frac{\mathrm{d}y}{\mathrm{d}t} = v_2 - gt,$$

所以抛射体运动速度的大小为

$$v = \sqrt{\left(\frac{\mathrm{d}x}{\mathrm{d}t}\right)^2 + \left(\frac{\mathrm{d}y}{\mathrm{d}t}\right)^2} = \sqrt{v_1^2 + (v_2 - gt)^2}.$$

例 2.28 求参数方程

$$\begin{cases} x = \ln(1 + t^2), \\ y = t - \arctan t, \end{cases}$$

所确定的函数的导数.

解 $\dfrac{\mathrm{d}y}{\mathrm{d}x} = \dfrac{\dfrac{\mathrm{d}y}{\mathrm{d}t}}{\dfrac{\mathrm{d}x}{\mathrm{d}t}} = \dfrac{(t - \arctan t)'}{[\ln(1 + t^2)]'} = \dfrac{1 - \dfrac{1}{1 + t^2}}{\dfrac{1}{1 + t^2} \cdot 2t} = \dfrac{\dfrac{t^2}{1 + t^2}}{\dfrac{2t}{1 + t^2}} = \dfrac{t}{2}.$

八、高 阶 导 数

$y=f(x)$ 在 x 处的导数 $f'(x)$ 仍是 x 的函数，若 $y = f'(x)$ 在 x 处仍可导，把 $y = f'(x)$ 的导数叫做 $y = f(x)$ 的二阶导数，记作 y''，$\dfrac{d^2 y}{dx^2}$，即

$$y'' = (y')' \quad \text{或} \quad \frac{d^2 y}{dx^2} = \frac{d}{dx}\left(\frac{dy}{dx}\right).$$

类似地，二阶导数的导数叫做三阶导数，三阶导数的导数叫做四阶导数……

一般地，$n-1$ 阶导数的导数叫做 n 阶导数，分别记作

$$y''', \ y^{(4)}, \cdots, \ y^{(n)}.$$

二阶及二阶以上的导数统称为高阶导数 （higher derivative）.

例 2.29 求函数 $y = ax^3 + bx^2 + cx + d$ 的 n 阶导数.

解
$$y' = 3ax^2 + 2bx + c ,$$
$$y'' = 6ax + 2b ,$$
$$y''' = 6a ,$$
$$y^{(4)} = y^{(5)} = \cdots = y^{(n)} = 0 .$$

例 2.30 求函数 $y = \sin x$ 的 n 阶导数.

解
$$y' = \cos x = \sin\left(x + \frac{\pi}{2}\right),$$
$$y'' = \cos\left(x + \frac{\pi}{2}\right) = \sin\left(x + 2 \cdot \frac{\pi}{2}\right),$$
$$y''' = \cos\left(x + 2 \cdot \frac{\pi}{2}\right) = \sin\left(x + 3 \cdot \frac{\pi}{2}\right),$$
$$\cdots\cdots$$
$$y^{(n)} = \cos\left[x + (n-1) \cdot \frac{\pi}{2}\right] = \sin\left(x + n \cdot \frac{\pi}{2}\right),$$

即
$$(\sin x)^{(n)} = \sin\left(x + \frac{n\pi}{2}\right).$$

同理有
$$(\cos x)^{(n)} = \cos\left(x + \frac{n\pi}{2}\right).$$

第三节 微 分

一、微分的定义

先分析一个具体问题. 一个正方形的金属薄片受热之后，边长由 x_0 变到 $x_0 + \Delta x$，问此薄片的面积改变了多少？如图 2-2 所示.

面积的增量为

$$\Delta A = (x_0 + \Delta x)^2 - x_0^2 = 2x_0 \Delta x + (\Delta x)^2 ,$$

即 ΔA 分成两部分，第一部分 $2x_0 \Delta x$ 是 Δx 的线性函数，即图中带有斜线的两个矩形的面积之和，而第二部分 $(\Delta x)^2$ 是图中带有交叉斜线的小正方形的面积，当边长改变量 Δx 很小时，

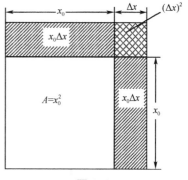

图 2-2

$(\Delta x)^2$ 是 Δx 的高阶无穷小,ΔA 可近似地用第一部分 $2x_0\Delta x$ 来代替.

一般地,如果函数 $y = f(x)$ 满足一定条件,那么增量 Δy 可表示为

$$\Delta y = A\Delta x + o(\Delta x),$$

其中 A 是不依赖于 Δx 的常数,因此 $A\Delta x$ 是 Δx 的线性函数,且

$$\Delta y - A\Delta x = o(\Lambda x),$$

所以,可以用 $A\Delta x$ 来近似代替 Δy.

由此,可以得到微分的定义.

定义 2.3 设函数 $y = f(x)$ 在某个区间内有定义,x_0 及 $x_0 + \Delta x$ 在这区间内,如果函数的增量

$$\Delta y = f(x_0 + \Delta x) - f(x_0)$$

可以表示为

$$\Delta y = A\Delta x + o(\Delta x), \tag{2-15}$$

其中 A 是不依赖于 Δx 的常数,则称函数 $y = f(x)$ 在 x_0 处是可微(differentiable)的,而 $A\Delta x$ 叫做函数在 x_0 处相应于自变量增量 Δx 的微分(differential),记作 $\mathrm{d}y$,即

$$\mathrm{d}y = A\Delta x.$$

实际上,对一元函数 $y = f(x)$ 来说,在 x_0 处可导和可微是等价的.

一方面,若 $y = f(x)$ 在 x_0 处可导,即

$$\lim_{\Delta x \to 0} \frac{\Delta y}{\Delta x} = f'(x_0),$$

根据定理 1.7

$$\frac{\Delta y}{\Delta x} = f'(x_0) + \alpha,$$

其中 α 是 $\Delta x \to 0$ 时的无穷小量,则

$$\Delta y = f'(x_0)\Delta x + \alpha \cdot \Delta x = f'(x_0)\Delta x + o(\Delta x),$$

根据定义 2.3,$f(x)$ 在 x_0 处可微;

另一方面,若 $y = f(x)$ 在 x_0 处可微,则

$$\Delta y = A\Delta x + o(\Delta x),$$

两边同时除以 Δx,得

$$\frac{\Delta y}{\Delta x} = A + \frac{o(\Delta x)}{\Delta x},$$

两边取极限,得

$$A = \lim_{\Delta x \to 0} \frac{\Delta y}{\Delta x} = f'(x_0).$$

由此可见,函数 $f(x)$ 在 x_0 可微的充分必要条件是 $f(x)$ 在 x_0 可导,且当 $f(x)$ 在 x_0 可微时,其微分一定是 $\mathrm{d}y = f'(x_0)\Delta x$.

若函数 $y = f(x)$ 在某区间内的任一点 x 处都可微,称函数 $y = f(x)$ 在该区间内可微,其微分为

$$\mathrm{d}y = f'(x)\Delta x.$$

规定,$\mathrm{d}x = \Delta x$,即自变量的增量等于自变量的微分,于是 $y = f(x)$ 在 x 的微分又可以写为

$$\mathrm{d}y = f'(x)\mathrm{d}x.$$

若上式两端同时除以 $\mathrm{d}x$,则

$$\frac{\mathrm{d}y}{\mathrm{d}x} = f'(x).$$

由此可见,函数 $y = f(x)$ 在 x 处的导数 $f'(x)$ 为函数 $y = f(x)$ 在 x 处的微分与自变量的微分之

商，故导数又称为微商（differential quotient）.

例 2.31 求函数 $y = x^3$ 当 $x = 2$ ，$\Delta x = 0.02$ 时的微分.

解 先求函数在任意点的微分：

$$\mathrm{d}y = (x^3)'\Delta x = 3x^2\Delta x ,$$

再求函数当 $x = 2$ ，$\Delta x = 0.02$ 时微分

$$\mathrm{d}y\bigg|_{\substack{x=2\\\Delta x=0.02}} = 3x^2\Delta x\bigg|_{\substack{x=2\\\Delta x=0.02}} = 3 \times 2^2 \times 0.02 = 0.24 .$$

例 2.32 求函数 $y = x^2\mathrm{e}^{2x}$ 当 $x = 2$ ，$\Delta x = 0.01$ 时的微分.

解 先求函数在任意点的微分

$$\mathrm{d}y = (x^2\mathrm{e}^{2x})'\Delta x = (2x\mathrm{e}^{2x} + 2x^2\mathrm{e}^{2x})\Delta x = 2x\mathrm{e}^{2x}(1+x)\Delta x ,$$

再求函数当 $x = 2$ ，$\Delta x = 0.01$ 时的微分

$$\mathrm{d}y\bigg|_{\substack{x=2\\\Delta x=0.01}} = 2x\mathrm{e}^{2x}(1+x)\Delta x\bigg|_{\substack{x=2\\\Delta x=0.01}} = 12\mathrm{e}^4 \times 0.01 = 0.12\mathrm{e}^4 .$$

例 2.33 求函数 $y = \sin^2 x$ 的微分.

解 $\mathrm{d}y = (\sin^2 x)'\mathrm{d}x = 2\sin x \cdot \cos x\mathrm{d}x = \sin 2x\mathrm{d}x .$

例 2.34 求函数 $y = \dfrac{1}{1+x}$ 的微分.

解 $\mathrm{d}y = \left(\dfrac{1}{1+x}\right)'\mathrm{d}x = -\dfrac{1}{(1+x)^2}\mathrm{d}x .$

二、微分的几何意义

在直角坐标系中，函数 $y = f(x)$ 的图形是一条曲线. 对于某一固定的 x_0 ，曲线上有一个确定的点 $M(x_0, y_0)$ ，当自变量 x 有微小增量 Δx 时，就得到曲线上另一点 $N(x_0 + \Delta x, y_0 + \Delta y)$. 如图 2-3 所示.

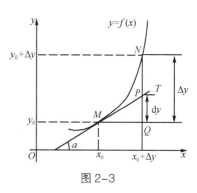

从图 2-3 中可知 $MQ = \Delta x$ ，$QN = \Delta y$.

过点 M 作曲线的切线 MT ，它的倾斜角为 α ，则 $QP = MQ \cdot \tan\alpha = \Delta x \cdot f'(x_0)$ ，即 $\mathrm{d}y = QP$.

由此可见，对于可微函数 $y = f(x)$ 而言，当 Δy 是曲线 $y = f(x)$ 上点的纵坐标的增量时，$\mathrm{d}y$ 就是曲线的切线上点的纵坐标的相应增量. 当 $|\Delta x|$ 很小时，$|\Delta y - \mathrm{d}y|$ 比 $|\Delta x|$ 小得多，因此在点 M 的邻近，我们可以用切线段近似代替曲线段.

图 2-3

三、基本初等函数的微分公式与微分运算法则

从函数的微分表达式

$$\mathrm{d}y = f'(x)\mathrm{d}x$$

可以看出，要计算函数的微分，只要计算函数的导数，然后乘以自变量的微分即可. 因此，可以得到如下的微分公式和微分运算法则.

（一）基本初等函数的微分公式

（1）$d(C) = 0$；

（2）$d(x^{\alpha}) = \alpha x^{\alpha-1} dx$；

（3）$d(a^x) = a^x \ln a dx$；

特别地，$d(e^x) = e^x dx$；

（4）$d(\log_a x) = \dfrac{1}{x \ln a} dx$；

特别地，$d(\ln x) = \dfrac{1}{x} dx$；

（5）$d(\sin x) = \cos x dx$；

（6）$d(\cos x) = -\sin x dx$；

（7）$d(\tan x) = \sec^2 x dx$；

（8）$d(\cot x) = -\csc^2 x dx$；

（9）$d(\sec x) = \tan x \sec x dx$；

（10）$d(\csc x) = -\cot x \csc x dx$；

（11）$d(\arcsin x) = \dfrac{1}{\sqrt{1-x^2}} dx$；

（12）$d(\arccos x) = -\dfrac{1}{\sqrt{1-x^2}} dx$；

（13）$d(\arctan x) = \dfrac{1}{1+x^2} dx$；

（14）$d(\operatorname{arc cot} x) = -\dfrac{1}{1+x^2} dx$.

（二）函数微分的四则运算法则

设 $u = u(x)$，$v = v(x)$ 都可导，则

（1）$d(u \pm v) = du \pm dv$；

（2）$d(uv) = v du + u dv$；

特别地，$d(Cu) = C du$；

（3）$d\left(\dfrac{u}{v}\right) = \dfrac{v du - u dv}{v^2}$ $(v \neq 0)$.

（三）复合函数的微分法则

设 $y = f(u)$ 和 $u = g(x)$ 都可导，则复合函数 $y = f[g(x)]$ 的微分为

$$dy = y'_x dx = f'(u) g'(x) dx ，$$

由于 $g'(x) dx = du$，所以复合函数的微分公式也可以写成

$$dy = f'(u) du .$$

因此，无论 u 是自变量还是中间变量，微分形式 $dy = f'(u) du$ 保持不变，这一性质称为微分形式不变性.

例 2.35　$y = \ln(1 + e^{x^2})$，求 dy.

解　$dy = d[\ln(1 + e^{x^2})] = \dfrac{1}{1 + e^{x^2}} d(1 + e^{x^2}) = \dfrac{1}{1 + e^{x^2}} \cdot e^{x^2} d(x^2)$

$= \dfrac{e^{x^2}}{1 + e^{x^2}} \cdot 2x dx = \dfrac{2x e^{x^2}}{1 + e^{x^2}} dx$.

四、微分在近似计算中的应用

（一）微分的近似计算

在工程问题中，经常会遇到一些复杂的计算公式，如果直接用这些公式进行计算，则很费力气. 利用微分往往可以把一些复杂的计算公式用简单的近似公式来代替.

如果 $y = f(x)$ 在点 x_0 处的导数 $f'(x_0) \neq 0$，且 $|\Delta x|$ 很小时，有

$$\Delta y \approx dy = f'(x_0) \Delta x ，$$

也可写为

$$\Delta y = f(x_0 + \Delta x) - f(x_0) \approx dy = f'(x_0)\Delta x , \tag{2-16}$$

即

$$f(x_0 + \Delta x) \approx f(x_0) + f'(x_0)\Delta x , \tag{2-17}$$

令 $x_0 = 0$ ，当 $|\Delta x|$ 很小时，上式可写为

$$f(x) \approx f(0) + f'(0)\Delta x .$$

例 2.36 有一批半径为 $1cm$ 的球，为了提高球面的光洁度，要镀上一层铜，厚度定为 $0.01cm$，估计一下每只球需用多少 g 铜？（铜的密度为 $8.96g/cm^3$）.

解 先求出镀层的体积.

因为镀层的体积等于镀层之后球的体积减去镀层之前球的体积，所以这是一个求体积增量的问题.

由题意知， $V = \dfrac{4}{3}\pi R^3$ ， $R_0 = 1$ ， $\Delta R = 0.01$ ，则

$$\Delta V \approx V'(R_0)\Delta R = \left(\frac{4}{3}\pi R^3\right)' \bigg|_{R=R_0} \cdot \Delta R = 4\pi R_0^2 \Delta R = 4\pi \times 1^2 \times 0.01 \approx 0.13(cm^3) ,$$

于是，镀每只球需要的铜约为

$$0.13 \times 8.96 \approx 1.16(g) .$$

例 2.37 计算 $\tan 136°$ 的近似值.

解 令 $x_0 = 135° = \dfrac{3}{4}\pi$ ，则 $\Delta x = 1° = \dfrac{\pi}{180}$ ，

根据公式（2-17）得， $\tan 136° \approx \tan 135° + \sec^2 135° \times \dfrac{\pi}{180} \approx -0.9651$.

另外，在 0 的附近，还可以得到以下常用的近似计算公式：

（1） $\sqrt[n]{1+x} \approx 1 + \dfrac{1}{n}x$ ；　　　　　　　　（2） $e^x \approx 1 + x$ ；

（3） $\ln(1+x) \approx x$ ；　　　　　　　　　　　（4） $\sin x \approx x$ ；

（5） $\tan x \approx x$.

注 在（4）和（5）两个式子中， x 为弧度.

例 2.38 计算 $\sqrt[3]{996}$ 的近似值.

解 令 $f(x) = x^{\frac{1}{3}}$ ， $x_0 = 1000$ ，则 $\Delta x = 996 - 1000 = -4$ ，根据公式（2-17）得，

$$f(996) \approx f(1000) + f'(1000) \times (-4) = \sqrt[3]{1000} + \frac{1}{3}x^{-\frac{2}{3}}\bigg|_{x=1000} \times (-4) = 10 - \frac{4}{300} \approx 9.9867 .$$

（二）误差估计

实际工作中，经常要对测量对象进行测量，若能直接测量到测量对象的值，称直接测量，不能直接测量到测量对象的值，我们就要通过测量其他有关数据后，根据某种公式算出所要的数据，这种方法称为间接测量.

例如，要计算圆钢的截面积 A ，可以先用卡尺测量圆钢截面的直径 D ，然后根据公式 $A = \pi\left(\dfrac{D}{2}\right)^2 = \dfrac{\pi}{4}D^2$ 计算出 A 的值.

由于测量仪器的精度、测量条件和测量方法等各种因素的影响，测得的数据往往带有误差，而根据带有误差的数据计算所得的结果也会有误差，我们把它叫做间接测量误差.

下面讨论利用微分来估计间接测量误差.

先说明绝对误差、相对误差的概念.

如果某个测量值的精确值为 A ，它的测量近似值为 A_0 ，则

$$|A - A_0|$$

称为 A_0 的绝对误差（absolute error），则

$$\frac{|A - A_0|}{|A_0|}$$

称为 A_0 的相对误差（relative error）.

在实际工作中，由于测量对象的精确值往往无法知道，于是绝对误差和相对误差也就无法求得．但是根据测量仪器的精度等因素，有时能够确定误差在某一个范围内．如果某个测量值的精确值为 A ，测量近似值为 A_0 ，又知它的误差不超过 δ_A ，即

$$|A - A_0| \leqslant \delta_A,$$

那么 δ_A 叫做测量值 A 的绝对误差限，简称为绝对误差，而 $\dfrac{\delta_A}{|A_0|}$ 叫做测量值 A 的相对误差限，简称为相对误差.

例 2.39 设测量到圆球的直径 $D = 63.03\text{mm}$ ，D 的绝对误差 $\delta_D = 0.05\text{mm}$ ，利用球的体积公式

$$A = \frac{4}{3}\pi\left(\frac{D}{2}\right)^3,$$

计算圆球体积 A 的相对误差.

解 我们把直接测量 D 时所产生的误差当作自变量 D 的增量 ΔD ，那么，根据

$$A = \frac{4}{3}\pi\left(\frac{D}{2}\right)^3$$

计算球的体积 A 时所产生的误差就是 A 的增量 ΔA ．当 $|\Delta D|$ 很小时，可以利用微分近似代替，于是

$$\Delta A \approx \mathrm{d}A = A'\Delta D = \frac{1}{2}\pi D^2 \Delta D.$$

由于 $\delta_D = 0.05\text{mm}$ ，所以

$$|\Delta D| \leqslant \delta_D = 0.05\text{mm},$$

从而

$$|\Delta A| \approx |\mathrm{d}A| = \frac{1}{2}\pi D^2 \Delta D \leqslant \frac{1}{2}\pi D^2 \delta_D.$$

因此球的体积 A 的绝对误差约为

$$\delta_A = \frac{1}{2}\pi D^2 \delta_D = \frac{1}{2}\pi \times 60.03^2 \times 0.05 \approx 282.88(\text{mm}^3),$$

A 的相对误差约为

$$\frac{\delta_A}{|A|} = \frac{\dfrac{1}{2}\pi D^2 \delta_D}{\dfrac{4}{3}\pi\left(\dfrac{D}{2}\right)^3} = 3\frac{\delta_D}{D} = 3 \times \frac{0.05}{60.03} \approx 0.24\%.$$

习　题

一、判断题

1. 若 $f(x)$ 在 x_0 处可导，则 $f(x)$ 在 x_0 处必连续（　　　）.

2. 若 $f(x)$ 在 x_0 处连续，则 $f(x)$ 在 x_0 处必可导（　　）.

3. 若 $f(x)$ 在 x_0 处可导，则 $f(x)$ 在 x_0 处必可微（　　）.

4. 若 $f(x)$ 在 x_0 处可导，$g(x)$ 在 x_0 处不可导，则 $f(x)+g(x)$ 在 x_0 处一定不可导（　　）.

5. 若 $f(x)$ 在 x_0 处可导，$g(x)$ 在 x_0 处不可导，则 $f(x)\cdot g(x)$ 在 x_0 处一定不可导（　　）.

二、选择题

1. 假设 $f'(x_0)$ 存在，下列哪个极限不等于 $f'(x_0)$（　　）.

（A）$\lim\limits_{\Delta x\to 0}\dfrac{f(x_0)-f(x_0-\Delta x)}{\Delta x}$；

（B）$\lim\limits_{x\to x_0}\dfrac{f(x)-f(x_0)}{x-x_0}$；

（C）$\lim\limits_{h\to 0}\dfrac{f(x_0+h)-f(x_0-h)}{h}$；

（D）$\lim\limits_{h\to\infty}h\left[\left(f\left(x_0+\dfrac{1}{h}\right)-f(x_0)\right)\right]$.

2. 设函数 $f(x)=\begin{cases}\sin x, & x<0,\\ x, & x\geq 0,\end{cases}$ 则 $f(x)$ 在 $x=0$ 处（　　）.

（A）连续但不可导；　　（B）不连续；　　（C）可导；　　（D）$\lim\limits_{x\to 0}f(x)$ 不存在.

3. 过点（0，−1）且与 $y=x^2$ 相切的直线是（　　）.

（A）$y=-2x-1$；　　（B）$y=x+1$；　　（C）$y=-x+1$；　　（D）$y=-1$.

4. 若函数 $f(x)$ 在 x_0 处的导数不存在，则曲线 $f(x)$ 在 x_0 处（　　）.

（A）切线必存在；　　（B）有垂直 x 轴的切线；　　（C）切线不存在；

（D）切线有可能存在，也有可能不存在.

5. 设 $f(x)=x^5$，则 $f'(e^x)$ 等于（　　）.

（A）$5e^{4x}$；　　（B）$5e^{5x}$；　　（C）$5x^4$；　　（D）e^x.

三、解答题

1. 将一个物体垂直上抛，设经过时间 t 秒后，物体上升的高度为

$$s(t)=10t-\frac{1}{2}gt^2,$$

求物体在 1 秒时的瞬时速度.

2. 酵母细胞按指数生长，其规律由方程 $n(t)=n_0e^{kt}$ 表示，其中 k 为常数，n_0 为 $t=0$ 时酵母细胞数. 求酵母细胞增长率，并证明某时刻 t 的增长率与该时刻的酵母细胞数成正比.

3. 求曲线 $y=\tan x$ 上点 $\left(\dfrac{\pi}{4},1\right)$ 处的切线和法线方程.

4. 讨论下列函数在 $x=0$ 处的连续性与可导性.

（1）$f(x)=|x|$；　　　　　　　　　　（2）$f(x)=\begin{cases}x\sin\dfrac{1}{x}, & x\neq 0,\\ 0, & x=0.\end{cases}$

5. 设函数 $f(x)=\begin{cases}\sin x, & x<0,\\ \ln(1+x), & x\geq 0,\end{cases}$ 求 $f'_+(0)$，$f'_-(0)$，又 $f'(0)$ 是否存在？

6. 求下列函数的导数.

（1）$y=x^a+a^x+a^b$（a，b 为常数，且 $a>0$）；　　（2）$y=(\sqrt{x}+1)\left(\dfrac{1}{\sqrt{x}}-1\right)$；

（3）$y = x \ln x$ ；

（4）$y = \dfrac{\sin x}{x^2}$.

7. 求下列函数的导数.

（1）$y = \arcsin(\sin x)$ ；

（2）$y = \ln \ln x$ ；

（3）$y = \tan \dfrac{x^2}{2}$ ；

（4）$y = \sqrt{1 + x^2}$.

8. 设 $f(x)$ 可导，求下列函数的导数.

（1）$y = f(x^3)$ ；

（2）$y = f(\sin^2 x) + f(\cos^2 x)$.

9. 求由下列方程所确定的隐函数的导数.

（1）$y^2 - 2xy + 9 = 0$ ；

（2）$x^3 + y^3 - 3axy = 0$ ；

（3）$xy = e^{x+y}$ ；

（4）$y = 1 - xe^y$.

10. 求下列函数的二阶导数.

（1）$y = x^2 + \ln x$ ；

（2）$y = e^{2x-1}$ ；

（3）$y = x \cos x$ ；

（4）$y = \ln(1 + x)$.

11. 利用对数求导法，求下列函数的导数.

（1）$y = \left(\dfrac{x}{1+x} \right)^x$ ；

（2）$y = \sqrt[5]{\dfrac{x-5}{\sqrt[5]{x^2+2}}}$ ；

（3）$y = \dfrac{\sqrt{x+2}(3-x)^4}{(x+1)^5}$ ；

（4）$y = \sqrt{x \sin x \sqrt{1 - e^x}}$.

12. 求下列参数方程所确定的函数的导数.

（1）$\begin{cases} x = \dfrac{t^2}{2}, \\ y = 1 - t; \end{cases}$

（2）$\begin{cases} x = a \cos t, \\ y = b \sin t. \end{cases}$

13. 将适当的函数填入下列括号内，使等式成立.

（1）$\mathrm{d}(\quad) = 3x^2 \mathrm{d}x$ ；

（2）$\mathrm{d}(\quad) = \dfrac{1}{x} \mathrm{d}x$ ；

（3）$\mathrm{d}(\quad) = \sin x \mathrm{d}x$ ；

（4）$\mathrm{d}(\quad) = \dfrac{1}{\sqrt{x}} \mathrm{d}x$ ；

（5）$\mathrm{d}(\quad) = \sec^2 3x \mathrm{d}x$ ；

（6）$\mathrm{d}(\quad) = \dfrac{1}{1+x} \mathrm{d}x$.

14. 求下列函数的微分.

（1）$y = \dfrac{x}{\sqrt{x^2+1}}$ ；

（2）$y = \ln^2 x$ ；

（3）$y = \tan^2 x$ ；

（4）$y = e^x \sin(3 - x)$.

15. 设扇形的圆心角 $\alpha = 60°$ ，半径 $R = 100\mathrm{cm}$. 如果 R 不变，α 减少 $30'$ ，（1）问扇形面积大约改变了多少？（2）又如果 α 保持不变，R 增加 $1\mathrm{cm}$ ，问扇形面积大约改变了多少？

16. 利用函数的微分，计算下列各数的近似值.

（1）$\sqrt[3]{1.03}$ ；

（2）$e^{1.01}$ ；

（3）$\cos 59°$.

17. 设测得圆钢截面的直径 $D = 60.03\mathrm{mm}$ ，测量 D 的绝对误差限 $\delta_D = 0.05\mathrm{mm}$. 利用公式

$$A = \dfrac{\pi}{4} D^2$$

计算圆钢的截面积时，试估计面积的误差.

第三章 导数的应用

案例 3-1

药物动力学经常被定义为研究机体内药物的吸收、分布、代谢和消除(简称为 ADME) 过程的定量规律的一门科学. 为揭示药物的 ADME 过程的定量规律, 通常的办法是在用药后的一系列时间(简记为 t)内采集血样, 并测量血药浓度(简记为 C), 然后用数学方法分析这些血药浓度——时间数据(简记为 C-t 数据). 用以研究药物的稳态血药浓度、峰浓度、最小有效血药浓度、平均血药浓度等问题. 现有单剂量口服、肌注药物数学一室模型为

$$C(t) = \frac{k_a FD}{(k_a - k)V}(e^{-kt} - e^{-k_a t}),$$

其中, $C(t)$ 为时间 t 体内药物浓度; V 为中心室的表观分布容积; D 为口服或肌注剂量; F 为药物的生物利用度, 它为一个介于 0 与 1 之间的数值; k_a 为一级吸收速率常数; k 为一级消除速率常数, 且 $k_a > k$.

问题 如何描绘血药浓度的变化趋势, 并进行分析.

案例分析

应用导数对血药浓度函数 $C(t)$ 进行分析, 研究其单调性凹凸性及拐点, 求解其极值和最大、最小值等, 并描绘其图像, 从而对药物血药浓度变化规律进行全面分析.

导数是研究函数性质及曲线性态的重要工具, 其基本问题: 应用一阶导数可研究函数的增减性, 求解极值问题; 应用二阶导数可研究函数的凹凸性及拐点问题, 并由此可研究函数曲线的性态. 案例 3-1 就是导数的一个具体应用, 导数在许多领域都具有成功的应用.

导数只反映函数的局部特性, 要研究函数的整体性态, 还需利用中值定理来解决.

第一节 微分中值定理

一、罗 尔 定 理

定理 3.1(罗尔(Rolle)定理) 若函数 $f(x)$ 满足

(1)在闭区间 $[a,b]$ 上连续;

(2)在开区间 (a, b) 内可导;

(3)$f(a) = f(b)$,

则至少存在一点 $\xi \in (a,b)$ $(a < \xi < b)$, 使得 $f'(\xi) = 0$.

证明 因为 $f(x)$ 在 $[a,b]$ 上连续, 由第一章闭区间上连续函数的性质知, $f(x)$ 在 $[a,b]$ 上必有最大值 M 和最小值 m, 则有如下两种情形.

(1)若 $M = m$, 则 $f(x)$ 在 $[a,b]$ 上必然取相同的数值 M, 即 $f(x) = M$, $f(x)$ 在 $[a,b]$ 上为常量函数, 因此 $f'(x) = 0$. 所以, 对任意的 $\xi \in (a,b)$ 都有 $f(\xi) = 0$.

(2)若 $M \neq m$, 因为 $f(a) = f(b)$, 则说明 $f(a) \neq M$ 或 $f(a) \neq m$. 不妨设 $M \neq f(a)$

（ $m \neq f(a)$ ，可类似证明），则存在一点 $\xi \in (a,b)$ ，使 $f(\xi) = M$. 那么有 $f(\xi + \Delta x) - f(\xi) \leqslant 0$.

当 $\Delta x > 0$ 时， $\dfrac{f(\xi + \Delta x) - f(\xi)}{\Delta x} \leqslant 0$ ，则 $\lim\limits_{\Delta x \to 0^+} \dfrac{f(\xi + \Delta x) - f(\xi)}{\Delta x} \leqslant 0$ ；

当 $\Delta x < 0$ 时， $\dfrac{f(\xi + \Delta x) - f(\xi)}{\Delta x} \geqslant 0$ ，则 $\lim\limits_{\Delta x \to 0^-} \dfrac{f(\xi + \Delta x) - f(\xi)}{\Delta x} \geqslant 0$.

因为 $\xi \in (a,b)$ ，所以 $f'(\xi)$ 存在，即有

$$\lim_{\Delta x \to 0^+} \frac{f(\xi + \Delta x) - f(\xi)}{\Delta x} = \lim_{\Delta x \to 0^-} \frac{f(\xi + \Delta x) - f(\xi)}{\Delta x} ,$$

从而必有 $f'(\xi) = 0$.

罗尔定理的几何意义：连续函数 $f(x)$ 在 $[a,b]$ 的曲线上满足：在区间端点的纵坐标相等，且除端点外处处具有不垂直于 x 轴的切线. 则在曲线上至少存在一点 C ，使得过点 C 的切线平行于 x 轴（图 3-1）.

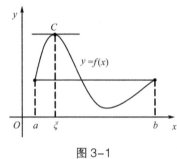

图 3-1

若罗尔定理的三个条件中有一个不满足，其结论不一定成立. 例如 $y = \begin{cases} 1 - x, & x \in (0,1], \\ 0, & x = 0, \end{cases}$ 除了在点 $x = 0$ 处不连续外，在 $[0,1]$ 上满足罗尔定理的其他条件，但在区间 $(0,1)$ 上不存在使 $f'(x) = 0$ 的点. 又例如 $y = x, x \in [0,1]$ ，除了 $f(0) \neq f(1)$ 外，在 $[0,1]$ 上满足罗尔定理的其他条件，但在区间 $(0,1)$ 上不存在使 $f'(x) = 0$ 的点.

例 3.1 证明方程 $x^3 + x - 1 = 0$ 在（0，1）内存在唯一正实根.

证明 设 $f(x) = x^3 + x - 1$ ，则 $f(x)$ 在 $[0,1]$ 上连续，在 $(0,1)$ 内可导，且 $f(0) = -1$ ， $f(1) = 1$. 由零点定理知，存在 $x_0 \in (0,1)$ ，使 $f(x_0) = 0$ ，即 x_0 为方程的小于 1 的正实根.

设另有 $x_1 \in (0,1)$ ，且 $x_1 \neq x_0$ ，使 $f(x_1) = 0$. 因为 $f(x)$ 在 x_0 , x_1 之间满足罗尔定理的条件，所以在 x_0 , x_1 之间至少存在一点 ξ ，使得 $f'(\xi) = 0$. 但当 $x \in (0,1)$ 时， $f'(x) = 3x^2 + 1 > 0$ ，二者矛盾，所以 x_1 不存在， x_0 为方程在（0，1）内的唯一正实根.

二、拉格朗日中值定理

在罗尔定理中，如果去掉 $f(a) = f(b)$ 的条件，而其他条件不变，那么就得到拉格朗日中值定理.

定理 3.2（拉格朗日（Lagrange）中值定理） 如果函数 $y = f(x)$ 满足

（1）在闭区间 $[a,b]$ 上连续；

（2）在开区间 (a,b) 内可导，

则至少存在一点 $\xi \in (a,b)$ ，使下面等式成立：

$$f'(\xi) = \frac{f(b) - f(a)}{b - a} \tag{3-1}$$

或

$$f(b) - f(a) = f'(\xi)(b - a) .$$

分析 由图 3-2 可以看出，点 $A(a, f(a))$ ， $B(b, f(b))$ 为曲线两端点， AB 弦斜率为

$$m_{AB} = \frac{f(b) - f(a)}{b - a} ,$$

这与式（3-1）中左边的表达式相一致，也就是说，在曲线上至少存在一点 $C(\xi, f(\xi))$ ，在 C 点处曲线切线与 AB 弦平行，即 C 点处曲线切线斜率与弦 AB 的斜率相等.

罗尔定理是拉格朗日中值定理的特殊情形，利用罗尔定理，可以证明拉格朗日中值定理成立.

证明 构造新函数

$$F(x) = f(x) - \left[f(a) + \frac{f(b) - f(a)}{b - a}(x - a) \right],$$

那么，易验证函数 $F(x)$ 满足罗尔定理的三个条件：$F(x)$ 在 $[a,b]$ 上连续，在 (a,b) 内可导，且 $F(a) = F(b)$，则在 (a,b) 内至少存在一点 ξ，使得 $F'(\xi) = 0$．又因为 $F'(x) = f'(x) - \dfrac{f(b) - f(a)}{b - a}$，所以有 $f'(\xi) = \dfrac{f(b) - f(a)}{b - a}$，即

$$f(b) - f(a) = f'(\xi)(b - a).$$

由此得到，拉格朗日中值定理的几何意义：如果连续曲线弧 AB 的方程为 $y = f(x)$，且弧上除端点外，处处存在不垂直于 x 轴的切线，则在弧 AB 上至少有一点 C，使得曲线在点 C 的切线平行于弦 AB（图 3-2）.

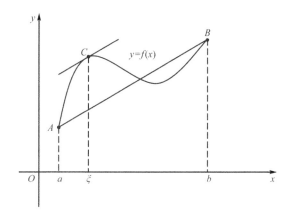

图 3-2

拉格朗日中值定理是微分学中的重要定理，它描述函数在某一区间内的平均变化率与瞬时变化率之间的关系，它是沟通函数与其导数之间的桥梁，是应用导数研究函数性质的重要工具，所以拉格朗日中值定理又称为微分中值定理.

例 3.2 证明：对任意实数 a 和 b，总有 $|\arctan a - \arctan b| \leqslant |a - b|$.

证明 设 $f(x) = \arctan x$，那么 $f(x)$ 在 $(-\infty, +\infty)$ 上连续并可导，由拉格朗日中值定理，在 a 与 b 之间至少存在一点 ξ，使得

$$|f(a) - f(b)| = |f'(\xi)(a - b)| = \left| \frac{1}{1 + \xi^2} \right| \cdot |a - b| \leq |a - b|,$$

即

$$|\arctan a - \arctan b| \leqslant |a - b|.$$

由拉格朗日中值定理得到如下两个结论.

推论 1 如果函数 $f(x)$ 在开区间 (a, b) 内可导，且恒有 $f'(x) = 0$，则 $f(x) = C$（C 为常数）.

推论 2 如果函数 $f(x)$，$g(x)$ 在开区间 (a, b) 内可导，且对于任意 $x \in (a,b)$，恒有 $f'(x) = g'(x)$，则 $f(x) = g(x) + C$（C 为常数）.

三、柯西中值定理

定理 3.3 [柯西（Cauchy）中值定理]若函数 $f(x)$ 及 $F(x)$ 满足

（1）在闭区间 $[a,b]$ 上连续；

（2）在开区间 (a,b) 内可导；

（3）对任意 $x \in (a,b)$，$F'(x) \neq 0$，

那么至少存在一点 $\xi \in (a,b)$，使等式

$$\frac{f(b)-f(a)}{F(b)-F(a)} = \frac{f'(\xi)}{F'(\xi)} \tag{3-2}$$

成立.

当 $F(x) = x$ 时，式（3-2）变为式（3-1），柯西中值定理变为拉格朗日中值定理，因此，拉格朗日中值定理可以看作是柯西中值定理的一个特例.

第二节　洛必达法则

如果当 $x \to x_0$（或 $x \to \infty$）时，极限 $\lim\limits_{\substack{x \to x_0 \\ (x \to \infty)}} f(x) = \lim\limits_{\substack{x \to x_0 \\ (x \to \infty)}} g(x) = 0$ 或 ∞，那么极限 $\lim\limits_{\substack{x \to x_0 \\ (x \to \infty)}} \dfrac{f(x)}{g(x)}$ 可能

存在，也可能不存在. 通常将这种极限称为未定式（或不定式），分别简记为 $\dfrac{0}{0}$ 或 $\dfrac{\infty}{\infty}$.

例如，函数 $f(x) = \dfrac{\ln x}{x-1}$，当 $x \to 1$ 时，分子 $\ln x \to 0$，并且分母 $x-1 \to 0$，所以 $\lim\limits_{x \to 1} \dfrac{\ln x}{x-1}$ 为 $\dfrac{0}{0}$

型未定式；当 $x \to +\infty$ 时，分子 $\ln x \to +\infty$，并且分母 $x-1 \to +\infty$，所以 $\lim\limits_{x \to +\infty} \dfrac{\ln x}{x-1}$ 为 $\dfrac{\infty}{\infty}$ 型未定式.

对于 $\dfrac{0}{0}$ 或 $\dfrac{\infty}{\infty}$ 型未定式，可以通过洛必达法则求解.

一、$\dfrac{0}{0}$ 型及 $\dfrac{\infty}{\infty}$ 型未定式

定理 3.4 设函数 $f(x)$ 与 $g(x)$ 满足：

（1）当 $x \to x_0$（或 $x \to \infty$）时，函数 $f(x)$ 和 $g(x)$ 都趋于零（或都趋于无穷大）；

（2）当 $x \to x_0$（或 $x \to \infty$）时，$f'(x)$ 和 $g'(x)$ 都存在，且 $g'(x) \neq 0$；

（3）$\lim\limits_{\substack{x \to x_0 \\ (x \to \infty)}} \dfrac{f'(x)}{g'(x)}$ 存在或为无穷大，

则

$$\lim_{\substack{x \to x_0 \\ (x \to \infty)}} \frac{f(x)}{g(x)} = \lim_{\substack{x \to x_0 \\ (x \to \infty)}} \frac{f'(x)}{g'(x)}.$$

在一定条件下，通过分子、分母分别求导再求极限来确定未定式的值的方法称为洛必达（L'Hospital）法则.

洛必达法则也适用于单侧极限，即定理中的 $x \to x_0$，$x \to \infty$ 也可替换为 $x \to x_0^+$，$x \to x_0^-$，$x \to +\infty$，$x \to -\infty$.

不能对任何比式极限都用洛必达法则求解，要注意它是否满足洛必达法则的三个条件.

例 3.3 求 $\lim\limits_{x \to 1} \dfrac{\ln x}{x-1}$.

分析 由于 $x \to 1$ 时，$\ln x \to 0$，$x-1 \to 0$，所以 $\lim\limits_{x \to 1} \dfrac{\ln x}{x-1}$ 为 $\dfrac{0}{0}$ 型未定式，可以采用洛必达法则求极限.

解 $\lim\limits_{x \to 1} \dfrac{\ln x}{x-1} = \lim\limits_{x \to 1} \dfrac{(\ln x)'}{(x-1)'} = \lim\limits_{x \to 1} \dfrac{\dfrac{1}{x}}{1} = \lim\limits_{x \to 1} \dfrac{1}{x} = 1$.

当导数比值的极限仍是未定式，且满足定理 3.4 中的条件时，可继续使用洛必达法则，即

$$\lim_{\substack{x \to x_0 \\ (x \to \infty)}} \frac{f(x)}{g(x)} = \lim_{\substack{x \to x_0 \\ (x \to \infty)}} \frac{f'(x)}{g'(x)} = \lim_{\substack{x \to x_0 \\ (x \to \infty)}} \frac{f''(x)}{g''(x)} ,$$

直到它不再是未定式或不满足定理 3.4 的条件为止.

例 3.4 求 $\lim\limits_{x \to 0} \dfrac{x - \sin x}{x^3}$.

分析 由于 $x \to 0$ 时 $x - \sin x \to 0$，$x^3 \to 0$，所以 $\lim\limits_{x \to 0} \dfrac{x - \sin x}{x^3}$ 为 $\dfrac{0}{0}$ 型未定式，可以采用洛必达法则求极限.

解 $\lim\limits_{x \to 0} \dfrac{x - \sin x}{x^3} = \lim\limits_{x \to 0} \dfrac{1 - \cos x}{3x^2} = \lim\limits_{x \to 0} \dfrac{\sin x}{6x} = \dfrac{1}{6}$.

例 3.5 求 $\lim\limits_{x \to 0} \dfrac{\ln \sin ax}{\ln \sin bx}$ （$a > 0, b > 0$）.

分析 由于 $x \to 0$ 时，$\ln \sin ax \to \infty$，$\ln \sin bx \to \infty$，所以 $\lim\limits_{x \to 0} \dfrac{\ln \sin ax}{\ln \sin bx}$ 为 $\dfrac{\infty}{\infty}$ 型未定式，可以采用洛必达法则求极限.

解 $\lim\limits_{x \to 0} \dfrac{\ln \sin ax}{\ln \sin bx} = \lim\limits_{x \to 0} \dfrac{\dfrac{1}{\sin ax} \cdot \cos ax \cdot a}{\dfrac{1}{\sin bx} \cdot \cos bx \cdot b} = \lim\limits_{x \to 0} \dfrac{\sin bx \cdot \cos ax \cdot a}{\sin ax \cdot \cos bx \cdot b} = \dfrac{a}{b} \lim\limits_{x \to 0} \dfrac{\sin bx}{\sin ax}$

$\qquad = \dfrac{a}{b} \lim\limits_{x \to 0} \dfrac{b \cos bx}{a \cos ax} = \lim\limits_{x \to 0} \dfrac{\cos bx}{\cos ax} = 1$.

例 3.6 求 $\lim\limits_{x \to \infty} \dfrac{\ln x}{\sqrt[3]{x}}$.

分析 由于 $x \to \infty$ 时，$\ln x \to \infty$，$\sqrt[3]{x} \to \infty$，所以 $\lim\limits_{x \to \infty} \dfrac{\ln x}{\sqrt[3]{x}}$ 为 $\dfrac{\infty}{\infty}$ 型未定式，可以采用洛必达法则求极限.

解 $\lim\limits_{x \to \infty} \dfrac{\ln x}{\sqrt[3]{x}} = \lim\limits_{x \to \infty} \dfrac{\dfrac{1}{x}}{\dfrac{1}{3} x^{-\frac{2}{3}}} = \lim\limits_{x \to \infty} \dfrac{3}{x^{\frac{1}{3}}} = 0$.

洛必达法则是求未定式值的一种有效方法，与其他求极限方法结合起来，可以使极限运算更加简便.

例 3.7 求 $\lim\limits_{x \to 0} \dfrac{\sin x - x \cos x}{\sin^3 x}$.

分析 由于当 $x \to 0$ 时，$\sin x \sim x$，所以先用无穷小替换定理进行替换，再用洛必达法则，

使极限运算简便.

解 $\lim\limits_{x \to 0} \dfrac{\sin x - x\cos x}{\sin^3 x} = \lim\limits_{x \to 0} \dfrac{\sin x - x\cos x}{x^3} = \lim\limits_{x \to 0} \dfrac{\cos x - (\cos x - x\sin x)}{3x^2}$

$\qquad\qquad = \lim\limits_{x \to 0} \dfrac{\sin x}{3x} = \dfrac{1}{3}$.

二、其他未定式

除了上面的 $\dfrac{0}{0}$ 型和 $\dfrac{\infty}{\infty}$ 型两种未定式, 还有另外五种未定式: $0 \cdot \infty$, $\infty - \infty$, 0^0, 1^∞ 和 ∞^0 型, 它们均可以转化为 $\dfrac{0}{0}$ 型和 $\dfrac{\infty}{\infty}$ 型, 因此也常用洛必达法则计算.

例 3.8 求 $\lim\limits_{x \to 0^+} x^a \ln x \ (a > 0)$.

分析 这是一个 $0 \cdot \infty$ 型未定式, 可将它转化成 $\dfrac{\infty}{\infty}$ 型求解.

解 $\lim\limits_{x \to 0^+} x^a \ln x = \lim\limits_{x \to 0^+} \dfrac{\ln x}{x^{-a}} = \lim\limits_{x \to 0^+} \dfrac{\dfrac{1}{x}}{-ax^{-a-1}} = -\lim\limits_{x \to 0^+} \dfrac{x^a}{a} = 0$.

此题如果将原式转化成 $\dfrac{0}{0}$ 型, 但是不容易求出极限. 所以, $0 \cdot \infty$ 型未定式转化为 $\dfrac{0}{0}$ 型还是 $\dfrac{\infty}{\infty}$ 型, 应该根据具体函数选择分子分母, 使得求导后极限易计算.

例 3.9 求 $\lim\limits_{x \to \frac{\pi}{2}} (\sec x - \tan x)$.

分析 这是一个 $\infty - \infty$ 型未定式, 可将原式转化为 $\dfrac{0}{0}$ 型求解.

解 $\lim\limits_{x \to \frac{\pi}{2}} (\sec x - \tan x) = \lim\limits_{x \to \frac{\pi}{2}} \dfrac{1 - \sin x}{\cos x} = \lim\limits_{x \to \frac{\pi}{2}} \dfrac{-\cos x}{-\sin x} = 0$.

对于 0^0, 1^∞ 和 ∞^0 这三种类型未定式可归纳为求 $\lim\limits_{\substack{x \to x_0 \\ (x \to \infty)}} [f(x)]^{g(x)}$ 型极限问题:

(1) $\lim\limits_{\substack{x \to x_0 \\ (x \to \infty)}} f(x) = 0$, $\lim\limits_{\substack{x \to x_0 \\ (x \to \infty)}} g(x) = 0$, $\lim\limits_{\substack{x \to x_0 \\ (x \to \infty)}} [f(x)]^{g(x)}$ 属于 0^0 型;

(2) $\lim\limits_{\substack{x \to x_0 \\ (x \to \infty)}} f(x) = 1$, $\lim\limits_{\substack{x \to x_0 \\ (x \to \infty)}} g(x) = \infty$, $\lim\limits_{\substack{x \to x_0 \\ (x \to \infty)}} [f(x)]^{g(x)}$ 属于 1^∞ 型;

(3) $\lim\limits_{\substack{x \to x_0 \\ (x \to \infty)}} f(x) = \infty$, $\lim\limits_{\substack{x \to x_0 \\ (x \to \infty)}} g(x) = 0$, $\lim\limits_{\substack{x \to x_0 \\ (x \to \infty)}} [f(x)]^{g(x)}$ 属于 ∞^0 型.

解决方法: 设 $y = [f(x)]^{g(x)}$, 通过两边取对数化为 $\ln y = g(x) \ln f(x)$, 或化为 $y = e^{g(x)\ln f(x)}$, 则求 $\lim\limits_{\substack{x \to x_0 \\ (x \to \infty)}} [f(x)]^{g(x)}$ 就转化为求 $\lim\limits_{\substack{x \to x_0 \\ (x \to \infty)}} g(x) \ln f(x)$, 上述三种类型通过此方法均可转化为 $0 \cdot \infty$ 型.

例 3.10 求 $\lim\limits_{x \to 0^+} (\sin x)^x$.

分析 这是一个 0^0 型未定式, 可转化为 $0 \cdot \infty$ 型求解.

解 $\lim\limits_{x \to 0^+} (\sin x)^x = \lim\limits_{x \to 0^+} e^{x \ln \sin x} = e^{\lim\limits_{x \to 0^+} x \ln \sin x}$, 其中

$$\lim_{x \to 0^+} x \ln \sin x = \lim_{x \to 0^+} \frac{\ln \sin x}{\frac{1}{x}} = \lim_{x \to 0^+} \frac{\frac{\cos x}{\sin x}}{-\frac{1}{x^2}} = -\lim_{x \to 0^+} \frac{x^2 \cos x}{\sin x}$$

$$= -\lim_{x \to 0^+} \left(\frac{x}{\sin x} \cdot x \cdot \cos x \right) = 0,$$

所以

$$\lim_{x \to 0^+} (\sin x)^x = e^0 = 1.$$

例 3.11 求 $\lim_{x \to 1^+} x^{\frac{1}{x-1}}$.

分析 这是一个 1^∞ 型未定式，可转化为 $0 \cdot \infty$ 型求解.

解 $\lim_{x \to 1^+} x^{\frac{1}{x-1}} = \lim_{x \to 1^+} e^{\frac{\ln x}{x-1}} = e^{\lim_{x \to 1^+} \frac{\ln x}{x-1}} = e^{\lim_{x \to 1^+} \frac{1}{x}} = e^1 = e$.

例 3.12 求 $\lim_{x \to +\infty} x^{\frac{1}{x}}$.

分析 这是一个 ∞^0 型未定式，可转化为 $0 \cdot \infty$ 型求解.

解 $\lim_{x \to +\infty} x^{\frac{1}{x}} = \lim_{x \to +\infty} e^{\frac{1}{x} \ln x} = e^{\lim_{x \to +\infty} \frac{\ln x}{x}} = e^{\lim_{x \to +\infty} \frac{1}{x}} = e^0 = 1$.

第三节　函数的单调性

如图 3-3 所示，如果函数 $f(x)$ 在 $[a, b]$ 单调增加（单调减少），那么它是一条沿 x 轴正向上升（下降）的曲线，这时，曲线上各点处切线的斜率为非负（非正），即 $f'(x) \geq 0$（$f'(x) \leq 0$），由此可见，函数的单调性与导数的符号有着密切关系.

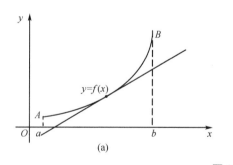 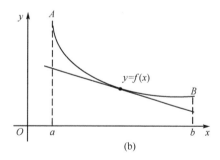

图 3-3

定理 3.5 设函数 $f(x)$ 在 $[a,b]$ 上连续，在 (a,b) 内可导，

（1）若在 (a,b) 内 $f'(x) > 0$，那么函数 $f(x)$ 在 $[a,b]$ 上单调增加；

（2）若在 (a,b) 内 $f'(x) < 0$，那么函数 $f(x)$ 在 $[a,b]$ 上单调减少.

例 3.13 求函数 $f(x) = x^3 - 6x^2 + 9x + 16$ 的单调区间.

解 函数 $f(x)$ 的定义域为 $(-\infty, +\infty)$，那么

$$f'(x) = 3x^2 - 12x + 9 = 3(x-1)(x-3),$$

令 $f'(x) = 0$，得 $x_1 = 1, x_2 = 3$. 由定理 3.5 知，

当 $x \in (-\infty, 1)$ 时，$f'(x) > 0$，所以 $f(x)$ 在 $(-\infty, 1)$ 内单调增加；

当 $x \in (1, 3)$ 时，$f'(x) < 0$，所以 $f(x)$ 在 $[1, 3]$ 内单调减少；

当 $x \in (3, +\infty)$ 时，$f'(x) > 0$，所以 $f(x)$ 在 $(3, +\infty)$ 内单调增加.

例 3.14 某医生建立了一个患者在心脏收缩的一个周期内血压 P 的数学模型，

$$P = \frac{25t^2 + 123}{t^2 + 1},$$

其中 t 为血液从心脏流出的时间，试分析患者在一个心脏周期内血压变化趋势？

解 因为

$$P' = \left(\frac{25t^2 + 123}{t^2 + 1} \right)' = -\frac{196t}{(t^2 + 1)^2},$$

由于 t 表示为时间，所以 $t > 0$，则 $P' = -\dfrac{196t}{(t^2 + 1)^2} < 0$，即对任意的 $t > 0$，患者在一个收缩周期内血压是单调减少的.

例 3.15 讨论函数 $y = x^{\frac{2}{3}}$ 的单调性.

解 函数的定义域为 $(-\infty, +\infty)$，那么

$$f'(x) = \frac{2}{3} x^{-\frac{1}{3}} = \frac{2}{3\sqrt[3]{x}} \neq 0.$$

没有导数为零的点，只有导数不存在的点，$x = 0$. 由定理 3.5 知，

当 $x \in (-\infty, 0)$ 时，$f'(x) < 0$，所以 $f(x)$ 在 $(-\infty, 0)$ 内单调减少；

当 $x \in (0, +\infty)$ 时，$f'(x) > 0$，所以 $f(x)$ 在 $[0, +\infty)$ 内单调增加.

一般地，对于定义区间上的连续函数 $f(x)$，除有限个导数不存在点外，导数存在且连续，则用导数为零的点及导数不存在的点划分整个定义区间，就可以使 $f'(x)$ 在各个区间上的符号恒定不变，并由其符号判别出各区间上函数的单调性.

利用函数单调性还可以证明一些不等式成立.

例 3.16 证明当 $x > 0$ 时，$1 + \dfrac{1}{2}x > \sqrt{1+x}$ 成立.

证明 设 $f(x) = \sqrt{1+x} - \dfrac{1}{2}x - 1$，那么

$$f'(x) = \frac{1}{2\sqrt{1+x}} - \frac{1}{2} = \frac{1 - \sqrt{1+x}}{2\sqrt{1+x}}.$$

当 $x > 0$ 时，$f'(x) < 0$，函数单调减少，所以 $f(x) < f(0) = 0$，因此 $\sqrt{1+x} - \dfrac{1}{2}x - 1 < 0$，即

当 $x > 0$ 时，$1 + \dfrac{1}{2}x > \sqrt{1+x}$ 成立.

第四节　函数的极值

一、函数的极值

定义 3.1 函数 $y = f(x)$ 在点 x_0 的某邻域内有定义，如果 $f(x)$ 在该邻域内有

$$f(x) < f(x_0)\,（\text{或 } f(x) > f(x_0)）\,(x \neq x_0),$$

则称 $f(x_0)$ 为函数 $f(x)$ 的一个**极大值**（maximum）（或**极小值**（minimum）），点 x_0 称为**极大值点**（maximum point）（或**极小值点**（minimum point））.

函数的极大值和极小值统称为**极值**（extreme value），极大值点和极小值点统称为**极值点**（extreme point）. 在图 3-4 中，函数 $f(x)$ 在点 x_1，x_4 处取得极大值，在点 x_3，x_5 处取得极小值.

从图 3-4 中可看到，函数取得极值处，曲线的切线水平. 但是在曲线上有水平切线的地方，函数不一定能够取得极值. 图 3-4 中点 x_2 处，曲线上有水平切线，但是，在这一点上显然函数取不到极值.

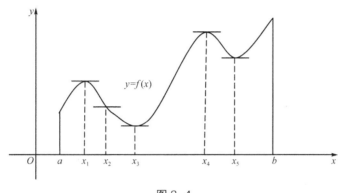

图 3-4

定理 3.6（必要条件） 若函数 $y = f(x)$ 在点 x_0 处可导，且 $f(x)$ 在点 x_0 处取得极值，那么 $f'(x_0) = 0$.

使 $f'(x) = 0$ 的点，称为**驻点**（stable point）. 可导函数的极值点必是驻点，但函数的驻点并不一定是极值点. 例如，$f(x) = x^3$ 在 $x = 0$ 处导数为 0，但它不是函数的极值点. 另一方面，导数不存在的点也可能是函数的极值点. 例如，$f(x) = x^{\frac{2}{3}}$ 在 $x = 0$ 点处导数不存在，但是 $f(x)$ 在 $x = 0$ 点处取得极值.

定理 3.7（第一充分条件） 设函数 $y = f(x)$ 在点 x_0 处连续，且在 x_0 的某一空心邻域内可导，在该邻域内.

（1）若 $x < x_0$ 时，$f'(x) > 0$；而 $x > x_0$ 时，$f'(x) < 0$，则 $f(x)$ 在点 x_0 处取得极大值；

（2）若 $x < x_0$ 时，$f'(x) < 0$；而 $x > x_0$ 时，$f'(x) > 0$，则 $f(x)$ 在点 x_0 处取得极小值；

（3）若 x 在 x_0 两侧时，$f'(x)$ 符号不变，则 $f(x)$ 在点 x_0 处不取得极值.

直观地说，若 $f'(x)$ 在点 x_0 处符号由正变为负，那么在点 x_0 取极大值；若 $f'(x)$ 在点 x_0 处符号由负变为正，那么在点 x_0 取极小值；若 $f'(x)$ 在点 x_0 处符号不变，那么在点 x_0 处不取极值.

求函数 $y = f(x)$ 的极值与极值点的一般步骤：

（1）求函数 $f(x)$ 的定义域及 $f'(x)$；

（2）求出 $f(x)$ 全部驻点及不可导点；

（3）由定理 3.7 分别判别这些点是否为极值点. 若是极值点，则判断其取极大值还是极小值，并求极值.

例 3.17 求函数 $f(x) = x + 2\sin x$，$0 \leqslant x \leqslant 2\pi$ 的极值.

解 $f'(x) = 1 + 2\cos x$，令 $f'(x) = 0$，从而 $\cos x = -\dfrac{1}{2}$，得驻点为 $x_1 = \dfrac{2}{3}\pi, x_2 = \dfrac{4}{3}\pi$.

当 $0 < x < \dfrac{2}{3}\pi$ 时，$f'(x) > 0$；当 $\dfrac{2}{3}\pi < x < \dfrac{4}{3}\pi$ 时，$f'(x) < 0$；故 $f(x)$ 在 $x = \dfrac{2}{3}\pi$ 处取极大值为 $f\left(\dfrac{2}{3}\pi\right) = \dfrac{2}{3}\pi + \sqrt{3}$．

当 $\dfrac{4}{3}\pi < x < 2\pi$ 时，$f'(x) > 0$，故 $f(x)$ 在 $x = \dfrac{4}{3}\pi$ 处取得极小值，极小值为 $f\left(\dfrac{4}{3}\pi\right) = \dfrac{4}{3}\pi - \sqrt{3}$．

如果 $f'(x)$ 的符号不能够在一些点上清楚地看出来，并且在这些点上 $f''(x)$ 存在，那么，函数的极值也可利用函数的二阶导数来判断．

定理 3.8（第二充分条件） 设函数 $f(x)$ 在点 x_0 处具有二阶导数，且 $f'(x_0) = 0$，那么

（1）当 $f''(x_0) < 0$ 时，$f(x)$ 在点 x_0 处取得极大值；

（2）当 $f''(x_0) > 0$ 时，$f(x)$ 在点 x_0 处取得极小值；

（3）当 $f''(x_0) = 0$ 时，无法判定 $f(x)$ 在点 x_0 处是否取得极值．

例 3.18 求函数 $f(x) = (x^2 - 1)^3 - 2$ 的极值．

解 函数 $f(x)$ 的定义域为 $(-\infty, +\infty)$，$f'(x) = 6x(x^2 - 1)^2$．

令 $f'(x) = 0$，得驻点 $x_1 = -1$，$x_2 = 0$，$x_3 = 1$，
$$f''(x) = 6(x^2 - 1)(5x^2 - 1)，$$
因为 $f''(0) = 6 > 0$，所以 $f(x)$ 在 $x = 0$ 处取极小值，极小值为 $f(0) = -3$．又因为 $f''(1) = 0$，$f''(-1) = 0$，所以利用定理 3.8 不能判断是否取得极值，需用定理 3.7 来判断．

当 $x < -1$ 和 $-1 < x < 0$ 时，都有 $f'(x) < 0$，故 $x = -1$ 时，$f(x)$ 不取极值；

当 $0 < x < 1$ 和 $x > 1$ 时，都有 $f'(x) > 0$，故 $x = 1$ 时，$f(x)$ 不取极值．

例 3.19 求函数 $f(x) = x^4 - 4x^3$ 的极值．

解 $f'(x) = 4x^3 - 12x^2 = 4x^2(x - 3)$，令 $f'(x) = 0$，得驻点 $x_1 = 3$，$x_2 = 0$，
$$f''(x) = 12x^2 - 24x = 12x(x - 2)，$$
$f''(3) = 36 > 0$，由定理 3.8 得在点 $x_1 = 3$ 取得极小值 $f(3) = -27$，$f''(0) = 0$，在点 $x_2 = 0$ 不能判断是否能够取得极值，需用定理 3.7 来判断．

当 $0 < x < 3$ 和 $x < 0$ 时，都有 $f'(x) < 0$，所以在点 $x = 0$ 处 $f(x)$ 不取极值．

注 当 $f''(x_0) = 0$ 时，$f(x)$ 在 x_0 点处是否取得极值的判定应返回到第一充分条件来判断．

二、最大值、最小值

由第一章可知，闭区间上的连续函数必有最大值和最小值．函数的最值只能在极值点或区间端点取得．因此，求闭区间上连续函数的最大值（最小值）方法如下：

（1）求出函数的驻点、不可导点和端点的函数值；

（2）比较大小，其中最大者为最大值，最小者为最小值．

例 3.20 求函数 $f(x) = x\sqrt{x + 1}$ 在 $[-1, 1]$ 上的最大值与最小值．

解 $f'(x) = \sqrt{x + 1} + \dfrac{x}{2\sqrt{x + 1}} = \dfrac{3x + 2}{2\sqrt{x + 1}}$．

令 $f'(x) = 0$，得驻点 $x = -\dfrac{2}{3}$；当 $x = -1$ 时，$f'(x)$ 不存在．

计算得 $f(-1) = 0$，$f\left(-\dfrac{2}{3}\right) = -\dfrac{2\sqrt{3}}{9}$，$f(1) = \sqrt{2}$，比较函数值得，$f(x)$ 的最大值为

$f(1) = \sqrt{2}$，最小值为 $f\left(-\dfrac{2}{3}\right) = -\dfrac{2\sqrt{3}}{9}$．

若在一个区间上，连续函数 $f(x)$ 只有一个极值 $f(x_0)$，则 $f(x_0)$ 在该区间上必是最值．

例 3.21 人进入睡眠状态时，气管半径会收缩至呼吸均匀，现用 r_0 表示人在常态休息时的气管半径（单位：cm），用 r 表示人在睡眠时的气管半径，有 $r < r_0$，用 V 表示从 r_0 收缩到 r 时气管中空气的平均流速，可用方程

$$V = k(r_0 - r)r^2$$

来模拟睡眠中的气流速度，其中 k 为一个常数，且 $k > 0$．当某人开始熟睡，气管半径为多少时，V 达到最大？

解 因为 $V' = 2kr_0 r - 3kr^2$，令 $V' = 0$，得 $r = \dfrac{2}{3}r_0$，为函数唯一驻点．

所以，在此驻点上必取函数最大值，为 $V = \dfrac{4}{27}kr_0^{\ 3}$．

第五节 函数凹凸性与拐点

凹凸性是函数的另一个重要的特性．例如，$y = x^2$ 与 $y = \sqrt{x}$ 两函数均经过点（0，0）和（1，1）上，且在两点之间都是单调增加的（图 3-5），但是它们曲线弯曲的方向不同，这就是曲线的凹凸性问题．

如图 3-5 所示，$y = x^2$ 与 $y = \sqrt{x}$ 的曲线单调性相同，但是，曲线与曲线上的点的切线的位置关系不同，曲线的弯曲方向不同，因此，函数曲线的凹凸性，可以用曲线与其切线的相对位置来定义．

定义 3.2 如果一段曲线恒位于它上面任一点的切线上方，则称这段曲线是**凹的**（concave）；如果一段曲线恒位于它上面任一点的切线下方，则称这段曲线是**凸的**（convex）．

显然在图 3-6 中，曲线弧 AB 在区间 (x_1, x_2) 内是凹的，曲线弧 CD 在区间 (x_3, x_4) 内是凸的．

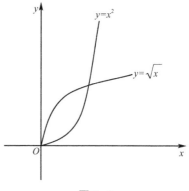

图 3-5

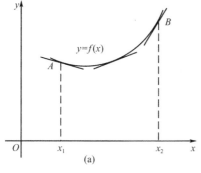

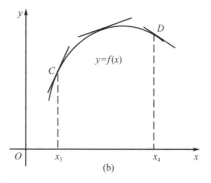

图 3-6

由图 3-6 还可以看出，从左到右，对于凹的曲线弧，切线的斜率随 x 的增大而增大；对于凸的曲线弧，切线的斜率随 x 的增大而减小．由于切线的斜率就是函数 $y = f(x)$ 的一阶导数，因此在凹的曲线弧上，$f(x)$ 的导数是单调增加的，即 $f''(x) > 0$，而在凸的曲线弧上，$f(x)$ 的导数是单

调减少的，即 $f''(x) < 0$. 由此可见，曲线 $y = f(x)$ 的凹凸性与 $f''(x)$ 的符号与关，可利用 $y = f(x)$ 的二阶导数 $f''(x)$ 的符号来判定.

定理 3.9 设函数 $y = f(x)$ 在 $[a,b]$ 上连续，在 (a,b) 内具有一阶和二阶导数.

（1）当 $x \in (a,b)$，有 $f''(x) > 0$，则曲线 $f(x)$ 在 (a,b) 内是凹的；

（2）当 $x \in (a,b)$，有 $f''(x) < 0$，则曲线 $f(x)$ 在 (a,b) 内是凸的.

例 3.22 判别曲线 $f(x) = 2x - x^3$ 的凹凸性.

解 $f'(x) = 2 - 3x^2$，$f''(x) = -6x$.

易得，$x \in (-\infty, 0)$ 时，有 $f''(x) > 0$，曲线 $f(x)$ 在 $(-\infty, 0)$ 上是凹的；$x \in (0, +\infty)$ 时，有 $f''(x) < 0$，曲线 $f(x)$ 在 $(0, +\infty)$ 上是凸的.

因此，$(0,0)$ 点是曲线由凹变凸的分界点，这种曲线凹凸的分界点，称为**拐点**（inflection point）. 拐点两侧曲线的凹凸性不同，$f''(x)$ 的符号就不同. 所以，在曲线的拐点处 $f''(x)$ 只能等于零或不存在.

由此得到，判别曲线的凹凸性及拐点的步骤：

（1）求 $f''(x)$；

（2）求 $f''(x)$ 等于零的点和不存在的点，用这些点将其定义域分成若干个区间；

（3）判别 $f''(x)$ 在各开区间内的符号，从而确定曲线 $f(x)$ 在各区间内的凹凸性，并求出拐点.

例 3.23 讨论曲线 $f(x) = \dfrac{5}{9}x^2 + (x-1)^{\frac{5}{3}} + 1$ 的凹凸性及拐点.

解 $f'(x) = \dfrac{10}{9}x + \dfrac{5}{3}(x-1)^{\frac{2}{3}}$，$f''(x) = \dfrac{10}{9} + \dfrac{10}{9}(x-1)^{-\frac{1}{3}} = \dfrac{10}{9} \cdot \dfrac{\sqrt[3]{x-1}+1}{\sqrt[3]{x-1}}$.

令 $f''(x) = 0$，得 $x = 0$. 当 $x = 1$ 时，$f''(x)$ 不存在. 0 和 1 将定义域 $(-\infty, +\infty)$ 分成三个区间，列表 3-1 如下.

表 3-1 函数 $f(x) = \dfrac{5}{9}x^2 + (x-1)^{\frac{5}{3}} + 1$ 的凹凸性

x	$(-\infty, 0)$	0	$(0, 1)$	1	$(1, +\infty)$
$f''(x)$	+	0	−	不存在	+
$f(x)$	凹	拐点	凸	拐点	凹

故曲线 $f(x)$ 在区间 $(-\infty, 0)$ 和 $(1, +\infty)$ 上是凹的，在区间 $(0,1)$ 上是凸的，且 $f(0) = 0$，$f(1) = \dfrac{14}{9}$，所以，曲线的拐点是 $(0,0)$ 和 $\left(1, \dfrac{14}{9}\right)$.

例 3.24 小鼠的生长函数符合 Logistic 曲线函数

$$w = 36(1 + 30\mathrm{e}^{-\frac{2}{3}t})^{-1},$$

其中 w 为重量，t 为时间. 试分析小鼠生长曲线如何变化？

解 函数 w 的定义域是 $[0, +\infty)$.

$w' = 720\mathrm{e}^{-\frac{2}{3}t}(1 + 30\mathrm{e}^{-\frac{2}{3}t})^{-2} > 0$，单调增加，

$w'' = 480(30\mathrm{e}^{-\frac{2}{3}t} - 1)\mathrm{e}^{-\frac{2}{3}t}(1 + 30\mathrm{e}^{-\frac{2}{3}t})^{-3}$，

令 $w'' = 0$，有 $t = \dfrac{3\ln 30}{2}$.

列表 3-2 如下.

表 3-2 函数 $w = 36(1 + 30e^{-\frac{2}{3}})^{-1}$ 的凹凸性

t	$\left(0, \dfrac{3\ln 30}{2}\right)$	$\dfrac{3\ln 30}{2}$	$\left(\dfrac{3\ln 30}{2}, +\infty\right)$
w'	+	+	+
w''	+	0	−
w	凹	拐点	凸

故曲线在 $\left(0, \dfrac{3\ln 30}{2}\right)$ 上是凹的，在 $\left(\dfrac{3\ln 30}{2}, +\infty\right)$ 上是凸的.

说明曲线在整个定义域内单调增加，且小鼠开始时生长缓慢，然后增快，在拐点附近小鼠生长最快，后又增长变慢，最后趋于一个稳定值.

第六节　渐近线与函数作图

对非基本初等函数作图，中学以描点法为主，得到的图像，不能确切反映函数曲线的性态. 前面已经利用导数研究了函数的单调性、极值、凹凸性等，如果在描点法的基础上再加上前面讨论的这些性态作图，就能够比较准确地作出函数图像，并可以利用函数图像的直观进行实例分析.

为了使函数图像更加准确，先介绍一下函数曲线的渐近线.

一、渐　近　线

定义 3.3 若曲线上一动点沿着曲线无限远离原点时，该动点与某一直线的距离趋近于零，则称此直线为该曲线的**渐近线**（asymptote）.

（1）**垂直渐近线** 设曲线 $y=f(x)$，若 $\lim\limits_{\substack{x \to x_0^+ \\ (x \to x_0)}} f(x) = \infty$，则直线 $x=x_0$ 为曲线 $y=f(x)$ 的垂直渐近线.

（2）**水平渐近线** 设曲线 $y=f(x)$，若 $\lim\limits_{\substack{x \to +\infty \\ (x \to -\infty)}} f(x) = c$，则直线 $y=c$ 为曲线 $y=f(x)$ 的水平渐近线.

（3）**斜渐近线** 设曲线 $y=f(x)$，若 $\lim\limits_{\substack{x \to +\infty \\ (x \to -\infty)}} \dfrac{f(x)}{x} = a$，且 $\lim\limits_{\substack{x \to +\infty \\ (x \to -\infty)}} [f(x) - ax] = b$（$a \neq 0$），则直线 $y=ax+b$ 为曲线 $y=f(x)$ 的斜渐近线.

例 3.25 求曲线 $f(x) = \dfrac{x^2 + 1}{x^2 - 1}$ 的渐近线.

解 因为 $\lim\limits_{x \to 1} \dfrac{x^2}{x^2 - 1} = \lim\limits_{x \to 1}\left(1 + \dfrac{2}{x^2 - 1}\right) = \infty$，所以 $x=1$ 为曲线 $f(x)$ 的垂直渐近线.

又因为 $\lim\limits_{x \to -1} \dfrac{x^2}{x^2 - 1} = \lim\limits_{x \to -1}\left(1 + \dfrac{2}{x^2 - 1}\right) = \infty$，所以 $x=-1$ 为曲线 $f(x)$ 的垂直渐近线.

再因为 $\lim\limits_{x \to \infty} \dfrac{x^2}{x^2 - 1} = \lim\limits_{x \to \infty}\left(1 + \dfrac{2}{x^2 - 1}\right) = 1$，所以 $y=1$ 为曲线 $f(x)$ 的水平渐近线.

综上，曲线 $f(x)$ 的渐近线为 $x=1$，$x=-1$ 和 $y=1$.

例 3.26 求曲线 $f(x) = \dfrac{x^2 - 2x + 4}{x - 2}$ 的渐近线.

解 因为 $\lim\limits_{x \to 2} \dfrac{x^2 - 2x + 4}{x - 2} = \infty$，所以 $x = 2$ 为曲线 $f(x)$ 的垂直渐近线.

又因为 $\lim\limits_{x \to \infty} \dfrac{f(x)}{x} = \lim\limits_{x \to \infty} \dfrac{x^2 - 2x + 4}{x(x - 2)} = 1 = a$，并且

$$\lim_{x \to \infty} [f(x) - x] = \lim_{x \to \infty} \left[\dfrac{x^2 - 2x + 4}{x - 2} - x \right] = \lim_{x \to \infty} \dfrac{4}{x - 2} = 0 ,$$

所以 $y = x$ 为曲线 $f(x)$ 的斜渐近线.

二、函 数 作 图

函数作图的一般步骤：

（1）确定函数的定义域，并分别求出函数的一阶导数和二阶导数；

（2）求出使一阶、二阶导数为零及不存在的点；

（3）判断函数的奇偶性、周期性、有界性、单调性和凹凸性；

（4）确定函数图形的渐近线；

（5）描出曲线上的极值点、拐点、与坐标轴的交点，并适当补充一些其他特殊点；

（6）在直角坐标系中连接这些点并绘出函数的图形.

例 3.27 作函数 $f(x) = x + \dfrac{1}{x}$ 的图形.

解 函数的定义域为 $(-\infty, 0) \bigcup (0, +\infty)$，

$$f'(x) = 1 - \dfrac{1}{x^2} , \quad f''(x) = \dfrac{2}{x^3} .$$

令 $f'(x) = 0$，得驻点 $x = -1$，$x = 1$，无二阶导为零的点.

列表 3-3 如下：

表 3-3 函数 $f(x) = x + \dfrac{1}{x}$ 的特性

x	$(-\infty, 1)$	-1	$(-1, 0)$	0	$(0, 1)$	1	$(1, +\infty)$
$f'(x)$	$+$		$-$		$-$		$+$
$f''(x)$	$-$		$-$		$+$		$+$
$f(x)$	递增凸	极大值	递减凸	间断点	递减凹	极小值	递增凹

极大值为 $f(-1) = -2$，极小值为 $f(1) = 2$.

由于 $\lim\limits_{x \to 0} f(x) = \infty$，所以 $x = 0$ 是曲线的垂直渐近线，即 y 轴.

又由于 $\lim\limits_{x \to \infty} \dfrac{f(x)}{x} = 1 = a$，$\lim\limits_{x \to \infty} [f(x) - x] = 0 = b$，所以 $y = x$ 是曲线的斜渐近线.

绘制函数的图像，如图 3-7 所示.

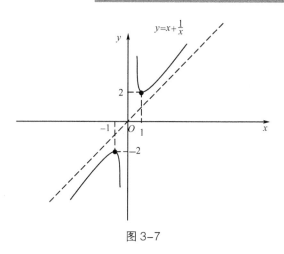

图 3-7

例 3.28 求解案例 3-1.

解 函数定义域为 $t \geqslant 0$ ，则

$$C'(t) = \frac{k_\alpha FD}{(k_\alpha - k)V}(-ke^{-kt} + k_\alpha e^{-k_\alpha t})，令 C'(t) = 0，得到 t_1 = \frac{\ln k_\alpha - \ln k}{k_\alpha - k}；$$

$$C''(t) = \frac{k_\alpha FD}{(k_\alpha - k)V}(k^2 e^{-kt} - k_\alpha{}^2 e^{-k_\alpha t})，令 C''(t) = 0，得到 t_2 = 2 \cdot \frac{\ln k_\alpha - \ln k}{k_\alpha - k}.$$

因为 $\lim\limits_{t \to +\infty} C(t) = \lim\limits_{t \to +\infty} \dfrac{k_\alpha FD}{(k_\alpha - k)V}(e^{-kt} - e^{-k_\alpha t}) = 0$ ，所以函数有水平渐近线 $C(t) = 0$.

列表 3-4 如下.

表 3-4 $C(t) - t$ 曲线特性

	$(0, t_1)$	t_1	(t_1, t_2)	t_2	$(t_2, +\infty)$
$C'(t)$	+	0	−		−
$C''(t)$	−		−	0	+
$C(t)$	单调增加凸	驻点极大值	单调减少凸	拐点	单调减少凹

极大值为 $C(t_1) = \dfrac{k_\alpha FD}{(k_\alpha - k)V}(e^{-kt_1} - e^{-k_\alpha t_1})$ ，拐点为 $\left(t_2, \dfrac{k_\alpha FD}{(k_\alpha - k)V}(e^{-kt_2} - e^{-k_\alpha t_2})\right)$.

作图 3-8 如下.

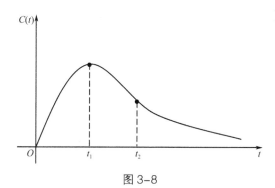

图 3-8

t_1 为唯一驻点，即在此点上必取最值，经判断，为最大值，即为最大血药浓度值点. 由表 3-4

知，口服、肌注药物后，体内药物浓度迅速增大，至时刻 t_1，浓度开始下降，至 t_2 时刻，药物浓度下降速度减缓，当 $t \to \infty$ 时，$C(t) \to 0$.

在临床中，大多数药物需多次重复给药，才能保持有效血药浓度，因此，在上述一室模型的基础上可建立新的模型，研究稳态血药浓度、峰浓度、最小有效血药浓度、平均血药浓度等问题，这对临床设计最佳用药方案具有重要参考价值.

习　题

1. 证明：当 $x > 1$，$e^x > xe$.

2. 证明：函数 $f(x)$ 在 $[a,b]$ 上连续，在 (a,b) 内可导，且 $f(a) < f(b)$，则在 (a,b) 内至少存在一点 ξ，使 $f'(\xi) > 0$.

3. 用洛必达法则求下列极限.

（1）$\lim\limits_{x \to 0} \dfrac{\sin 4x}{\tan 5x}$；

（2）$\lim\limits_{x \to 0} \dfrac{\tan x - x}{x^3}$；

（3）$\lim\limits_{x \to 1} \dfrac{x^9 - 1}{x^5 - 1}$；

（4）$\lim\limits_{x \to 0} \dfrac{x - \sin x}{x - \tan x}$；

（5）$\lim\limits_{x \to 0} \dfrac{e^x - \dfrac{1}{2}x^2 - x - 1}{x^3}$；

（6）$\lim\limits_{x \to 2} \dfrac{x^2 + x - 6}{x - 2}$；

（7）$\lim\limits_{x \to +\infty} \dfrac{e^x - e^{-x}}{e^x + e^{-x}}$

（8）$\lim\limits_{x \to +\infty} \dfrac{e^x}{x^3}$；

（9）$\lim\limits_{x \to \infty} x \sin \dfrac{\pi}{x}$

（10）$\lim\limits_{x \to 0^+} \sin x \ln x$；

（11）$\lim\limits_{x \to 0} \dfrac{e^{3x} - 1}{x}$；

（12）$\lim\limits_{x \to 0} \left(\dfrac{1}{x^2} - \dfrac{1}{\sin^2 x} \right)$；

（13）$\lim\limits_{x \to 0^+} (1 + \sin 4x)^{\cot x}$

（14）$\lim\limits_{x \to 0} (x + e^x)^{\frac{1}{x}}$；

（15）$\lim\limits_{x \to 0^+} x^x$；

（16）$\lim\limits_{x \to \frac{\pi}{2}} (\tan x)^{2\cos x}$；

（17）$\lim\limits_{x \to +\infty} (x + e^x)^{\frac{1}{x}}$；

（18）$\lim\limits_{x \to \frac{\pi}{2}} \dfrac{\sin x - 1}{x - \dfrac{\pi}{2}}$.

4. 设函数 $f(x)$ 存在二阶导数，且 $f(0) = 0$，$f'(0) = 1$，$f''(0) = 2$，试求极限 $\lim\limits_{x \to 0} \dfrac{f(x) - x}{x^2}$.

5. 设 $f'(x)$ 连续，$f(2) = 0$，$f'(2) = 7$，求 $\lim\limits_{x \to 0} \dfrac{f(2 + 3x) + f(2 + 5x)}{x}$.

6. 设 $f'(x)$ 连续，利用洛必达法则证明 $\lim\limits_{h \to 0} \dfrac{f(x + h) - f(x - h)}{2h} = f'(x)$ 成立.

7. 讨论下列函数的单调性.

（1）$y = x(x - 3)^3$；

（2）$y = x + \cos x$ $(0 \leqslant x \leqslant 2\pi)$；

（3）$y = x - e^x$；

（4）$y = 2x^2 - \ln x$.

8. 利用函数单调性证明：当 $x > 0$ 时，$\ln(1 + x) < x$.

9. 求下列函数极值.

（1） $f(x) = \arctan x - x$ ； （2） $f(x) = x^2 e^{-x}$ ；

（3） $f(x) = \dfrac{2x}{1+x^2}$ ； （4） $f(x) = x - \ln(1+x)$.

10. 求下列函数最值.

（1） $y = x^4 - 2x^2 + 5, \quad -2 \leqslant x \leqslant 2$ ；

（2） $y = x + \sqrt{1-x}, \quad -5 \leqslant x \leqslant 1$.

11. 某患者入院后 t 小时的白细胞记数为（每立方米的白细胞数） $f(t) = 5t^2 - 80t + 500$ ，问此患者入院后几小时其白细胞记数达到最小值，最小值是多少？

12. 判断下列曲线的凹凸性以及拐点.

（1） $y = 2x^3 - 3x^2 - 36x + 10$ ； （2） $y = 2x^3 - x$.

13. 求下列曲线的渐近线.

（1） $y = \dfrac{x^2 + 2x - 1}{x}$ ； （2） $y = \dfrac{\ln(1+x)}{x}$ ；

（3） $y = \dfrac{(x+1)^3}{(x-1)^2}$ ； （4） $y = x e^{\frac{1}{x^2}}$.

14. 描绘函数 $y = \dfrac{x^2}{1-x^2}$ 的图形.

第四章 不定积分

案例 4-1

为了提示药物在机体内的吸收、分布、代谢和排泄过程的规律，通常要找到或建立血药浓度与时间的函数关系. 进行恒速静脉滴注时，假定药物以恒定的速率 K_0 静脉滴注，同时药物消除的速率为 $K(t) = K_0(1-e^{-Kt})$（常数 $K > 0, K_0 > 0$）. 设 $x = x(t)$ 表示 t 时刻体内的药量.

问题 如何建立体内药量 $x(t)$ 与时间 t 函数关系？

案例分析

进行恒速静脉滴注时，药物在进入体内的同时药物也在消除，导数 $x'(t)$ 表示体内药量 $x(t)$ 变化速率. 其变化速率应等于滴注的速率减去消除速率，即 $x'(t) = K_0 - K(t)$. 问题就转化为已知 $x'(t)$，求解 $x(t)$.

不定积分是微积分学的重要内容，其基本问题：已知导函数 $f'(x)$，求解函数 $f(x)$. 它是求导运算和微分运算的逆运算. 案例 4-1 就是一个具体的不定积分基本问题，许多各种不同的实际问题最终可以归结为不定积分基本问题.

第一节 原函数与不定积分的概念

一、原 函 数

定义 4.1 设区间 I 上可导函数 $F(x)$ 及函数 $f(x)$ 满足
$$F'(x) = f(x) \quad x \in I,$$
则称函数 $F(x)$ 为 $f(x)$ 在区间 I 上的原函数（primitive function）.

例如，因为 $(\sin x)' = \cos x, x \in (-\infty, +\infty)$，所以 $\sin x$ 是 $\cos x$ 在区间 $(-\infty, +\infty)$ 上的一个原函数. 而且 $(\sin x + 1)$，$(\sin x + \sqrt{2})$，$(\sin x + C)$（其中 C 是任意常数）等都是函数 $\cos x$ 在区间 $(-\infty, +\infty)$ 上的原函数.

定理 4.1 设函数 $F(x)$ 为 $f(x)$ 在区间 I 上的一个原函数，则

（1）$F(x) + C$ 也是 $f(x)$ 的原函数，其中 C 是任意常数；

（2）$f(x)$ 的任意两个原函数之间相差一个常数.

证明 （1）由 $F(x)$ 为 $f(x)$ 在区间 I 上的一个原函数可知 $F'(x) = f(x)$，而 $(F(x) + C)' = F'(x) = f(x)$，故 $F(x) + C$ 是 $f(x)$ 的原函数.

（2）由 $F(x), G(x)$ 是 $f(x)$ 在区间 I 上的任意两个原函数，则 $F'(x) = f(x)$，$G'(x) = f(x)$. 而 $[F(x) - G(x)]' = F'(x) - G'(x) = f(x) - f(x) \equiv 0$.

由微分中值定理的推论，得
$$F(x) - G(x) \equiv C,$$
其中 C 是常数.

因此，当 C 是任意的常数时，表达式 $F(x) + C$ 就可以表示 $f(x)$ 的任意一个原函数. 而 $f(x)$ 的

全体原函数所组成的集合就是函数族 $\left\{F(x)+C \mid -\infty < C < +\infty\right\}$.

原函数的存在性可由下面的定理给出.

定理 4.2 如果函数 $f(x)$ 在区间 I 上连续，则 $f(x)$ 在区间 I 上存在原函数.

由于初等函数在其定义区间内是连续的，故初等函数在其定义区间内都有原函数.

二、不定积分

定义 4.2 函数 $f(x)$ 的全体原函数称为 $f(x)$ 的不定积分（indefinite integral），记作

$$\int f(x)\mathrm{d}x ,$$

其中记号 $\int$ 称为积分号（sign of integration），$f(x)$ 称为被积函数（integrand），x 称为积分变量（variable of integration），$f(x)\mathrm{d}x$ 称为被积表达式（integral expression），C 称为积分常数（integral constant）.

如果函数 $F(x)$ 为 $f(x)$ 在区间 I 上的一个原函数，当 C 是任意的常数时，表达式 $F(x)+C$ 就可以表示 $f(x)$ 的全体原函数，即 $\int f(x)\mathrm{d}x = F(x)+C$.

案例 4-1 中体内药量与时间的关系可用不定积分来表示，即

$$x(t) = \int\left[K_0 - K(t)\right]\mathrm{d}t = \int\left[K_0 - K_0(1-\mathrm{e}^{-Kt})\right]\mathrm{d}t .$$

例 4.1 求 $\int x\mathrm{d}x$.

解 因为 $\left(\dfrac{1}{2}x^2\right)' = x$，所以 $\dfrac{1}{2}x^2$ 是 x 的一个原函数，由不定积分定义，得

$$\int x\mathrm{d}x = \frac{1}{2}x^2 + C .$$

函数 $f(x)$ 的原函数的图形称为 $f(x)$ 的积分曲线. 函数 $f(x)$ 的不定积分则表示积分曲线族，这族曲线可视为其中某一条积分曲线沿纵轴方向任意地平行移动所得. 且每一条积分曲线上横坐标相同的点处切线互相平行，如图 4-1 所示.

例 4.2 求 $\int\dfrac{1}{x}\mathrm{d}x$.

解 当 $x>0$ 时，由于 $(\ln x)' = \dfrac{1}{x}$，所以 $\ln x$ 是 $\dfrac{1}{x}$ 在 $(0,+\infty)$ 内的一个原函数. 因此，在 $(0,+\infty)$ 内，

$$\int\frac{1}{x}\mathrm{d}x = \ln x + C .$$

当 $x<0$ 时，由于 $[\ln(-x)]' = \dfrac{1}{-x}(-1) = \dfrac{1}{x}$，所以 $\ln(-x)$ 是 $\dfrac{1}{x}$ 在 $(-\infty,0)$ 内的一个原函数. 因此，在 $(-\infty,0)$ 内，

$$\int\frac{1}{x}\mathrm{d}x = \ln(-x) + C .$$

综上所述，有 $\int\dfrac{1}{x}\mathrm{d}x = \ln|x| + C$.

例 4.3 设曲线通过点 $(0,1)$，且其上任一点 $(x, f(x))$ 处的切线斜率为 $\sin x$，求此曲线方程.

解 设所求曲线方程为 $y = f(x)$，由曲线上任一点 $(x, f(x))$ 处的切线斜率为

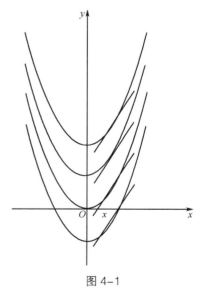

图 4-1

$$f'(x) = \sin x ,$$

因为 $-\cos x$ 是 $\sin x$ 的一个原函数，所以曲线方程

$$y = \int \sin x \mathrm{d}x = -\cos x + C ,$$

而曲线通过点 $(0,1)$，故 $1 = -1 + C, C = 2$. 故所求曲线为 $y = 2 - \cos x$.

第二节 不定积分的性质

一、性 质

从不定积分的定义可得到下列等式：

（1） $\left(\int f(x)\mathrm{d}x \right)' = f(x)$；

（2） $d\left[\int f(x)\mathrm{d}x \right] = f(x)\mathrm{d}x$；

（3） $\int \mathrm{d}f(x) = f(x) + C$；

（4） $\int f'(x)\mathrm{d}x = f(x) + C$.

由此可见，微分运算与求不定积分的运算是互逆的.

根据导数的运算法则，可推得下面关于不定积分的运算性质.

性质 1 设函数 $f(x)$ 及 $g(x)$ 的原函数存在，则

$$\int [f(x) \pm g(x)]\mathrm{d}x = \int f(x)\mathrm{d}x \pm \int g(x)\mathrm{d}x .$$

证明 上式右端求导得

$$\left[\int f(x)\mathrm{d}x \pm \int g(x)\mathrm{d}x \right]' = \left[\int f(x)\mathrm{d}x \right]' \pm \left[\int g(x)\mathrm{d}x \right]' = f(x) \pm g(x) .$$

所以 $\int f(x)\mathrm{d}x \pm \int g(x)\mathrm{d}x$ 是 $f(x) \pm g(x)$ 的原函数. 故

$$\int [f(x) \pm g(x)]\mathrm{d}x = \int f(x)\mathrm{d}x \pm \int g(x)\mathrm{d}x .$$

性质 1 对有限个函数都是成立的. 类似地可以证明不定积分的第二个性质.

性质 2 $\int kf(x)\mathrm{d}x = k\int f(x)\mathrm{d}x$，$k$ 为常数.

二、基本积分表

根据积分运算是微分运算的逆运算，从导数公式可以得到相应的积分公式. 把一些基本的积分公式列成如下的表，通常称为基本积分表.

1. $\int k\mathrm{d}x = kx + C$ （k 是常数）；

2. $\int x^{\lambda}\mathrm{d}x = \dfrac{1}{\lambda+1}x^{\lambda+1} + C$ （$\lambda \neq -1, \lambda$ 为任意常数）；

3. $\int \dfrac{1}{x}\mathrm{d}x = \ln|x| + C$；

4. $\int a^x\mathrm{d}x = \dfrac{a^x}{\ln a} + C$ （$a>0, a \neq 1$）；

5. $\int \mathrm{e}^x\mathrm{d}x = \mathrm{e}^x + C$；

6. $\int \cos x \mathrm{d}x = \sin x + C$；

7. $\int \sin x \mathrm{d}x = -\cos x + C$；

8. $\int \sec^2 x \mathrm{d}x = \tan x + C$;

9. $\int \csc^2 x \mathrm{d}x = -\cot x + C$;

10. $\int \sec x \tan x \mathrm{d}x = \sec x + C$;

11. $\int \csc x \cot x \mathrm{d}x = -\csc x + C$;

12. $\int \dfrac{1}{\sqrt{1-x^2}} \mathrm{d}x = \arcsin x + C = -\arccos x + C$;

13. $\int \dfrac{1}{1-x^2} \mathrm{d}x = \arctan x + C = -\operatorname{arc}\cot x + C$.

三、直接积分法

利用不定积分的性质和基本积分表可以求一些简单函数的不定积分，这种计算不定积分的方法称为直接积分法.

例 4.4 求 $\int \dfrac{1}{x\sqrt{x}} \mathrm{d}x$.

解 $\int \dfrac{1}{x\sqrt{x}} \mathrm{d}x = \int x^{-\frac{3}{2}} \mathrm{d}x = \dfrac{x^{-\frac{3}{2}+1}}{-\frac{3}{2}+1} + C = -2x^{-\frac{1}{2}} + C$.

例 4.5   求 $\int \left(2^x \mathrm{e}^x + \sin x + \dfrac{1}{\sqrt{x}} \right) \mathrm{d}x$.

解 $\int \left(2^x \mathrm{e}^x + \sin x + \dfrac{1}{2\sqrt{x}} \right) \mathrm{d}x$

$= \int 2^x \mathrm{e}^x \mathrm{d}x + \int \sin x \mathrm{d}x + \dfrac{1}{2} \int \dfrac{1}{\sqrt{x}} \mathrm{d}x$

$= \int (2\mathrm{e})^x \mathrm{d}x + \int \sin x \mathrm{d}x + \dfrac{1}{2} \int x^{-\frac{1}{2}} \mathrm{d}x$

$= \dfrac{(2\mathrm{e})^x}{\ln 2 + 1} - \cos x + \sqrt{x} + C$.

例 4.6   求 $\int \dfrac{1 + 2x + x^2}{x(1+x^2)} \mathrm{d}x$.

解 $\int \dfrac{1 + 2x + x^2}{x(1+x^2)} \mathrm{d}x = \int \dfrac{2x + (1+x^2)}{x(1+x^2)} \mathrm{d}x$

$= 2 \int \dfrac{1}{1+x^2} \mathrm{d}x + \int \dfrac{1}{x} \mathrm{d}x$

$= 2 \arctan x + \ln |x| + C$.

例 4.7   求 $\int \dfrac{1-x^2}{1+x^2} \mathrm{d}x$.

解 $\int \dfrac{1-x^2}{1+x^2} \mathrm{d}x = \int \dfrac{2 - (1+x^2)}{1+x^2} \mathrm{d}x$

$= \int \left(\dfrac{2}{1+x^2} - 1 \right) \mathrm{d}x = 2 \int \dfrac{1}{1+x^2} \mathrm{d}x - \int \mathrm{d}x$

$= 2 \arctan x - x + C$.

例 4.8 求 $\int \tan^2 x \mathrm{d}x$.

解 $\int \tan^2 x \mathrm{d}x = \int (\sec^2 x - 1)\mathrm{d}x$

$\qquad = \int \sec^2 x \mathrm{d}x - \int \mathrm{d}x$

$\qquad = \tan x - x + C$.

例 4.9 求 $\int \cos^2 \dfrac{x}{2} \mathrm{d}x$.

解 $\int \cos^2 \dfrac{x}{2} \mathrm{d}x = \int \dfrac{1}{2}(\cos x + 1)\mathrm{d}x$

$\qquad = \dfrac{1}{2}\int \cos x \mathrm{d}x + \dfrac{1}{2}\int \mathrm{d}x$

$\qquad = \dfrac{1}{2}(\sin x + x) + C$.

例 4.10 求 $\int \left(\dfrac{1}{1 - \cos x} + \dfrac{1}{1 + \cos x} \right)\mathrm{d}x$.

解 $\int \left(\dfrac{1}{1 - \cos x} + \dfrac{1}{1 + \cos x} \right)\mathrm{d}x = \int \dfrac{2}{1 - \cos^2 x}\mathrm{d}x$

$\qquad = 2\int \csc^2 x \mathrm{d}x = -2\cot x + C$.

第三节 换元积分法

利用不定积分定义、性质和基本积分表求出的不定积分是极其有限的. 如 $\int \sin 2x \mathrm{d}x$ 这样简单的不定积分，直接积分法无法解决. 为此引入一种重要的基本积分方法——换元积分法（integration by substitution）. 换元积分法又分为第一换元积分法和第二换元积分法.

一、第一换元积分法

定理 4.3（第一换元积分法） 设函数 $f(u)$ 具有原函数 $F(u)$ ，中间变量 $u = \varphi(x)$ 可导，则

$$\int f[\varphi(x)]\varphi'(x)\mathrm{d}x = \int f[\varphi(x)]\mathrm{d}\varphi(x) = F[\varphi(x)] + C.$$

证明 由复合函数导数法则，得

$$\frac{\mathrm{d}F[\varphi(x)]}{\mathrm{d}x} = \frac{\mathrm{d}F(u)}{\mathrm{d}u}\frac{\mathrm{d}\varphi(x)}{\mathrm{d}x} = f(u)\varphi'(x) = f[\varphi(x)]\varphi'(x).$$

所以 $F[\varphi(x)]$ 是 $f[\varphi(x)]\varphi'(x)$ 的原函数. 即

$$\int f[\varphi(x)]\varphi'(x)\mathrm{d}x = F[\varphi(x)] + C.$$

使用第一换元积分法求不定积分的过程如下

$$\int f[\varphi(x)]\varphi'(x)\mathrm{d}x = \int f[\varphi(x)]\mathrm{d}\varphi(x) \xrightarrow{u = \varphi(x)} \int f(u)\mathrm{d}u = F(u) + C = F[\varphi(x)] + C.$$

关键在于把被积表达式凑成 $f[\varphi(x)]\mathrm{d}\varphi(x)$ 的形式，再令 $u = \varphi(x)$ 进行换元，把被积表达式化成 $f(u)\mathrm{d}u$ 使得 $f(u)$ 的原函数容易求出. 第一换元积分法也称为凑微分法.

例 4.11 求 $\int \sin(2x + 3)\mathrm{d}x$.

解 $\int \sin(2x + 3)\mathrm{d}x = \int \dfrac{1}{2}\sin(2x + 3)\mathrm{d}(2x + 3)$

$\qquad \xrightarrow{\diamondsuit u = (2x + 3)} \dfrac{1}{2}\int \sin u \mathrm{d}u = -\dfrac{1}{2}\cos u + C = -\dfrac{1}{2}\cos(2x + 3) + C$.

例 4.12 求 $\int \dfrac{x^2}{\sqrt{x^3+5}}\mathrm{d}x$.

解 $\int \dfrac{x^2}{\sqrt{x^3+5}}\mathrm{d}x = \dfrac{1}{3}\int \dfrac{\mathrm{d}(x^3+5)}{\sqrt{x^3+5}}$

$$\xlongequal{\diamondsuit u=(x^3+5)} \dfrac{1}{3}\int \dfrac{\mathrm{d}u}{\sqrt{u}} = \dfrac{1}{3}\int u^{-\frac{1}{2}}\mathrm{d}u = \dfrac{2}{3}\sqrt{u}+C = \dfrac{2}{3}\sqrt{x^3+5}+C \ .$$

对换元法较熟练以后，可以不用写出变换 $u=\varphi(x)$ ，而直接"凑微分".

例 4.13 求 $\int \dfrac{5x-2}{\sqrt{1-x^2}}\mathrm{d}x$.

解 $\int \dfrac{5x-2}{\sqrt{1-x^2}}\mathrm{d}x = -\dfrac{5}{2}\int (1-x^2)^{-\frac{1}{2}}\mathrm{d}(1-x^2) - 2\int \dfrac{\mathrm{d}x}{\sqrt{1-x^2}}$

$$= -5\sqrt{1-x^2} - 2\arcsin x + C \ .$$

例 4.14 求 $\int \dfrac{1}{4-x^2}\mathrm{d}x$.

解 $\int \dfrac{1}{4-x^2}\mathrm{d}x = \dfrac{1}{4}\int \left(\dfrac{1}{2+x} + \dfrac{1}{2-x} \right)\mathrm{d}x$

$$\dfrac{1}{4}\left[\int \dfrac{\mathrm{d}(2+x)}{2+x} - \int \dfrac{\mathrm{d}(2-x)}{2-x} \right]$$

$$= \dfrac{1}{4}[\ln|2+x| - \ln|2-x|] + C$$

$$= \dfrac{1}{4}\ln\left| \dfrac{2+x}{2-x} \right| + C \ .$$

一般地， $\int \dfrac{1}{a^2-x^2}\mathrm{d}x = \dfrac{1}{2a}\ln\left| \dfrac{a+x}{a-x} \right| + C \ .$

例 4.15 求 $\int \dfrac{1}{a^2+x^2}\mathrm{d}x$ （ $a\neq 0$ ）.

解 $\int \dfrac{1}{a^2+x^2}\mathrm{d}x = \dfrac{1}{a^2}\int \dfrac{1}{1+\left(\dfrac{x}{a}\right)^2}\mathrm{d}x = \dfrac{1}{a}\int \dfrac{\mathrm{d}\left(\dfrac{x}{a}\right)}{1+\left(\dfrac{x}{a}\right)^2} = \dfrac{1}{a}\arctan \dfrac{x}{a} + C \ .$

例 4.16 求 $\int \dfrac{\mathrm{d}x}{x\sqrt{3+2\ln x}}$.

解 $\int \dfrac{\mathrm{d}x}{x\sqrt{3+2\ln x}} = \dfrac{1}{2}\int \dfrac{\mathrm{d}(3+2\ln x)}{\sqrt{3+2\ln x}} = \sqrt{3+2\ln x} + C \ .$

例 4.17 求 $\int \dfrac{1}{1+\mathrm{e}^x}\mathrm{d}x$.

解 $\int \dfrac{1}{1+\mathrm{e}^x}\mathrm{d}x = \int \dfrac{1+\mathrm{e}^x-\mathrm{e}^x}{1+\mathrm{e}^x}\mathrm{d}x = \int \mathrm{d}x - \int \dfrac{\mathrm{e}^x}{1+\mathrm{e}^x}\mathrm{d}x$

$$= \int \mathrm{d}x - \int \dfrac{\mathrm{d}(1+\mathrm{e}^x)}{1+\mathrm{e}^x} = x - \ln(1+\mathrm{e}^x) + C.$$

例 4.18 求 $\int \tan x\mathrm{d}x$.

解 $\int \tan x \mathrm{d}x = \int \dfrac{\sin x}{\cos x} \mathrm{d}x$

$$= -\int \dfrac{\mathrm{d}\cos x}{\cos x} = -\ln|\cos x| + C .$$

例 4.19 求 $\int \sin^2 x \mathrm{d}x$.

解 $\int \sin^2 x \mathrm{d}x = \int \dfrac{1-\cos 2x}{2} \mathrm{d}x = \dfrac{1}{2}[\int \mathrm{d}x - \int \cos 2x \mathrm{d}x]$

$$= \dfrac{x}{2} - \dfrac{1}{4} \int \cos 2x \mathrm{d}2x = \dfrac{x}{2} - \dfrac{1}{4} \sin 2x + C .$$

例 4.20 求 $\int \sin^3 x \cos^5 x \mathrm{d}x$.

解　方法 1

$\int \sin^3 x \cos^5 x \mathrm{d}x = \int \sin^3 x (1-\sin^2 x)^2 \mathrm{d}\sin x$

$$= \int (\sin^3 x - 2\sin^5 x + \sin^7 x) \mathrm{d}\sin x$$

$$= \dfrac{1}{4}\sin^4 x - \dfrac{1}{3}\sin^6 x + \dfrac{1}{8}\sin^8 x + C .$$

方法 2

$\int \sin^3 x \cos^5 x \mathrm{d}x = -\int (1-\cos^2 x)\cos^5 x \mathrm{d}\cos x$

$$= \int (\cos^7 x - \cos^5 x) \mathrm{d}\cos x$$

$$= \dfrac{1}{8}\cos^8 x - \dfrac{1}{6}\cos^6 x + C .$$

本题利用不同解法所得的结果在形式上有所不同,可以通过对积分结果求导来检验积分是否正确. 可以验证上述两种方法之间相差一个常数. 一般地,被积函数是正弦(余弦)函数的偶次幂时,可用倍角公式降幂;被积函数是正弦(余弦)函数的奇次幂时,可用其中一个凑微分.

例 4.21 求 $\int \sec x \mathrm{d}x$.

解 $\int \sec x \mathrm{d}x = \int \dfrac{\cos x}{\cos^2 x} \mathrm{d}x = \int \dfrac{\mathrm{d}(\sin x)}{1-\sin^2 x}$

$$= \dfrac{1}{2}\ln\left|\dfrac{1+\sin x}{1-\sin x}\right| + C$$

$$= \dfrac{1}{2}\ln\left|\dfrac{(1+\sin x)^2}{\cos^2 x}\right| + C$$

$$= \ln|\sec x + \tan x| + C .$$

同样的,可以验证 $\int \csc x \mathrm{d}x = \ln|\csc x - \cot x| + C$.

例 4.22 求 $\int \sec^2 x \tan x \mathrm{d}x$.

解 $\int \sec^2 x \tan x \mathrm{d}x = \int \tan x \mathrm{d}\tan x$

$$= \dfrac{1}{2}\tan^2 x + C .$$

例 4.23 求解案例 4-1.

解 体内药量的变化率为 $x'(t) = K_0 - K(t) = K_0 - K_0(1-\mathrm{e}^{-Kt}) = K_0 \mathrm{e}^{-Kt}$,于是

$$x(t) = \int K_0 \mathrm{e}^{-Kt} \mathrm{d}t = K_0 \int \mathrm{e}^{-Kt} \mathrm{d}t = -\dfrac{K_0}{K} \int \mathrm{e}^{-Kt} \mathrm{d}(-Kt) = -\dfrac{K_0}{K} \mathrm{e}^{-Kt} + C ,$$

当 $t=0$ 时，$x(0)=0$，代入得 $0=-\dfrac{K_0}{K}+C$，$C=\dfrac{K_0}{K}$，所以

$$x(t)=-\frac{K_0}{K}\mathrm{e}^{-Kt}+\frac{K_0}{K}=\frac{K_0}{K}\left(1-\mathrm{e}^{-Kt}\right).$$

为了能熟练掌握凑微分法，下面的微分关系式要熟记：

（1）$\mathrm{d}x=\dfrac{1}{a}\mathrm{d}(ax+b)$；

（2）$x\mathrm{d}x=\dfrac{1}{2a}\mathrm{d}(ax^2+b)$；

（3）$\dfrac{1}{x}\mathrm{d}x=\mathrm{d}(\ln x)$；

（4）$\dfrac{1}{\sqrt{x}}\mathrm{d}x=2\mathrm{d}\sqrt{x}$；

（5）$\dfrac{1}{x^2}\mathrm{d}x=\mathrm{d}\left(-\dfrac{1}{x}\right)$；

（6）$\dfrac{1}{1+x^2}\mathrm{d}x=\mathrm{d}\arctan x$；

（7）$\dfrac{1}{\sqrt{1-x^2}}\mathrm{d}x=\mathrm{d}\arcsin x$；

（8）$\mathrm{e}^x\mathrm{d}x=\mathrm{d}\mathrm{e}^x$；

（9）$\cos x\mathrm{d}x=\mathrm{d}\sin x$；

（10）$\sin x\mathrm{d}x=-\mathrm{d}\cos x$；

（11）$\sec^2 x\mathrm{d}x=\mathrm{d}\tan x$；

（12）$\csc^2 x\mathrm{d}x=-\mathrm{d}\cot x$；

（13）$\sec x\tan x\mathrm{d}x=\mathrm{d}\sec x$；

（14）$\csc x\cot x\mathrm{d}x=-\mathrm{d}\csc x$.

二、第二换元积分法

第一换元积分法是把被积表达式通过凑微分凑成 $f[\varphi(x)]\mathrm{d}\varphi(x)$ 形式，然后令 $u=\varphi(x)$ 进行换元，把被积表达式化成 $f(u)\mathrm{d}u$ 使得 $f(u)$ 的原函数容易求出. 在积分的计算中，我们还常常会遇到相反的情形，即适当选择 $x=\psi(t)$ 换元后，将积分 $\int f(x)\mathrm{d}x$ 化为更容易求出的积分 $\int f[\psi(t)]\psi'(t)\mathrm{d}t$.

定理 4.4（第二换元积分法） 设 $x=\psi(t)$ 是单调可导函数，且 $f[\psi(t)]\psi'(t)$ 有原函数，则

$$\int f(x)\mathrm{d}x=\int f[\psi(t)]\psi'(t)\mathrm{d}t,$$

其中 $t=\psi^{-1}(x)$ 为 $x=\psi(t)$ 的反函数.

证明 设 $f[\psi(t)]\psi'(t)$ 的原函数为 $\Phi(t)$，记 $\Phi(t)=\Phi[\psi^{-1}(x)]=F(x)$，由复合函数及反函数的求导法则，得

$$F'(x)=\frac{\mathrm{d}\Phi}{\mathrm{d}t}\frac{\mathrm{d}t}{\mathrm{d}x}=f[\psi(t)]\psi'(t)\frac{1}{\psi'(t)}=f[\psi(t)]=f(x),$$

所以

$$\int f(x)\mathrm{d}x=F(x)+C=\Phi[\psi^{-1}(x)]+C=\int f[\psi(t)]\psi'(t)\mathrm{d}t.$$

例 4.24 求 $\displaystyle\int\frac{x^2}{\sqrt{a^2-x^2}}\mathrm{d}x$（$a>0$）.

解 令 $x=a\sin t, t\in\left(-\dfrac{\pi}{2},\dfrac{\pi}{2}\right)$，则 $\mathrm{d}x=a\cos t\mathrm{d}t$.

$$\int\frac{x^2}{\sqrt{a^2-x^2}}\mathrm{d}x=\int\frac{a^2\sin^2 t}{a\cos t}a\cos t\mathrm{d}t=a^2\int\sin^2 t\mathrm{d}t$$

$$=a^2\int\frac{1-\cos 2t}{2}\mathrm{d}t=\frac{a^2}{2}\left(\int\mathrm{d}t-\frac{1}{2}\int\cos 2t\mathrm{d}2t\right)$$

$$=\frac{a^2}{2}\left(t-\frac{1}{2}\sin 2t\right)+C=\frac{a^2}{2}(t-\sin t\cos t)+C.$$

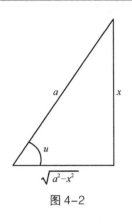

图 4-2

由图 4-2 可得 $\cos t = \dfrac{\sqrt{a^2-x^2}}{a}$，因此

$$\int \frac{x^2}{\sqrt{a^2-x^2}}\mathrm{d}x = \frac{a^2}{2}\arcsin\frac{x}{a} - \frac{x}{2}\sqrt{a^2-x^2} + C.$$

例 4.25　求 $\displaystyle\int \frac{1}{\sqrt{(x^2+a^2)^3}}\mathrm{d}x$（$a>0$）.

解　令 $x = a\tan t, t \in \left(-\dfrac{\pi}{2}, \dfrac{\pi}{2}\right)$，则 $\mathrm{d}x = a\sec^2 t\,\mathrm{d}t$，

$$\int \frac{1}{\sqrt{(x^2+a^2)^3}}\mathrm{d}x = \int \frac{a\sec^2 t\,\mathrm{d}t}{a^3\sec^3 t} = \frac{1}{a^2}\int \cos t\,\mathrm{d}t = \frac{1}{a^2}\sin t + C,$$

由图 4-3 可得 $\sin t = \dfrac{x}{\sqrt{x^2+a^2}}$，因此

$$\int \frac{1}{\sqrt{(x^2+a^2)^3}}\mathrm{d}x = \frac{x}{a^2\sqrt{x^2+a^2}} + C.$$

例 4.26　求 $\displaystyle\int \frac{1}{\sqrt{x^2-a^2}}\mathrm{d}x$（$a>0$）.

解　若 $x>a$，令 $x = a\sec t, t \in \left(0, \dfrac{\pi}{2}\right)$，则 $\mathrm{d}x = a\sec t\tan t\,\mathrm{d}t$，

$$\int \frac{1}{\sqrt{x^2-a^2}}\mathrm{d}x = \int \frac{a\sec t\tan t\,\mathrm{d}t}{a\tan t} = \int \sec t\,\mathrm{d}t = \ln|\sec t + \tan t| + C,$$

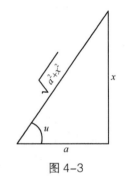

图 4-3

由图 4-4 可得 $\tan t = \dfrac{\sqrt{x^2-a^2}}{a}$，

$$\int \frac{1}{\sqrt{x^2-a^2}}\mathrm{d}x = \ln\left|\frac{x}{a} + \frac{\sqrt{x^2-a^2}}{a}\right| + C_1$$
$$= \ln|x + \sqrt{x^2-a^2}| + C\quad（其中 C = C_1 - \ln a）.$$

若 $x<-a$，令 $u = -x$，则 $u>a$，由上述讨论可知

$$\int \frac{1}{\sqrt{x^2-a^2}}\mathrm{d}x = -\int \frac{\mathrm{d}u}{\sqrt{u^2-a^2}} = -\ln|u + \sqrt{u^2-a^2}| + C_1$$
$$= -\ln|-x + \sqrt{x^2-a^2}| + C_1$$
$$= -\ln\left|\frac{a^2}{-x-\sqrt{x^2-a^2}}\right| + C_1$$
$$= \ln|x + \sqrt{x^2-a^2}| + C\quad（C = C_1 - 2\ln a）,$$

综上，有 $\displaystyle\int \frac{1}{\sqrt{x^2-a^2}}\mathrm{d}x = \ln\left|x + \sqrt{x^2-a^2}\right| + C.$

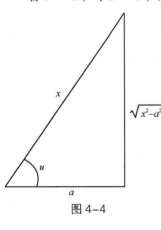

图 4-4

从上面 3 个例子可以看出：

（1）被积函数含有根式 $\sqrt{a^2-x^2}$，作变换 $x = a\sin t$；

（2）被积函数含有根式 $\sqrt{x^2+a^2}$，作变换 $x = a\tan t$；

（3）被积函数含有 $\sqrt{x^2-a^2}$，作变换 $x = a\sec t$；

这种利用三角函数进行的代换，称为三角代换. 三角代换是消去根式的常用方法.

例 **4.27** 求 $\int \dfrac{x^5}{\sqrt{1+x^2}}\mathrm{d}x$.

解 令 $x = \tan t$ ，则 $\mathrm{d}x = \sec^2 t\mathrm{d}t$ ，

$$\int \frac{x^5}{\sqrt{1+x^2}}\mathrm{d}x = \int \tan^5 t \sec t\mathrm{d}t = \int \tan^4 t\mathrm{d}\sec t = \int (\sec^2 t-1)^2 \mathrm{d}\sec t$$

$$= \frac{1}{5}\sec^5 t - \frac{2}{3}\sec^3 t + \sec t + C$$

$$= \frac{1}{5}\left(\sqrt{1+x^2}\right)^5 - \frac{2}{3}\left(\sqrt{1+x^2}\right)^3 + \sqrt{1+x^2} + C$$

$$= \frac{1}{15}\left(3x^4 - 4x^2 + 8\right)\sqrt{1+x^2} + C.$$

下面的例子使用的变换称为根式代换，利用根式代换可去掉被积函数中的根式.

例 **4.28** 求 $\int \dfrac{1}{\sqrt{x} - \sqrt[3]{x}}\mathrm{d}x$.

解 令 $x = t^6$ ，则 $t = x^{\frac{1}{6}}$ $\mathrm{d}x = 6t^5\mathrm{d}t$ ，

$$\int \frac{1}{\sqrt{x} - \sqrt[3]{x}}\mathrm{d}x = \int \frac{6t^5\mathrm{d}t}{t^3 - t^2} = 6\int \frac{t^3 - 1 + 1}{t-1}\mathrm{d}t$$

$$= 6\left[\int (t^2 + t + 1)\mathrm{d}t + \int \frac{1}{t-1}\mathrm{d}t\right]$$

$$= 6\left(\frac{t^3}{3} + \frac{t^2}{2} + t + \ln|t-1|\right) + C$$

$$= 2\sqrt{x} + 3\sqrt[3]{x} + 6\sqrt[6]{x} + 6\ln(\sqrt[6]{x}-1) + C.$$

例 **4.29** 求 $\int \dfrac{\mathrm{d}x}{1 + \sqrt{x+1}}$.

解 令 $\sqrt{x+1} = t$ ，则 $x = t^2 - 1$, $\mathrm{d}x = 2t\mathrm{d}t$ ，

$$\int \frac{\mathrm{d}x}{1 + \sqrt{x+1}} = \int \frac{2t}{1+t}\mathrm{d}t = 2\int \left(1 - \frac{1}{1+t}\right)\mathrm{d}t$$

$$= 2t - 2\ln\left|1+t\right| + C$$

$$= 2\sqrt{x+1} - 2\ln(1 + \sqrt{x+1}) + C.$$

当有理函数的分母中的多项式的次数大于分子多项式的次数时，可尝试用下面的例子中的倒代换.

例 **4.30** 求 $\int \dfrac{1}{x(x^5 + 1)}\mathrm{d}x$.

解 令 $x = \dfrac{1}{t}$ ，则 $\mathrm{d}x = -\dfrac{1}{t^2}\mathrm{d}t$ ，

$$\int \frac{1}{x(x^5 + 1)}\mathrm{d}x = -\int \frac{t^4}{1+t^5}\mathrm{d}t = -\frac{1}{5}\int \frac{\mathrm{d}(1+t^5)}{1+t^5}$$

$$= -\frac{1}{5}\ln\left|1 + t^5\right| + C$$

$$= -\frac{1}{5}\ln\left|1 + x^{-5}\right| + C.$$

第四节　分部积分法

学习了换元积分法，仍然无法解决有些不定积分如 $\int xe^x dx$，$\int x\ln x dx$，$\int x\cos x dx$，$\int e^x \cos x dx$ 等，这类积分的被积函数有一个共同点即为两种不同类型函数的乘积，对于这种类型的不定积分，要用到不定积分的另一个重要积分方法——分部积分法（integration by parts）．

定理 4.5（分部积分法）　如果函数 $u(x),v(x)$ 都可导，则

$$\int u(x)v'(x)dx = u(x)v(x) - \int u'(x)v(x)dx.$$

证明　由 $[u(x)v(x)]' = u'(x)v(x) + u(x)v'(x)$ 得

$$u(x)v'(x) = [u(x)v(x)]' - u'(x)v(x),$$

两边积分得

$$\int u(x)v'(x)dx = \int [u(x)v(x)]'dx - \int u'(x)v(x)dx$$

$$= u(x)v(x) - \int u'(x)v(x)dx.$$

分部积分公式 $\int u(x)v'(x)dx = u(x)v(x) - \int u'(x)v(x)dx$ 通常简写成如下形式：

$$\int u dv = uv - \int v du.$$

例 4.31　求 $\int x\sin x dx$．

解　令 $u=x, dv=\sin x dx = -d\cos x$，由分部积分公式，得

$$\int x\sin x dx = -\int xd\cos x = -x\cos x + \int \cos x dx$$

$$= -x\cos x + \sin x + C.$$

注　本例中，如果选取 $u=\sin x, dv = x dx = \dfrac{1}{2}dx^2$，则有

$$\int x\sin x dx = \frac{1}{2}\int \sin x dx^2 = \frac{1}{2}\left(x^2\sin x - \int x^2\cos x dx\right),$$

而等式右端的不定积分比原积分更加不容易求出．

选取 u 和 dv 要考虑如下两点：

（1）v 要容易求出；

（2）$\int v du$ 要比原积分 $\int u dv$ 更容易求出．

当使用分部积分法比较熟练后，不必写出 u 和 dv，而直接应用分部积分公式．

例 4.32　求 $\int x^2 e^x dx$．

解　$\displaystyle\int x^2 e^x dx = \int x^2 de^x = x^2 e^x - \int e^x dx^2$

$$= x^2 e^x - 2\int e^x x dx = x^2 e^x - 2\int x de^x = x^2 e^x - 2(xe^x - \int e^x dx)$$

$$= x^2 e^x - 2xe^x + 2e^x + C = e^x(x^2 - 2x + 2) + C.$$

由上面两个例子可以知道，如果被积函数是幂函数和正（余）弦函数或幂函数和指数函数的乘积，作分部积分时，取幂函数为 u，其余部分为 dv．

例 4.33　求 $\int x^3 \ln x dx$．

解　$\displaystyle\int x^3 \ln x dx = \int \ln x d\left(\frac{x^4}{4}\right) = \frac{x^4}{4}\ln x - \int \frac{x^4}{4} d\ln x$

$$= \frac{x^4}{4}\ln x - \frac{1}{4}\int x^3 dx$$

$$= \frac{x^4}{4}\ln x - \frac{1}{16}x^4 + C.$$

例 4.34 求 $\int \arctan x \mathrm{d}x$.

解 $\int \arctan x \mathrm{d}x = x \arctan x - \int x \mathrm{d}\arctan x$

$$= x \arctan x - \int \frac{x}{1+x^2} \mathrm{d}x$$

$$= x \arctan x - \frac{1}{2} \int \frac{1}{1+x^2} \mathrm{d}(1+x^2)$$

$$= x \arctan x - \frac{1}{2} \ln(1+x^2) + C.$$

由例 4.33 和例 4.34 两个例子可以看出，如果被积函数是幂函数和对数函数或幂函数和反三角函数的乘积，作分部积分时，取对数函数或反三角函数为 u，其余部分为 $\mathrm{d}v$.

例 4.35 求 $\int \mathrm{e}^{2x} \cos 3x \mathrm{d}x$.

解 $\int \mathrm{e}^{2x} \cos 3x \mathrm{d}x = \frac{1}{2} \int \cos 3x \mathrm{d}\mathrm{e}^{2x}$

$$= \frac{1}{2} \mathrm{e}^{2x} \cos 3x - \frac{1}{2} \int \mathrm{e}^{2x} \mathrm{d}\cos 3x$$

$$= \frac{1}{2} \mathrm{e}^{2x} \cos 3x + \frac{3}{2} \int \mathrm{e}^{2x} \sin 3x \mathrm{d}x$$

$$= \frac{1}{2} \mathrm{e}^{2x} \cos 3x + \frac{3}{4} \int \sin 3x \mathrm{d}\mathrm{e}^{2x}$$

$$= \frac{1}{2} \mathrm{e}^{2x} \cos 3x + \frac{3}{4} \left(\mathrm{e}^{2x} \sin 3x - \int \mathrm{e}^{2x} \mathrm{d}\sin 3x \right)$$

$$= \frac{1}{2} \mathrm{e}^{2x} \cos 3x + \frac{3}{4} \left(\mathrm{e}^{2x} \sin 3x - 3 \int \mathrm{e}^{2x} \cos 3x \mathrm{d}x \right),$$

移项合并后得

$$\int \mathrm{e}^{2x} \cos 3x \mathrm{d}x = \frac{3 \sin 3x + 2 \cos 3x}{13} \mathrm{e}^{2x} + C.$$

有些积分往往要同时使用换元积分法和分部积分法.

例 4.36 求 $\int \frac{\ln \cos x}{\cos^2 x} \mathrm{d}x$.

解 $\int \frac{\ln \cos x}{\cos^2 x} \mathrm{d}x = \int \ln \cos x \mathrm{d}\tan x = \tan x \ln \cos x - \int \tan x \mathrm{d}\ln \cos x$

$$= \tan x \ln \cos x + \int \tan^2 x \mathrm{d}x$$

$$= \tan x \ln \cos x + \int (\sec^2 x - 1) \mathrm{d}x$$

$$= \tan x \ln \cos x + \tan x - x + C.$$

例 4.37 求 $\int \mathrm{e}^{\sqrt[3]{x}} \mathrm{d}x$.

解 令 $\sqrt[3]{x} = t, x = t^3, \mathrm{d}x = 3t^2 \mathrm{d}t$，则

$$\int \mathrm{e}^{\sqrt[3]{x}} \mathrm{d}x = \int 3t^2 \mathrm{e}^t \mathrm{d}t = 3 \int t^2 \mathrm{d}\mathrm{e}^t$$

$$= 3(t^2 - 2t + 2) \mathrm{e}^t + C$$

$$= 3\mathrm{e}^{\sqrt[3]{x}} (\sqrt[3]{x^2} - 2\sqrt[3]{x} + 2) + C.$$

例 4.38 求 $\int \frac{\sin x \cos x \sqrt{1+\sin^2 x}}{5 + \sin^2 x} \mathrm{d}x$.

解
$$\int \frac{\sin x \cos x \sqrt{1+\sin^2 x}}{5+\sin^2 x} dx = \frac{1}{2}\int \frac{\sqrt{1+\sin^2 x}}{5+\sin^2 x} d(1+\sin^2 x)$$

$$\xlongequal{令 t=\sqrt{1+\sin^2 x}} \frac{1}{2}\int \frac{t}{4+t^2} dt^2 = \int \frac{t^2+4-4}{4+t^2} dt$$

$$= \int dt - 4\int \frac{dt}{4+t^2} = \int dt - 2\int \frac{d\frac{t}{2}}{1+\left(\frac{t}{2}\right)^2}$$

$$= t - 2\arctan \frac{t}{2} + C$$

$$= \sqrt{1+\sin^2 x} - 2\arctan \frac{\sqrt{1+\sin^2 x}}{2} + C.$$

第五节　有理函数的不定积分

前面学习了换元积分法和分部积分法这两种求不定积分的基本方法，下面简要地介绍有理函数的积分.

有理函数是指由两个多项式的商所表示的函数，又称有理分式. 它具有如下形式：

$$\frac{P(x)}{Q(x)} = \frac{a_0 x^n + a_1 x^{n-1} + \cdots + a_{n-1}x + a_n}{b_0 x^m + b_1 x^{m-1} + \cdots + b_{m-1}x + b_m},$$

其中 n,m 为非负整数，$a_0,a_1,\cdots,a_n$ 和 $b_0,b_1,\cdots,b_m$ 都是实数，且 $a_0 \neq 0, b_0 \neq 0$.

若 $n<m$，该有理函数称为真分式；若 $n \geq m$，该有理函数称为假分式.利用多项式的除法总可以把一个假分式化为一个多项式与一个真分式之和，且多项式的不定积分容易求出，因此本节只讨论真分式的不定积分.

例 4.39 求 $\int \frac{x+1}{x^2-3x+2} dx$.

解 由 $\frac{x+1}{x^2-3x+2} = \frac{x+1}{(x-1)(x-2)}$，令

$$\frac{x+1}{x^2-3x+2} = \frac{A}{x-1} + \frac{B}{x-2} = \frac{(A+B)x-2A-B}{(x-1)(x-2)},$$

比较系数有 $\begin{cases} A+B=1, \\ -2A-B=1, \end{cases}$ 从而解得 $\begin{cases} A=-2, \\ B=3. \end{cases}$

于是 $\int \frac{x+1}{x^2-3x+2} dx = \int \left(\frac{-2}{x-1} + \frac{3}{x-2}\right)dx$

$$= -2\ln|x-1| + 3\ln|x-2| + C.$$

例 4.40 求 $\int \frac{6}{x^3+1} dx$.

解 由 $\frac{6}{x^3+1} = \frac{6}{(x+1)(x^2-x+1)}$，令

$$\frac{6}{(x+1)(x^2-x+1)} = \frac{A}{x+1} + \frac{Bx+C}{x^2-x+1}$$

$$= \frac{A(x^2-x+1)+(Bx+C)(x+1)}{(x+1)(x^2-x+1)}$$

$$= \frac{(A+B)x^2+(-A+B+C)x+(A+C)}{(x+1)(x^2-x+1)},$$

比较系数有 $\begin{cases} A+B=0, \\ -A+B+C=0, \\ A+C=6, \end{cases}$ 从而解得 $\begin{cases} A=2, \\ B=-2, \\ C=4. \end{cases}$

于是

$$\int \frac{6}{x^3+1}\mathrm{d}x = \int \left(\frac{2}{x+1}+\frac{-2x+4}{x^2-x+1}\right)\mathrm{d}x$$

$$= 2\int \frac{\mathrm{d}x}{x+1} - \int \left(\frac{2x-1}{x^2-x+1}-\frac{3}{x^2-x+1}\right)\mathrm{d}x$$

$$= 2\int \frac{\mathrm{d}x}{x+1} - \int \frac{\mathrm{d}(x^2-x+1)}{x^2-x+1} + 3\int \frac{\mathrm{d}\left(x-\frac{1}{2}\right)}{\left(x-\frac{1}{2}\right)^2+\left(\frac{\sqrt{3}}{2}\right)^2}$$

$$= 2\ln|x+1| - \ln|x^2-x+1| + 3\cdot\frac{2}{\sqrt{3}}\arctan\frac{x-\frac{1}{2}}{\frac{\sqrt{3}}{2}} + C$$

$$= \ln \frac{(x+1)^2}{x^2-x+1} + 2\sqrt{3}\arctan\frac{2x-1}{\sqrt{3}} + C.$$

例 4.41 求 $\int \frac{x^2+1}{(x+1)^2(x-1)}\mathrm{d}x$.

解 令 $\dfrac{x^2+1}{(x+1)^2(x-1)} = \dfrac{A}{x+1} + \dfrac{B}{(x+1)^2} + \dfrac{C}{x-1}$

$$= \frac{A(x^2-1)+B(x-1)+C(x+1)^2}{(x+1)^2(x-1)}$$

$$= \frac{(A+C)x^2+(B+2C)x+(-A-B+C)}{(x+1)^2(x-1)},$$

故 $\begin{cases} A+C=1, \\ B+2C=0, \\ -A-B+C=1, \end{cases}$ 从而解得 $\begin{cases} A=\dfrac{1}{2}, \\ B=-1, \\ C=\dfrac{1}{2}. \end{cases}$

于是

$$\int \frac{x^2+1}{(x+1)^2(x-1)}\mathrm{d}x = \int \left(\frac{\frac{1}{2}}{x+1} - \frac{1}{(x+1)^2} + \frac{\frac{1}{2}}{x-1}\right)\mathrm{d}x$$

$$= \frac{1}{2}\ln|x+1| + \frac{1}{x+1} + \frac{1}{2}\ln|x-1| + C$$

$$= \frac{1}{x+1} + \frac{1}{2}\ln|x^2-1| + C.$$

当被积函数是三角函数的有理式时，可用万能公式将其化为有理函数进行计算.

例 4.42 求 $\int \dfrac{2+\sin x}{\sin x(1+\cos x)}\mathrm{d}x$.

解 由三角函数可知，若令 $u=\tan\dfrac{x}{2}(-\pi<x<\pi)$，则 $x=2\arctan u$，$\mathrm{d}x=\dfrac{2}{1+u^2}\mathrm{d}u$，且

$$\sin x=\frac{2\sin\dfrac{x}{2}\cos\dfrac{x}{2}}{\sin^2\dfrac{x}{2}+\cos^2\dfrac{x}{2}}=\frac{2\tan\dfrac{x}{2}}{1+\tan^2\dfrac{x}{2}}=\frac{2u}{1+u^2},$$

$$\cos x=\frac{\cos^2\dfrac{x}{2}-\sin^2\dfrac{x}{2}}{\sin^2\dfrac{x}{2}+\cos^2\dfrac{x}{2}}=\frac{1-\tan^2\dfrac{x}{2}}{1+\tan^2\dfrac{x}{2}}=\frac{1-u^2}{1+u^2}.$$

故

$$\int\frac{2+\sin x}{\sin x(1+\cos x)}\mathrm{d}x=\int\frac{2+\dfrac{2u}{1+u^2}}{\dfrac{2u}{1+u^2}\left(1+\dfrac{1-u^2}{1+u^2}\right)}\frac{2}{1+u^2}\mathrm{d}u$$

$$=\int\left(u+1+\frac{1}{u}\right)\mathrm{d}u=\frac{u^2}{2}+u+\ln|u|+C$$

$$=\frac{1}{2}\tan^2\frac{x}{2}+\tan\frac{x}{2}+\ln\left|\tan\frac{x}{2}\right|+C.$$

习 题

1. 试证函数 $F_1(x)=\ln(a_1x)$ 与 $F_2(x)=\ln(a_2x)$ 是同一个函数的原函数 $(a_1>a_2>0)$.

2. 如果在区间 (a,b) 内有 $f'(x)=g'(x)$，则在 (a,b) 内一定有（　　　）成立.

（A）$f(x)=g(x)$；　　　　　　（B）$f(x)=cg(x)$；　　　　　　（C）$f(x)=g(x)+C$；

（D）$\int f(x)\mathrm{d}x=\int g(x)\mathrm{d}x$；　　（E）$\int\mathrm{d}f(x)=\int\mathrm{d}g(x)$；　　（F）$\left[\int f(x)\mathrm{d}x\right]'=\left[\int g(x)\mathrm{d}x\right]'$.

3. 已知 e^{-x} 是 $f(x)$ 的一个原函数，试求 $\int-2x^2f(\ln x)\mathrm{d}x$.

4. 已知一条曲线在任一点处切线的斜率为横坐标的倒数，且过点 $(\mathrm{e}^2,1)$，求此曲线的方程.

5. 已知质点在时刻 t 的速度为 $v(t)=3t^2-2t$，当时刻 $t=0$ 时位置函数 $S=1$，求质点的位置函数 $S(t)$.

6. 用直接积分法计算下列不定积分.

（1）$\int(x^2-2x+3)\mathrm{d}x$；　　　　　（2）$\int x^2\sqrt[3]{x}\mathrm{d}x$；　　　　　（3）$\int\sqrt{x\sqrt{x\sqrt{x}}}\mathrm{d}x$；

（4）$\int\left(2\mathrm{e}^x+\sin x+\dfrac{3}{x}\right)\mathrm{d}x$；　（5）$\int\mathrm{e}^x\left(1-\dfrac{\mathrm{e}^{-x}}{\sqrt{1-x^2}}\right)\mathrm{d}x$；　（6）$\int\dfrac{3\cdot2^x-5\cdot3^x}{2^x}\mathrm{d}x$；

（7）$\int\dfrac{\mathrm{e}^{2x}-1}{\mathrm{e}^x-1}\mathrm{d}x$；　　　　（8）$\int\dfrac{x^4}{1+x^2}\mathrm{d}x$；　　　　（9）$\int\dfrac{(x+1)(x^2-3)}{3x^2}\mathrm{d}x$；

（10）$\int\dfrac{1}{x^2(1+x^2)}\mathrm{d}x$；　　（11）$\int\sin^2\dfrac{x}{2}\mathrm{d}x$；　　（12）$\int\dfrac{\cos2x}{\sin^2x\cos^2x}\mathrm{d}x$；

（13）$\int\left(\dfrac{1}{1-\sin x}+\dfrac{1}{1+\sin x}\right)\mathrm{d}x$；　（14）$\int\sin\dfrac{x}{2}\cos\dfrac{x}{2}\mathrm{d}x$；　（15）$\int\sec x(\sec x+\tan x)\mathrm{d}x$.

7. 用换元积分法求下列不定积分.

（1）$\int\dfrac{\mathrm{d}x}{2+3x}$；　（2）$\int 5^{-2x}\mathrm{d}x$；　（3）$\int\dfrac{x}{\sqrt{1-x^2}}\mathrm{d}x$；

（4）$\int\dfrac{x^2}{(\cos x^3)^2}\mathrm{d}x$；　（5）$\int\dfrac{\cos\sqrt{x}}{\sqrt{x}}\mathrm{d}x$；　（6）$\int\dfrac{1}{x^2}\sin\left(\dfrac{1}{x}\right)\mathrm{d}x$

（7）$\int 2^x\sqrt{1+2^x}\mathrm{d}x$；　（8）$\int\dfrac{1}{x\ln x}\mathrm{d}x$；　（9）$\int\dfrac{\sin x}{\cos^3 x}\mathrm{d}x$；

（10）$\int\dfrac{1}{\cos^2 x(1+\tan x)}\mathrm{d}x$；　（11）$\int\sec^3 x\tan x\mathrm{d}x$；　（12）$\int\sin 3x\sin 5x\mathrm{d}x$；

（13）$\int\dfrac{\mathrm{d}x}{(1+x^2)\sqrt{\arctan x}}$；　（14）$\int\dfrac{2^{\arcsin x}}{\sqrt{1-x^2}}\mathrm{d}x$；　（15）$\int\dfrac{\mathrm{d}x}{1+\sin^2 x}$；

（16）$\int\dfrac{x\ln(1+x^2)\mathrm{d}x}{1+x^2}$；　（17）$\int\sqrt{9-x^2}\mathrm{d}x$；　（18）$\int\dfrac{1}{\sqrt{4+x^2}}\mathrm{d}x$；

（19）$\int\dfrac{1}{x^2\sqrt{1-x^2}}\mathrm{d}x$；　（20）$\int\dfrac{1}{(x^2+2x+2)^2}\mathrm{d}x$；　（21）$\int\dfrac{\mathrm{d}x}{\sqrt{2x-1}}$；

（22）$\int\dfrac{1}{1+\sqrt[3]{x-1}}\mathrm{d}x$；　（23）$\int\dfrac{1}{\sqrt{x+1}+\sqrt[4]{x+1}}\mathrm{d}x$；　（24）$\int\dfrac{x}{5+2x+x^2}\mathrm{d}x$；

（25）$\int\dfrac{1-x}{\sqrt{16-9x^2}}\mathrm{d}x$；　（26）$\int\dfrac{1}{\sqrt{1+\mathrm{e}^x}}\mathrm{d}x$；　（27）$\int\sqrt{\dfrac{1-x}{1+x}}\cdot\dfrac{\mathrm{d}x}{x}$.

8. 用分部积分法求下列不定积分.

（1）$\int x\cdot 2^x\mathrm{d}x$；　（2）$\int x\cos(2x+3)\mathrm{d}x$；　（3）$\int x^2\sin 2x\mathrm{d}x$；

（4）$\int\ln x\mathrm{d}x$；　（5）$\int x^2\arctan x\mathrm{d}x$；　（6）$\int(\arcsin x)^2\mathrm{d}x$；

（7）$\int\mathrm{e}^{ax}\cos bx\mathrm{d}x$　$(a^2+b^2\neq 0)$；　（8）$\int\sin(\ln x)\mathrm{d}x$；　（9）$\int\dfrac{x\arcsin x}{\sqrt{1-x^2}}\mathrm{d}x$；

（10）$\int\dfrac{\ln(\ln x)}{x}\mathrm{d}x$；　（11）$\int\dfrac{\ln(\cos x)}{\cos^2 x}\mathrm{d}x$；　（12）$\int\dfrac{\arctan\sqrt{x}}{\sqrt{x}}\mathrm{d}x$；

（13）$\int\ln\left(x+\sqrt{x^2+1}\right)\mathrm{d}x$；　（14）$\int\dfrac{x\mathrm{e}^x}{\sqrt{\mathrm{e}^x-1}}\mathrm{d}x$；　（15）$\int\dfrac{\arctan x\mathrm{d}x}{x^2(1+x^2)}$；

（16）$\int\dfrac{x^2\mathrm{d}x}{\sqrt{1+x^2}}$.

9. 计算下列积分.

（1）$\int\dfrac{x-1}{(x+1)^2}\mathrm{d}x$；　（2）$\int\dfrac{5x+4}{x^2+3x-10}\mathrm{d}x$；　（3）$\int\dfrac{\mathrm{d}x}{x(x^2+1)}$；

（4）$\int\dfrac{x^2+1}{x(x-1)^2}\mathrm{d}x$；　（5）$\int\dfrac{\mathrm{d}x}{(x^2+1)(x^2+x)}$；　（6）$\int\dfrac{1}{2+\cos x}\mathrm{d}x$；

（7）$\int\dfrac{\mathrm{d}x}{1+\sin x+\cos x}$；　（8）$\int\dfrac{\mathrm{d}x}{x^4+1}$.

第五章 定 积 分

案例 5-1

　　药物经口服后，必须先经消化系统的吸收，才能通过血液循环被输送到肌体组织中发挥药效并参与代谢；通常情况下，服药后人体内血药量不断加大，血药浓度会迅速升至一个峰值，但随着时间的延长，由于药效的不断衰减与人体机能代谢的影响，血药浓度会逐步降低直至消除. 设服用某种药物后人体血药浓度 C 与服药后时间 t（小时）的函数关系如下

$$C(t) = 40\left(e^{-0.2t} - e^{-2.3t}\right),$$

其对应的曲线称为**药时曲线**（或 C-t 曲线，图 5-12）.

问题 1　服药后 $[0,2]$ 时段内人体血药吸收量为多少？

问题 2　服药后 $[0,2]$ 时段内人体血药浓度平均值为多少？

案例分析

　　函数 $C(t)$ 表示血药浓度 C 与时间 t 之间的非线性关系，药物进入人体后的血药浓度变化是一种连续的变化过程，故求血药浓度连续变化下的某时段内人体血药吸收量问题就是血药浓度随时间的累积问题，是一个连续求和问题；据此又可推知，服药后人体某时段内血药浓度的平均值即为所求得的血药吸收量与服药时间的比值. 设 L 为服药后 $[0,2]$ 时段内人体血药吸收量，把 $[0,2]$ 分成 n 个小时间段 $[t_{i-1}, t_i]$，记 τ_i 为 $[t_{i-1}, t_i]$，$i = 1, 2, \cdots, n$ 内的任意时刻，$\Delta t_i = t_i - t_{i-1}$，则 $\sum\limits_{i=1}^{n} C(\tau_i)\Delta t_i$ 近似等于 L；若 λ 为 Δt_i 中的最大值，则当 $\lambda \to 0$ 时，$[0,2]$ 时间段内各瞬间血药量累加和的极限

$$L = \lim_{\lambda \to 0} \sum_{i=1}^{n} C(\tau_i)\Delta t_i$$

就是在 $[0,2]$ 时间段内人体血药吸收量.

　　定积分是微积分学中最重要的内容之一，其基本思想为分割、近似求和与取极限；最终本质就是通过求原函数，即求不定积分的方法来解决连续求和问题. 定积分的基础运算虽采用不定积分的方法，但同时又集成了自身的实际应用，它们构成了一元函数积分学的精彩内容. 案例 5-1 是定积分基本思想的具体应用.

第一节　定积分的概念和性质

一、定积分的思想

　　案例 5-1 就是一个具体的连续求和问题，许多具体问题最终归结为连续求和问题，定积分提供了解决连续求和的方法. 下面通过两个具体引例进一步阐述定积分的基本思想：分割、近似替

代、求和与取极限.

（一）引例一：曲边梯形的面积

设 $y = f(x)$ 为在区间 $[a, b]$ 上的非负连续函数，由曲线 $y = f(x)$，直线 $x = a$，$x = b$ 及 x 轴所围成的图形 A 称为在 $[a, b]$ 上以 $y = f(x)$ 为曲边的**曲边梯形**（图 5-1），其中 x 轴上位于 $x = a$，$x = b$ 间的线段称为曲边梯形的**底边**，曲线 $y = f(x)$ 称为曲边梯形的**曲边**.

对于曲边梯形 A 来说，因曲边 $y = f(x)$ 在区间 $[a, b]$ 间是有"高低"变化的，故并不能简单地用长宽乘积公式一次性地完成其面积运算. 由于 $f(x)$ 在 $[a, b]$ 上连续，因此可将区间 $[a, b]$ 分成任意 n 个小区间，相应地也就将 A 分成了 n 个小的曲边梯形；每个小的曲边梯形又可用相应的小矩形来近似替代，当这些小矩形面积相加后，便得到了整个曲边梯形面积的近似值（图 5-2）. 显然，区间 $[a, b]$ 分割得越细，这些小矩形面积的累加和就越接近于曲边梯形面积的精确值，因此，曲边梯形的面积即可定义为当区间 $[a, b]$ 无限细分时，各对应小矩形面积之和的极限. 具体步骤如下.

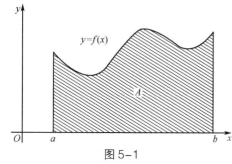

图 5-1

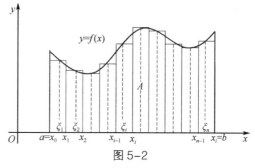

图 5-2

（1）区间分割：在区间 $[a, b]$ 内任意插入 $n-1$ 个分点
$$a = x_0 < x_1 < x_2 < \cdots < x_{n-1} < x_n = b,$$
将其划分为 n 个小区间 $[x_{i-1}, x_i]\ (i = 1, 2, \cdots, n)$，即
$$[x_0, x_1],\ [x_1, x_2],\ \cdots,\ [x_{i-1}, x_i],\ \cdots,\ [x_{n-1}, x_n],$$
过各小区间的分点作垂直于 x 轴的直线，将曲边梯形分成 n 个小部分，每部分可看作为一个小曲边梯形；

（2）近似替代：设第 i 个小曲边梯形的宽度为 $\Delta x_i = x_i - x_{i-1}$，并在此小区间 $[x_{i-1}, x_i]$ 内任取一点 ξ_i，用以 Δx_i 为底、$f(\xi_i)$ 为高的小矩形条面积 $f(\xi_i)\Delta x_i$ 近似地替代对应的各小曲边梯形的面积，即
$$A_i \approx f(\xi_i)\Delta x_i \quad (i = 1, 2, \cdots, n);$$

（3）求和：将上述 n 个小矩形条的面积累加，即得所求之曲边梯形 A 的近似值，即
$$A = \sum_{i=1}^{n} A_i \approx \sum_{i=1}^{n} f(\xi_i)\Delta x_i;$$

（4）取极限：取 λ 为 n 个小区间中的宽度最大值，即 $\lambda = \max_{1 \le i \le n}\{\Delta x_i\}$，则当 $\lambda \to 0$ 时，即有
$$A = \lim_{\lambda \to 0} \sum_{i=1}^{n} f(\xi_i)\Delta x_i, \tag{5-1}$$

也就是说，λ 越接近零，各小矩形的面积之和就越近似于曲边梯形面积 A 的精确值.

从上述一般曲边梯形面积的分解过程及求法，可导出任意曲线所围图形面积的求法，如图形 $CEDF$ 的面积可由曲边梯形 $ABCEDA$ 与曲边梯形 $ABCFDA$ 的面积之差获得（图 5-3）.

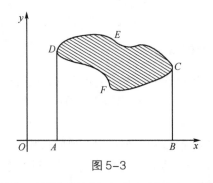

图 5-3

（二）引例二：变速直线运动的距离

物体做匀速直线运动时，若其速度为 v，则其在一段时间 t 内所经过的距离为

$$s = vt，$$

而对于变速直线运动来说，因物体移动速度随时间变化而变化，即速度为时间 t 的连续函数 $v = v(t)$，故物体移动距离并不能用上式进行直接表达．若将物体移动时间段分成若干个小时间段，则每一小时间段内的物体移动速度便可相对视为匀速，于是物体移动总距离便是其在各小时间段内匀速移动下的距离之和．具体步骤如下．

（1）区间分割：设物体移动时间段为 $[a, b]$ 并在其中任意插入 $n-1$ 个分点

$$a = t_0 < t_1 < t_2 < \cdots < t_{n-1} < t_n = b，$$

将此时段分为 n 个小时间段 $[t_{i-1}, t_i]$ $(i = 1, 2, \cdots, n)$，即

$$[t_0, t_1], [t_1, t_2], \cdots, [t_{i-1}, t_i], \cdots, [t_{n-1}, t_n]；$$

（2）近似替代：设第 i 个小时间段的时长为 $\Delta t_i = t_i - t_{i-1}$，选中此间任意时刻 τ_i，并以 $v(\tau_i)$ 表示在此小时间段内物体的平均移动速度，于是 $v(\tau_i)\Delta t_i$ 便可近似地替代各小时间段内的物体移动距离，即

$$s_i \approx v(\tau_i)\Delta t_i (i = 1, 2, \cdots, n)；$$

（3）求和：将上述所有 n 个小时间段内的距离累加，即可得到 $[a, b]$ 时段内物体移动总距离的近似值，即

$$s = \sum_{i=1}^{n} s_i \approx \sum_{i=1}^{n} v(\tau_i)\Delta t_i；$$

（4）取极限：取 λ 为 n 个小时间段中的时长最大值，即 $\lambda = \max_{1 \leq i \leq n}\{\Delta t_i\}$，则当 $\lambda \to 0$ 时，即有

$$s = \lim_{\lambda \to 0} \sum_{i=1}^{n} v(\tau_i)\Delta t_i，\tag{5-2}$$

也就是说，$[a, b]$ 时间段中的分点越密集，各时间段下物体移动的距离之和就越近似于物体移动总距离 s 的精确值．

上述两个引例和案例 5-1 虽涉及对象不同、研究的问题也不同，但其过程与方法都归结为一种和式极限的运算，于是将这种通过分割、近似替代、求和与取极限得到的特定结构的和式极限定义为定积分．

二、定积分的概念与几何意义

（一）定积分的概念

定义 5.1 设函数 $y = f(x)$ 在区间 $[a, b]$ 上有定义，在 $[a, b]$ 内任意插入 $n-1$ 个分点

$$a = x_0 < x_1 < x_2 < \cdots < x_{n-1} < x_n = b,$$

将其分为 n 个小区间 $[x_{i-1}, x_i]$ $(i = 1, 2, \cdots, n)$；若记各小区间宽度为 $\Delta x_i = x_i - x_{i-1}$，且令 $\lambda = \max_{1 \leqslant i \leqslant n} \{\Delta x_i\}$，任取 $\xi_i \in [x_{i-1}, x_i]$ $(i = 1, 2, \cdots, n)$，如果当 $\lambda \to 0$，下列和式的极限

$$\lim_{\lambda \to 0} \sum_{i=1}^{n} f(\xi_i) \Delta x_i$$

均存在，且其与区间内的分割形式和点 ξ_i $(i = 1, 2, \cdots, n)$ 无关，则称此极限值为 $f(x)$ 在 $[a, b]$ 上的**定积分**（definite integral），记为 $\int_a^b f(x) \, dx$，即

$$\int_a^b f(x) \, dx = \lim_{\lambda \to 0} \sum_{i=1}^{n} f(\xi_i) \Delta x_i , \tag{5-3}$$

并称 $f(x)$ 在区间 $[a, b]$ 上**可积**. $f(x)$ 称为**被积函数**（integrand），x 称为**积分变量**（integral variable），$f(x) \, dx$ 称为**积分表达式**（integral formula），区间 $[a, b]$ 称为**积分区间**（integral interval），a, b 分别称为**积分下限**（lower limit of integration）与**积分上限**（upper limit of integration），和式 $\sum_{i=1}^{n} f(\xi_i) \Delta x_i$ 称为**积分和**（sum of integration）.

根据定积分的定义，上述引例一、二与案例 5-1 中的问题 1 可分别用定积分表述如下.

当 $f(x) \geqslant 0$ 时，曲边梯形的面积即函数 $f(x)$ 在区间 $[a, b]$ 上的定积分，即

$$A = \int_a^b f(x) \, dx .$$

已知 $v(x) \geqslant 0$，变速直线运动的物体所经过的距离 s 即为速度函数 $v(t)$ 在时间区间 $[a, b]$ 上的定积分，即

$$s = \int_a^b v(t) \, dt .$$

已知 $C(t) \geqslant 0$，服药后 $[0, t]$ 时间段人体血药吸收量即为此时间段关于血药浓度函数 $C(t)$ 的定积分，即

$$L = \int_0^2 C(t) \, dt .$$

由定积分的定义，特作以下补充说明.

1. 函数的可积性

定理 5.1 设函数 $f(x)$ 在区间 $[a, b]$ 上连续，则 $f(x)$ 在 $[a, b]$ 上可积；

定理 5.2 设函数 $f(x)$ 在区间 $[a, b]$ 上有界，且只有有限个间断点，则 $f(x)$ 在 $[a, b]$ 上可积.

函数的可积性可使它的定积分作为一种和式的极限在对应的积分区间中按照一定的条件分解、组合（详见第三节积分的性质 5）.

2. 定积分的表达

习惯上，积分区间 $[a, b]$ 上的定积分有如下表示

$$\int_a^b f(x) \, dx = -\int_b^a f(x) \, dx \quad (a < b) , \tag{5-4}$$

即对 $\int_a^b f(x) \, dx$ 来说，则当积分方向为 $a \to b$ 时 $(\Delta x > 0)$，有 $\int_a^b f(x) \, dx > 0$；当积分方向为 $b \to a$ 时 $(\Delta x < 0)$，有 $\int_b^a f(x) \, dx < 0$；为保持同区间下定积分取值的一致性，特规定当积分上下限位置互换时，定积分的绝对值不变而符号相反.

3. 积分变量的确定

定积分只与被积函数和积分上下限有关，而与积分变量所取的记号无关，即

$$\int_a^b f(x)\,\mathrm{d}x = \int_a^b f(t)\,\mathrm{d}t = \int_a^b f(u)\,\mathrm{d}u\,, \qquad (5\text{-}5)$$

也就是说，当定积分作为一个和式的极限存在时，只要不改变被积函数和积分区间，则积分变量中的字母可随意设置.

（二）定积分的几何意义

由定积分的定义，可推知其几何意义如下：当区间 $[a,b]$ 上的连续函数 $f(x)\geqslant 0$ 时，定积分 $\int_a^b f(x)\,\mathrm{d}x$ 即表示由曲线 $f(x)$ ，直线 $x=a$ ， $x=b$ 及 x 轴所围成的曲边梯形的面积（图 5-1）；当区间 $[a,b]$ 上的连续函数 $f(x)\leqslant 0$ 时，定积分 $\int_a^b f(x)\,\mathrm{d}x$ 即表示由曲线 $f(x)$ ，直线 $x=a$ ， $x=b$ 及 x 轴所围成的位于 x 轴下方的曲边梯形面积，其取值为此曲边梯形对称于 x 轴上方的面积值的相反数（图 5-4）；若 $f(x)$ 在 $[a,b]$ 上有正有负，定积分 $\int_a^b f(x)\,\mathrm{d}x$ 表示 x 轴上方与 x 轴下方二部分图形面积之差（图 5-5）.

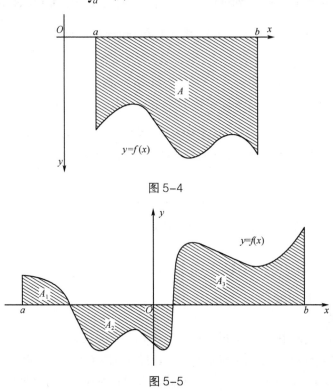

图 5-4

图 5-5

例 5.1 根据定积分的定义计算 $\int_0^1 x^2\,\mathrm{d}x$.

解 由于函数 $f(x)=x^2$ 在区间 $[0,1]$ 上连续，故可积.

在区间内可任意插入 $n-1$ 个分点，将其等分为 n 个小区间 $[x_{i-1},x_i]$ $(i=1,2,\cdots,n)$ ，即

$$0<\frac{1}{n}<\frac{2}{n}<\cdots<\frac{i-1}{n}<\frac{i}{n}<\cdots<1\,,$$

于是 $\Delta x_i=\dfrac{1}{n}$ ，再任取 $\xi_i=x_i$ ，则有

$$\sum_{i=1}^n f(\xi_i)\Delta x_i=\sum_{i=1}^n \xi_i^2\Delta x_i=\sum_{i=1}^n x_i^2\Delta x_i=\sum_{i=1}^n \left(\frac{i}{n}\right)^2\frac{1}{n}=\frac{1}{n^3}\sum_{i=1}^n n^2$$

$$= \frac{1}{n^3} \frac{1}{6} n(n+1)(2n+1) = \frac{1}{6}\left(1+\frac{1}{n}\right)\left(2+\frac{1}{n}\right);$$

当 $\lambda = \max\limits_{1 \leqslant i \leqslant n}\{\Delta x_i\}$ 且 $\lambda \to 0$，即 $n \to \infty$ 时，由定积分的定义，得

$$\int_0^1 x^2 \, dx = \lim_{n \to \infty} \frac{1}{6}\left(1+\frac{1}{n}\right)\left(2+\frac{1}{n}\right) = \frac{1}{3},$$

即曲线 $f(x) = x^2$ 在区间 $[0,1]$ 上与 x 轴间所夹面积为 $\frac{1}{3}$（图 5-6）。

三、定积分的性质

若函数可积，则其定积分存在，据定积分的概念及极限运算法则，可得定积分的性质如下。

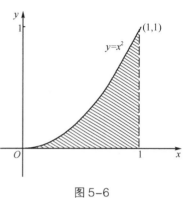

图 5-6

性质 1 $\int_a^b kf(x)\,dx = k\int_a^b f(x)\,dx$（$k$ 为常数），即常数因子可以提到积分符号外。

性质 2 若定积分的上下限相等，即 $a = b$，则 $\int_a^b f(x)\,dx = 0$，即曲边梯形缩成底边为一点而高为 $f(a)$ 的一条线时，其面积为零。

性质 3 若在区间 $[a,b]$ 上有 $f(x) \equiv k$，则 $\int_a^b f(x)\,dx = \int_a^b k\,dx = k(b-a)$，即曲边梯形若退化为矩形，被积函数的定积分即矩形的面积。

性质 4 奇函数在对称区间的积分值为零，偶函数在对称区间的积分值是在半区间积分值的 2 倍，即

$$\int_{-a}^a f(x)\,dx = 0 \quad (f(x) \text{ 为奇函数}),$$

$$\int_{-a}^a f(x)\,dx = 2\int_0^a f(x)\,dx \quad (f(x) \text{ 为偶函数}).$$

性质 5 对于可积函数 $f(x)$ 与 $g(x)$，有 $\int_a^b [f(x) \pm g(x)]\,dx = \int_a^b f(x)\,dx \pm \int_a^b g(x)\,dx$，即同一区间内两个函数代数和的定积分等于同一区间内两个函数定积分的代数和。

证明 由定积分的定义，有

$$\int_a^b [f(x) \pm g(x)]\,dx = \lim_{\lambda \to 0} \sum_{i=1}^n \int_a^b [f(\xi_i) \pm g(\xi_i)]\Delta x_i$$

$$= \lim_{\lambda \to 0} \sum_{i=1}^n f(\xi_i)\Delta x_i \pm \lim_{\lambda \to 0} \sum_{i=1}^n g(\xi_i)\Delta x = \int_a^b f(x)\,dx \pm \int_a^b g(x)\,dx.$$

此性质还可推广到求有限个函数代数和的积分情形，即

$$\int_a^b [f_1(x) \pm f_2(x) \pm \cdots \pm f_n(x)]\,dx = \int_a^b f_1(x)\,dx \pm \int_a^b f_2(x)\,dx \pm \cdots \pm \int_a^b f_n(x)\,dx.$$

性质 6 对于任意三个实数 a, b, c，恒有 $\int_a^b f(x)\,dx = \int_a^c f(x)\,dx + \int_c^b f(x)\,dx$，即作为一种和式的极限，函数定积分有**积分区间的可加性**。

证明 由定积分的概念及函数的可积性定理，可将区间 $[a,b]$ 划分为 n 个区间并命名任意一个内分点为 c（图 5-7），则有

$$\sum_{[a,b]} f(\xi_i)\Delta x_i = \sum_{[a,c]} f(\xi_i)\Delta x_i + \sum_{[c,b]} f(\xi_i)\Delta x_i \quad (i = 1, 2, \cdots, n),$$

两端同时取极限 $\lambda \to 0$，得

$$\int_a^b f(x)\,\mathrm{d}x = \int_a^c f(x)\,\mathrm{d}x + \int_c^b f(x)\,\mathrm{d}x ;\qquad(5\text{-}6)$$

当 c 点在 $[a,b]$ 之外时，设 $a<b<c$（图 5-8），由于

$$\int_a^c f(x)\,\mathrm{d}x = \int_a^b f(x)\,\mathrm{d}x + \int_b^c f(x)\,\mathrm{d}x ,$$

于是，

$$\int_a^b f(x)\,\mathrm{d}x = \int_a^c f(x)\,\mathrm{d}x - \int_b^c f(x)\,\mathrm{d}x = \int_a^c f(x)\,\mathrm{d}x + \int_c^b f(x)\,\mathrm{d}x .$$

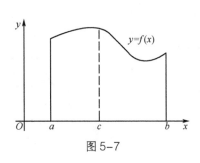

图 5-7

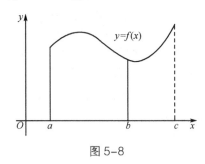

图 5-8

性质 7 若在区间 $[a,b]$ 上有 $f(x)\leqslant g(x)$，则 $\int_a^b f(x)\,\mathrm{d}x \leqslant \int_a^b g(x)\,\mathrm{d}x$；特别地，当 $a<b$ 时，有 $\left| \int_a^b f(x)\,\mathrm{d}x \right| \leqslant \int_a^b \left| f(x) \right|\,\mathrm{d}x$.

该性质由定积分的几何意义即可证明.

性质 8 若函数 $f(x)$ 在闭区间 $[a,b]$ 上的最大、最小值分别为 M 及 m，则

$$m(b-a)\leqslant \int_a^b f(x)\,\mathrm{d}x \leqslant M(b-a).\qquad(5\text{-}7)$$

因 $m\leqslant f(x)\leqslant M$，由性质 6，则有 $\int_a^b m\,\mathrm{d}x \leqslant \int_a^b f(x)\,\mathrm{d}x \leqslant \int_a^b M\,\mathrm{d}x$，于是上式成立；式（5-7）称为**积分估值定理**.

性质 9 若函数 $f(x)$ 在闭区间 $[a,b]$ 上连续，则在此区间上必至少存在一点 ξ，使得

$$\int_a^b f(x)\,\mathrm{d}x = f(\xi)(b-a) \quad (a\leqslant \xi \leqslant b).\qquad(5\text{-}8)$$

式（5-8）称为**积分中值定理**.

证明 因 $f(x)$ 在闭区间上连续，则必有最大值 M 和最小值 m，且 $m\leqslant f(x)\leqslant M$；又由式（5-7），则

$$m\leqslant \frac{1}{b-a}\int_a^b f(x)\,\mathrm{d}x \leqslant M\,(a\neq b);$$

又由介值定理，可知在区间 $[a,b]$ 上必至少存在一点 ξ，使得

$$f(\xi)=\frac{1}{b-a}\int_a^b f(x)\,\mathrm{d}x\,(a\neq b),\qquad(5\text{-}9)$$

于是有

$$\int_a^b f(x)\,\mathrm{d}x = f(\xi)(b-a).\qquad(5\text{-}10)$$

事实上，无论 $a<b$ 还是 $a>b$，甚至 $a=b$ 时，式（5-10）作为式（5-8）、式（5-9）的扩充形式也是成立的. 式（5-9）称为 $f(x)$ 在区间 $[a,b]$ 上的**积分平均值**，记作

$$\overline{f(x)}=\frac{1}{b-a}\int_a^b f(x)\,\mathrm{d}x .$$

案例 5-1 问题 2 可表示如下：$\overline{C(t)} = \dfrac{1}{2}\displaystyle\int_0^2 C(t)\,\mathrm{d}t$.

中值定理的几何意义表明，在区间 $[a,b]$ 上必至少存在一点 ξ，使得以区间 $[a,b]$ 为底边，以曲线 $f(x)$ 为曲边的曲边梯形面积等于同一底边而高为 $f(\xi)$ 的一个矩形的面积（图 5-9）.

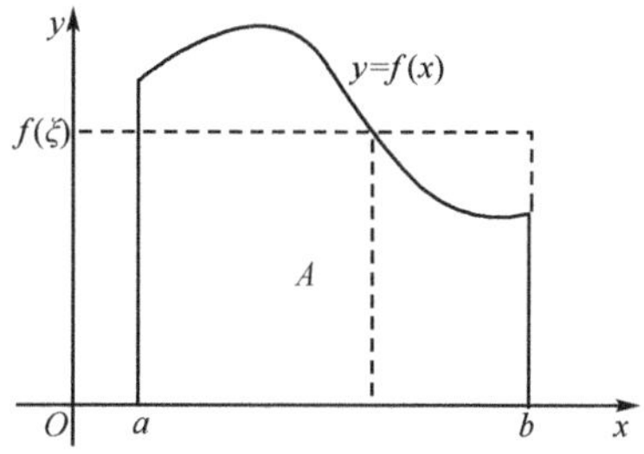

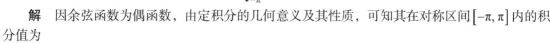

例 5.2 根据定积分的性质，说明 $\displaystyle\int_0^1 x\,\mathrm{d}x$ 及 $\displaystyle\int_0^1 x^2\,\mathrm{d}x$ 哪个积分值较大.

解 函数 x 及 x^2 在区间 $[0,1]$ 上都为连续可积函数；又因此区间中 $x > x^2$，故由定积分的性质判定，有

$$\int_0^1 x\,\mathrm{d}x > \int_0^1 x^2\,\mathrm{d}x.$$

图 5-9

例 5.3 根据定积分的几何意义，说明 $\displaystyle\int_{-\pi}^{\pi}\cos x\,\mathrm{d}x = 0$.

解 因余弦函数为偶函数，由定积分的几何意义及其性质，可知其在对称区间 $[-\pi,\pi]$ 内的积分值为

$$\int_{-\pi}^{\pi}\cos x\,\mathrm{d}x = 2\int_{-\pi}^{0}\cos x\,\mathrm{d}x = 2\left(-\int_{-\pi}^{-\frac{\pi}{2}}\cos x\,\mathrm{d}x + \int_{-\frac{\pi}{2}}^{0}\cos x\,\mathrm{d}x\right) = 0$$

或

$$\int_{-\pi}^{\pi}\cos x\,\mathrm{d}x = 2\int_{0}^{\pi}\cos x\,\mathrm{d}x = 2\left(\int_{0}^{\frac{\pi}{2}}\cos x\,\mathrm{d}x - \int_{\frac{\pi}{2}}^{\pi}\cos x\,\mathrm{d}x\right) = 0.$$

例 5.4 求 $y = x^2$ 在 $[0,1]$ 上的平均值.

解 由积分中值定理，有

$$\bar{y} = \frac{\displaystyle\int_0^1 x^2\,\mathrm{d}x}{1 - 0} = \int_0^1 x^2\,\mathrm{d}x$$

由例 5.1 得，$\bar{y} = \dfrac{1}{3}$.

第二节 微积分学基本定理

按照定积分的概念，即通过一定区间内曲边梯形的面积极限来求定积分往往比较困难，因此采用另一种途径，即由不定积分求原函数的方法来简便地进行定积分的计算.

一、积分上限函数及其导数

定积分与不定积分虽然是两个不同的概念，但它们之间是互相关联的.

如图 5-10 所示，设函数 $f(x)$ 在区间 $[a,b]$ 上连续，x 是 $[a,b]$ 上任意一点，显然 $f(x)$ 在 $[a,x]$ 上可积，即 $\displaystyle\int_a^x f(t)\,\mathrm{d}t$ 存在[①]；当上限 x 在 $[a,b]$ 上变动时，对于每一个 x 值，都有一个确定的定积分值与其对应，若将其记为 $\varPhi(x)$，则它是关于上限 x 的函数，即

---

① 此处 x 既是积分上限，又是积分变量，由于定积分中的积分变量可标记为其他记号，故通常情况下为方便二者的识别，特取积分变量为与积分上限不同的字母.

$$\Phi(x) = \int_a^x f(t)\,\mathrm{d}t \quad (a \leqslant x \leqslant b),$$ （5-11）

$\Phi(x)$ 称为**积分上限函数或变上限定积分**，式（5-11）则表示以 $f(x)$ 为曲边的曲边梯形阴影部分的面积(图 5-10).

积分上限函数具有如下性质.

定理 5.3 设函数 $f(x)$ 在 $[a,b]$ 上连续，则积分上限函数 $\Phi(x) = \int_a^x f(t)\,\mathrm{d}t$ 在区间 $[a,b]$ 上可导，并且

$$\Phi'(x) = \frac{\mathrm{d}}{\mathrm{d}x}\int_a^x f(t)\,\mathrm{d}t = f(x) \quad (a \leqslant x \leqslant b).$$ （5-12）

证明 设 x 是 $[a,b]$ 上任意一点（图 5-10），对于 x 的增量 $\Delta x\,(\Delta x>0)$，函数 $\Phi(x)$ 的增量为

$$\Delta\Phi(x) = \Phi(x+\Delta x) - \Phi(x) = \int_a^{x+\Delta x} f(t)\,\mathrm{d}t - \int_a^x f(t)\,\mathrm{d}t$$

$$= \int_x^a f(t)\,\mathrm{d}t + \int_a^{x+\Delta x} f(t)\,\mathrm{d}t = \int_x^{x+\Delta x} f(t)\,\mathrm{d}t;$$

由积分中值定理，可知在 x 与 $x+\Delta x$ 之间必存在一点 ξ，使得

$$\Delta\Phi(x) = \int_x^{x+\Delta x} f(t)\,\mathrm{d}t = f(\xi)\Delta x,$$

于是有

$$\frac{\Delta\Phi(x)}{\Delta x} = f(\xi) \quad (x \leqslant \xi \leqslant x+\Delta x);$$

又因为 $f(x)$ 是连续函数，所以当 $\Delta x \to 0$ 时，$\xi \to x$，于是

$$\Phi'(x) = \lim_{\Delta x \to 0} \frac{\Delta\Phi(x)}{\Delta x} = \lim_{\Delta x \to 0} f(\xi) = \lim_{\xi \to x} f(\xi) = f(x).$$

又由 $\Phi'(x) = f(x)$，即知 $\Phi(x)$ 是 $f(x)$ 在 $[a,b]$ 上的一个原函数.

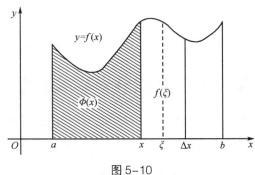

图 5-10

由积分上限函数的定义及性质，可以看出：

（1）函数 $f(x)$ 在区间 $[x, x+\Delta x]$ 上的定积分即等于它的原函数 $\Phi(x)$ 在积分区间 $[x, x+\Delta x]$ 上的增量 $\Delta\Phi(x)$，反之，积分上限函数的导数即是面积为 $\Phi(x)$ 的曲边梯形的曲边 $f(x)$.

（2）积分上限函数 $\Phi(x)$ 只是 $f(x)$ 在积分区间 $[a,b]$ 上的一个原函数，于是一切连续函数都存在原函数；但当 $\int f(x)\,\mathrm{d}x$ "积不出"时，其定积分形式 $\int_a^x f(t)\,\mathrm{d}t$ 所对应的原函数则为非初等函数，限于篇幅，在此不予深述.

据式（5-12），可知积分上限函数的导数即为被积函数，于是积分上限函数求导时可直接将被积函数提出，但要注意积分变量与积分上下限间的复合关系，见例 5.7.

例 5.5 设 $\varPhi(x) = \int_1^x \sin^2 t \, \mathrm{d}t$，求 $\varPhi'(x)$.

解 据积分上限函数的性质，有

$$\varPhi'(x) = \frac{\mathrm{d}}{\mathrm{d}x} \int_1^x \sin^2 t \, \mathrm{d}t = \sin^2 x.$$

例 5.6 求函数 $\varPhi(x) = \int_0^x \sqrt{t} \mathrm{e}^t \mathrm{d}t$ 在 $x = 0$ 及 $x = 1$ 处的导数.

解 据积分上限函数的性质，则

$$\varPhi'(x) = \frac{\mathrm{d}}{\mathrm{d}x} \int_0^x \sqrt{t} \mathrm{e}^t \mathrm{d}t = \sqrt{x} \mathrm{e}^x,$$

故

$$\varPhi'(0) = 0, \quad \varPhi'(1) = \mathrm{e}.$$

例 5.7 设 $\varPhi(x) = \int_{x^3}^b f(t) \, \mathrm{d}t$，求 $\varPhi'(x)$.

解 令 $u = x^3$，据积分上限函数性质及复合函数求导法则，有

$$\varPhi'(x) = \left[\int_u^b f(t) \, \mathrm{d}t \right]' = \left[-\int_b^u f(t) \, \mathrm{d}t \right]' \cdot (u)' = -\left(x^3 \right)' f(u) = -3x^2 f\left(x^3 \right).$$

例 5.8 求极限 $\displaystyle\lim_{x \to 0} \frac{\int_{\sin x}^0 \mathrm{e}^{-t^2} \mathrm{d}t}{x}$.

解 此分式为 $\dfrac{0}{0}$ 型不定式，据洛必达法则，有

$$\frac{\mathrm{d}}{\mathrm{d}x} \int_{\sin x}^0 \mathrm{e}^{-t^2} \mathrm{d}t = -\frac{\mathrm{d}}{\mathrm{d}x} \int_0^{\sin x} \mathrm{e}^{-t^2} \mathrm{d}t \cdot \frac{\mathrm{d}}{\mathrm{d}x} (\sin x) = -\mathrm{e}^{-\sin^2 x} (\cos x),$$

因此，

$$\lim_{x \to 0} \frac{\int_{\sin x}^0 \mathrm{e}^{-t^2} \mathrm{d}t}{x} = \lim_{x \to 0} \left(-\mathrm{e}^{-\sin^2 x} \right) (\cos x) = -\mathrm{e}^0 = -1.$$

二、微积分学基本定理

定理 5.4（微积分学基本定理） 设函数 $f(x)$ 在 $[a, b]$ 上连续，$F(x)$ 是 $f(x)$ 在 $[a, b]$ 上的一个原函数，即 $F'(x) = f(x)$，则

$$\int_a^b f(x) \, \mathrm{d}x = F(b) - F(a). \tag{5-13}$$

证明 因 $F(x)$ 是 $f(x)$ 在 $[a, b]$ 上的一个原函数，又由定理 5.3，知 $\varPhi(x) = \int_a^x f(t) \, \mathrm{d}t$ 也为 $f(x)$ 在同区间的一个原函数，故有

$$F(x) = \varPhi(x) + C = \int_a^x f(t) \, \mathrm{d}t + C;$$

当 $x = a$ 时，由于 $\varPhi(a) = \int_a^a f(t) \, \mathrm{d}t = 0$，则有 $C = F(a)$，也即

$$\int_a^x f(t) \, \mathrm{d}t = F(x) - F(a);$$

于是当 $x = b$ 时，即有

$$\int_a^b f(t) \, \mathrm{d}t = F(b) - F(a) \quad \text{或} \quad \int_a^b f(x) \, \mathrm{d}x = F(b) - F(a).$$

由式（5-13），可知一个连续函数 $f(x)$ 在区间 $[a, b]$ 上的定积分即为其对应的任意一个原函数

在此区间内的增量，表达为积分上下限分别代入由被积函数得到的原函数后取值之差．

式（5-13）称为牛顿-莱布尼茨（Newton-Leibniz）公式，其意义在于把求定积分的问题归结为求原函数的问题；牛顿-莱布尼茨公式的应用简便有效，它不但揭示了定积分与不定积分的关系，同时也将微分学与积分学密切联系起来，故对应于微积分学基本定理，它又称作**微积分学基本公式**．

式（5-13）又可表示为

$$\int_a^b f(t)\,dt = \left[F(x)\right]_a^b \quad 或 \quad \int_a^b f(t)\,dt = F(x)\Big|_a^b. \tag{5-14}$$

例 5.9 求 $\int_0^1 x^2 dx$．

解 $\int_0^1 x^2 dx = \frac{1}{3}x^3\Big|_0^1 = \frac{1}{3}(1^3 - 0^3) = \frac{1}{3}$．

例 5.10 求 $\int_{-1}^1 \frac{dx}{1+x^2}$．

解 $\int_{-1}^1 \frac{dx}{1+x^2} = \arctan x\Big|_{-1}^1 = \arctan 1 - \arctan(-1) = \frac{\pi}{4} - \left(-\frac{\pi}{4}\right) = \frac{\pi}{2}$．

例 5.11 求 $\int_0^2 |x-1|\,dx$．

解 当被积函数中含有绝对值符号时，计算积分之前要考虑自变量在定义区间内的不同取值，于是

$$\int_0^2 |x-1|\,dx = \int_0^1 |x-1|\,dx + \int_1^2 |x-1|\,dx = \int_0^1 (1-x)\,dx + \int_1^2 (x-1)\,dx$$

$$= -\frac{1}{2}(1-x)^2\Big|_0^1 + \frac{1}{2}(x-1)^2\Big|_1^2 = \frac{1}{2} + \frac{1}{2} = 1.$$

例 5.12 求 $\int_{-1}^1 \sqrt{x^2 - x^4}\,dx$．

解 $\int_{-1}^1 \sqrt{x^2 - x^4}\,dx = \int_{-1}^1 |x|\sqrt{1-x^2}\,dx = \int_{-1}^0 (-x)\sqrt{1-x^2}\,dx + \int_0^1 x\sqrt{1-x^2}\,dx$

$$= -\frac{1}{2}\int_{-1}^0 \sqrt{1-x^2}\,dx^2 + \frac{1}{2}\int_0^1 \sqrt{1-x^2}\,dx^2$$

$$= \frac{1}{2}\int_{-1}^0 \sqrt{1-x^2}\,d(1-x^2) - \frac{1}{2}\int_0^1 \sqrt{1-x^2}\,d(1-x^2)$$

$$= \frac{1}{3}(1-x^2)^{\frac{3}{2}}\Big|_{-1}^0 - \frac{1}{3}(1-x^2)^{\frac{3}{2}}\Big|_0^1 = \frac{1}{3} - \left(-\frac{1}{3}\right) = \frac{2}{3}.$$

例 5.13 求 $\int_0^\pi (x+\sin x)\,dx$．

解 $\int_0^\pi (x+\sin x)\,dx = \int_0^\pi x\,dx + \int_0^\pi \sin x\,dx = \frac{1}{2}x^2\Big|_0^\pi - \cos x\Big|_0^\pi = \frac{\pi^2}{2} + 2$．

第三节 定积分的计算

一、定积分的换元积分法

计算定积分时，可直接利用不定积分的换元法，将被积函数或积分变量作代换后，求出被积函数的原函数，再利用微积分基本公式计算定积分．

例 5.14　求 $\int_{-1}^{1} e^{2x} dx$.

解　$\int_{-1}^{1} e^{2x} dx = \frac{1}{2}\int_{-1}^{1} e^{2x} d(2x) = \frac{1}{2} e^{2x}\Big|_{-1}^{1} = \frac{1}{2} e^{2} - \frac{1}{2} e^{-2} = \frac{1}{2}\left(e^{2} - e^{-2}\right)$.

例 5.15　求 $\int_{0}^{\frac{\pi}{2}} \cos x \sin^2 x dx$.

解　$\int_{0}^{\frac{\pi}{2}} \cos x \sin^2 x dx = \int_{0}^{\frac{\pi}{2}} \sin^2 x d(\sin x) = \frac{1}{3}\sin^3 x\Big|_{0}^{\frac{\pi}{2}} = \frac{1}{3}$.

例 5.16　求 $\int_{1}^{e} \frac{1-\ln x}{x} dx$.

解　$\int_{1}^{e} \frac{1-\ln x}{x} dx = \int_{1}^{e}\left(1-\ln x\right) d(\ln x) = -\int_{1}^{e}\left(1-\ln x\right) d(1-\ln x)$

$$= -\frac{1}{2}\left(1-\ln x\right)^2\Big|_{1}^{e} = -\frac{1}{2}\left(0-1\right) = \frac{1}{2} .$$

例 5.17　已知在较高温环境下，一种酵母培养物的重量增长速率为 $W'(t) = 0.2e^{0.1t}$ ，其中 W 为酵母培养物的重量，单位为 g，t 为时间，单位为 h. 若从冰箱中取出 1 g 酵母培养物，则 5 h 后其重量增加了多少？从 5 h 至 10 h 期间其重量又增加了多少？

解　设 [0, 5] 及 [5, 10] 期间酵母培养物的增加量分别为 W_1 及 W_2，据题意，则有

$$W_1 = \int_{0}^{5} W'(t) dt = \int_{0}^{5} 0.2e^{0.1t} dt = \frac{0.2}{0.1}\int_{0}^{5} e^{0.1t} d(0.1t) = 2e^{0.1t}\Big|_{0}^{5} = 2\left(e^{0.5}-1\right) \approx 1.30 \text{（g）};$$

$$W_2 = \int_{5}^{10} W'(t) dt = 2e^{0.1t}\Big|_{5}^{10} = 2\left(e - e^{0.5}\right) \approx 2.14 \text{（g）} .$$

例 5.18　求解案例 5-1.

解　（1）服药后 [0, 2] 时间段内人体血药吸收量

$$L = \int_{0}^{2} C(t) dt = \int_{0}^{2} 40\left(e^{-0.2t} - e^{-2.3t}\right) dt = 40\int_{0}^{2} e^{-0.2t} dt - 40\int_{0}^{2} e^{-2.3t} dt$$

$$= \frac{40}{-0.2}\int_{0}^{2} e^{-0.2t} d(-0.2t) - \frac{40}{-2.3}\int_{0}^{2} e^{-2.3t} d(-2.3t)$$

$$= -200e^{-0.2t}\Big|_{0}^{2} + \frac{400}{23} e^{-2.3t}\Big|_{0}^{2} \approx 48.78 .$$

（2）服药后 [0, 2] 时间段内人体血药浓度平均值为多少？

$$\bar{L} = \frac{1}{2}\int_{0}^{2} C(t) dt = \frac{1}{2} \times 48.78 = 24.39 .$$

定积分几何意义，$L = \int_{0}^{2} C(t) dt$ 对应 C-t 曲线 $t \in [0, 2]$ 为曲边的曲边梯形面积.

如果设一中间变量，将定积分的被积函数、积分变量以及积分上下限完全代换成关于中间变量的形式，再利用微积分基本公式做定积分运算，这便是**定积分的换元积分法**.

例 5.19　求 $\int_{0}^{1} x\sqrt{1-x^2} dx$.

解　令 $t = 1 - x^2$ ，则 $dt = -2x dx$ ；当 $x = 0$ 时，$t = 1$ ；当 $x = 1$ 时，$t = 0$ ，于是

$$\int_{0}^{1} x\sqrt{1-x^2} dx = \int_{1}^{0}\left(-\frac{1}{2}\right)\sqrt{t} dt = \frac{1}{2}\int_{0}^{1} \sqrt{t} dt = \frac{1}{2} \cdot \frac{2}{3} t^{\frac{3}{2}}\Big|_{0}^{1} = \frac{1}{3} .$$

概括之，即有如下定理.

定理 5.5　设函数 $f(x)$ 在区间 $[a, b]$ 上连续，且

（1）函数 $x = \varphi(t)$ 在区间 $[\alpha, \beta]$ 上为**单值函数**，且有连续的导数 $\varphi'(t)$；

（2）当 t 在区间 $[\alpha, \beta]$ 上变化时，$x = \varphi(t)$ 的值在区间 $[a, b]$ 上变化，且 $\varphi(\alpha) = a$，$\varphi(\beta) = b$，则

$$\int_a^b f(x)\,\mathrm{d}x = \int_\alpha^\beta f[\varphi(t)]\varphi'(t)\,\mathrm{d}t. \qquad (5\text{-}15)$$

证明 设函数 $F(x)$ 是 $f(x)$ 在区间 $[a, b]$ 上的任一原函数，即 $F'(x) = f(x)$；又令 $\Phi(t) = F[\varphi(t)]$，且其为可导函数，则

$$\Phi'(t) = F'[\varphi(t)]\varphi'(t) = f[\varphi(t)]\varphi'(t),$$

于是，

$$\int_\alpha^\beta f[\varphi(t)]\varphi'(t)\,\mathrm{d}t = \Phi(\beta) - \Phi(\alpha) = F[\varphi(\beta)] - F[\varphi(\alpha)] = F(a) - F(b);$$

由牛顿-莱布尼茨公式（式（5-13）），即有

$$\int_a^b f(x)\,\mathrm{d}x = \int_\alpha^\beta f[\varphi(t)]\varphi'(t)\,\mathrm{d}t.$$

上述过程又可看出，定积分换元法在进行 $x = \varphi(t)$ 的换元后，也需将关于 x 的积分上下限 a 及 b 置换为关于 t 的积分上下限 α 及 β，即换元必换限；最后求定积分值时，不必将 $\Phi(t)$ 置换回关于原变量 x 的函数，而只需将其上下限 α 及 β 分别代入 $\Phi(t)$ 中相减即可，即

$$\int_\alpha^\beta f[\varphi(t)]\varphi'(t)\,\mathrm{d}t = \Phi(\beta) - \Phi(\alpha). \qquad (5\text{-}16)$$

例 5.20 求 $\displaystyle\int_0^{\frac{a}{2}} \frac{1}{\sqrt{(a^2 - x^2)^3}}\,\mathrm{d}x$ $(a>0)$.

解 用三角代换法，令 $x = a\sin t$，则 $\mathrm{d}x = a\cos t\,\mathrm{d}t$；当 $x = 0$ 时，$t = 0$，当 $x = \dfrac{a}{2}$ 时，$t = \dfrac{\pi}{6}$；由式（5-15）及式（5-16），得

$$\int_0^{\frac{a}{2}} \frac{1}{\sqrt{(a^2 - x^2)^3}}\,\mathrm{d}x = \int_0^{\frac{\pi}{6}} \frac{a\cos t}{\sqrt{(a^2 - a^2\sin^2 t)^3}}\,\mathrm{d}t = \int_0^{\frac{\pi}{6}} \frac{1}{a^2\cos^2 t}\,\mathrm{d}t = \frac{1}{a^2}\tan t\,\Big|_0^{\frac{\pi}{6}} = \frac{\sqrt{3}}{3a^2}.$$

例 5.21 证明 $\displaystyle\int_0^{\frac{\pi}{2}} f(\sin x)\,\mathrm{d}x = \int_0^{\frac{\pi}{2}} f(\cos x)\,\mathrm{d}x$.

证 设 $x = \dfrac{\pi}{2} - t$，则 $\mathrm{d}x = -\mathrm{d}t$，于是当 $x = 0$ 时，$t = \dfrac{\pi}{2}$，当 $x = \dfrac{\pi}{2}$ 时，$t = 0$；所以，

$$\int_0^{\frac{\pi}{2}} f(\sin x)\,\mathrm{d}x = \int_{\frac{\pi}{2}}^0 f\left[\sin\left(\frac{\pi}{2} - t\right)\right](-\mathrm{d}t) = \int_0^{\frac{\pi}{2}} f(\cos t)\,\mathrm{d}t = \int_0^{\frac{\pi}{2}} f(\cos x)\,\mathrm{d}x.$$

利用同样的方法或其结论，可得

$$\int_0^{\frac{\pi}{2}} \sin^n x\,\mathrm{d}x = \int_0^{\frac{\pi}{2}} \cos^n x\,\mathrm{d}x.$$

在进行定积分的换元计算时，应注意积分变量及上下限代换应满足的条件.

例 5.22 计算 $\displaystyle\int_{-1}^2 x^2\,\mathrm{d}x$.

解 $\displaystyle\int_{-1}^2 x^2\,\mathrm{d}x = \frac{1}{3}x^3\,\Big|_{-1}^2 = \frac{1}{3}[8 - (-1)] = 3$.

若使用定积分的换元法，即若设 $t = x^2$，则因 $x = \pm\sqrt{t}$，$\mathrm{d}x = \pm\dfrac{1}{2\sqrt{t}}\mathrm{d}t$，故当 $-1 \leqslant x \leqslant 0$ 时，

$x = -\sqrt{t}$，$dx = -\dfrac{1}{2\sqrt{t}}dt$；当 $0 \leqslant x \leqslant 2$ 时，$x = \sqrt{t}$，$dx = \dfrac{1}{2\sqrt{t}}dt$；又因 $x = -1$ 时，$t = 1$，$x = 0$ 时，

$t = 0$，$x = 2$ 时，$t = 4$，于是

$$\int_{-1}^{2} x^2 dx = \int_{-1}^{0} x^2 dx + \int_{0}^{2} x^2 dx = \int_{1}^{0} \left(-\frac{t}{2\sqrt{t}} \right) dt + \int_{0}^{4} \frac{t}{2\sqrt{t}} dt = -\frac{1}{2} \int_{1}^{0} \sqrt{t} dt + \frac{1}{2} \int_{0}^{4} \sqrt{t} dt$$

$$= \frac{1}{2} \int_{0}^{1} \sqrt{t} dt + \frac{1}{2} \int_{0}^{4} \sqrt{t} dt = \frac{1}{2} \cdot \frac{2}{3} \left(t^{\frac{3}{2}} \Big|_{0}^{1} + t^{\frac{3}{2}} \Big|_{0}^{4} \right) = \frac{1}{3}(1 + 8) = 3.$$

如果将代换函数 $t = x^2$ 作一般单值处理，忽略负积分区间 $(-1 < x < 0)$ 时 dx 为负的情况，将 x 的积分上下限直接置换为 t 的上下限，即 $x = -1$ 时，$t = 1$，$x = 2$ 时，$t = 4$，则将导致错误的积分结果，如

$$\int_{-1}^{2} x^2 dx = \int_{1}^{4} t \frac{1}{2\sqrt{t}} dt = \frac{1}{2} \int_{1}^{4} \sqrt{t} dt = \frac{1}{2} \cdot \frac{2}{3} t^{\frac{3}{2}} \Big|_{1}^{4} = \frac{1}{3}(8 - 1) = \frac{7}{3}.$$

例 5.23 设 $f(x)$ 在 $[-a, a]$ 上连续，试证

$$\int_{-a}^{a} f(x)\, dx = \begin{cases} 2\int_{0}^{a} f(x)\, dx, & f(x) \text{ 为偶函数}, \\ 0, & f(x) \text{ 为奇函数}. \end{cases}$$

证明 因为 $\int_{-a}^{a} f(x)\, dx = \int_{-a}^{0} f(x)\, dx + \int_{0}^{a} f(x)\, dx$，对 $\int_{-a}^{0} f(x)\, dx$ 来说，用定积分换元法，设 $x = -t$，则 $dx = -dt$，故当 $x = -a$ 时，$t = a$，当 $x = 0$ 时，$t = 0$，于是

$$\int_{-a}^{0} f(x)\, dx = \int_{a}^{0} f(-t)(-dt) = -\int_{0}^{a} f(t)\, dt = \int_{0}^{a} f(-t)\, dt;$$

当 $f(x)$ 为偶函数时，有

$$\int_{0}^{a} f(-t)\, dt = \int_{0}^{a} f(t)\, dt = \int_{0}^{a} f(x)\, dx,$$

当 $f(x)$ 为奇函数时，有

$$\int_{0}^{a} f(-t)\, dt = -\int_{0}^{a} f(t)\, dt = -\int_{0}^{a} f(x)\, dx,$$

所以，

$$\int_{-a}^{a} f(x)\, dx = \begin{cases} \int_{0}^{a} f(x)\, dx + \int_{0}^{a} f(x)\, dx = 2\int_{0}^{a} f(x)\, dx, & f(x) \text{ 为偶函数}, \\ -\int_{0}^{a} f(x)\, dx + \int_{0}^{a} f(x)\, dx = 0, & f(x) \text{ 为奇函数}. \end{cases}$$

此题说明，若函数为偶函数，则其处于对称区间的定积分为单侧区间定积分的二倍，若函数为奇函数，则其处于对称区间的定积分和为零.

例 5.24 计算 $\int_{-\frac{\pi}{2}}^{\frac{\pi}{2}} x^2 \sin x dx$.

解 因 $f(x) = x^2 \sin x$ 为奇函数，且其处于对称区间 $\left[-\dfrac{\pi}{2}, 0 \right]$ 及 $\left[0, \dfrac{\pi}{2} \right]$ 中，故

$$\int_{-\frac{\pi}{2}}^{\frac{\pi}{2}} x^2 \sin x dx = 0.$$

例 5.25 设函数 $f(x) = \begin{cases} \dfrac{1}{1 + \cos x}, & -\pi < x < 0, \\ x e^{-x^2}, & x \geqslant 0, \end{cases}$ 计算 $\int_{0}^{2} f(x - 1)\, dx$.

解 设 $t = x - 1$，则 $dx = dt$，且当 $x = 0$ 时，$t = -1$，$x = 2$ 时，$t = 1$；因定积分取值只与被积

函数和积分上下限有关，与积分变量所取记号无关，故先将原题式改写为

$$f(t) = \begin{cases} \dfrac{1}{1+\cos t}, & -\pi < t < 0, \\ te^{-t^2}, & t \geqslant 0; \end{cases}$$

于是，

$$\int_0^2 f(x-1)\,dx = \int_{-1}^1 f(t)\,dt = \int_{-1}^0 f(t)\,dt + \int_0^1 f(t)\,dt = \int_{-1}^0 \frac{1}{1+\cos t}\,dt + \int_0^1 te^{-t^2}\,dt$$

$$= \int_{-1}^0 \frac{1}{\cos^2 \dfrac{t}{2}}\,d\frac{t}{2} - \frac{1}{2}\int_0^1 e^{-t^2}\,d(-t^2) = \tan\frac{t}{2}\bigg|_{-1}^0 - \frac{1}{2}e^{-t^2}\bigg|_0^1$$

$$= \tan\frac{1}{2} - \frac{1}{2e} + \frac{1}{2}.$$

二、定积分的分部积分法

与不定积分类似，定积分的计算除了换元法，也有定积分的**分部积分法**，用来解决被积函数为多个函数的乘积或被积函数含有对数、反三角函数等形式时的定积分问题.

设函数 $u = u(x)$ 及 $v = v(x)$ 在区间 $[a,b]$ 上具有连续导数 $u'(x)$ 及 $v'(x)$，据微分法则

$$d(uv) = v\,du + u\,dv,$$

对上式两边分别求 $[a,b]$ 上的定积分后，即

$$\int_a^b d(uv) = \int_a^b u\,dv + \int_a^b u\,dv,$$

则有

$$(uv)\bigg|_a^b = \int_a^b u\,dv + \int_a^b u\,dv,$$

移项后，得

$$\int_a^b u\,dv = (uv)\bigg|_a^b - \int_a^b u\,dv.$$

定理 5.6 设函数 $u = u(x)$ 及 $v = v(x)$ 在区间 $[a,b]$ 上具有连续导数 $u'(x)$ 及 $v'(x)$，则有

$$\int_a^b u\,dv = (uv)\bigg|_a^b - \int_a^b u\,dv. \tag{5-17}$$

式（5-17）即为定积分的分部积分公式.

例 5.26 计算 $\int_{-1}^1 xe^{2x}\,dx$.

解 先用凑微分法，得 $\int_{-1}^1 xe^{2x}\,dx = \dfrac{1}{2}\int_{-1}^1 x\,de^{2x}$，再用分部积分法，即设 $u = x$，则 $dv = de^{2x}$，得 $v = e^{2x}$，于是

$$\int_{-1}^1 xe^{2x}\,dx = \frac{1}{2}\int_{-1}^1 x\,de^{2x} = \frac{1}{2}xe^{2x}\bigg|_{-1}^1 - \frac{1}{2}\int_{-1}^1 e^{2x}\,dx = \frac{1}{2}\left(e^2 + e^{-2}\right) - \frac{1}{4}e^{2x}\bigg|_{-1}^1$$

$$= \frac{1}{2}\left(e^2 + e^{-2}\right) - \frac{1}{4}\left(e^2 - e^{-2}\right) = \frac{1}{4}e^2 + \frac{3}{4}e^{-2}.$$

例 5.27 计算 $\int_{-1}^0 \arccos x\,dx$.

解 设 $u = \arccos x$，则 $dv = dx$，即 $v = x$，于是

$$\int_{-1}^{0} \arccos x \, dx = x \arccos x \Big|_{-1}^{0} - \int_{-1}^{0} x \, d\arccos x$$

$$= -\pi + \int_{-1}^{0} x \frac{1}{\sqrt{1-x^2}} \, dx = -\pi + \frac{1}{2} \int_{-1}^{0} \frac{1}{\sqrt{1-x^2}} \, dx^2$$

$$= -\pi - \frac{1}{2} \int_{-1}^{0} \frac{1}{\sqrt{1-x^2}} \, d\left(1-x^2\right) = -\pi - \sqrt{1-x^2} \Big|_{-1}^{0} = -\pi - 1.$$

例 5.28　计算 $\int_{0}^{\frac{\pi}{2}} x^2 \cos x \, dx$.

解　$\int_{0}^{\frac{\pi}{2}} x^2 \cos x \, dx = \int_{0}^{\frac{\pi}{2}} x^2 \, d\sin x = x^2 \sin x \Big|_{0}^{\frac{\pi}{2}} - \int_{0}^{\frac{\pi}{2}} \sin x \, dx^2$

$$= \frac{\pi^2}{4} - 2 \int_{0}^{\frac{\pi}{2}} x \sin x \, dx = \frac{\pi^2}{4} + 2 \int_{0}^{\frac{\pi}{2}} x \, d\cos x$$

$$= \frac{\pi^2}{4} + 2 \left(x \cos x \Big|_{0}^{\frac{\pi}{2}} - \int_{0}^{\frac{\pi}{2}} \cos x \, dx \right) = \frac{\pi^2}{4} - 2 \sin x \Big|_{0}^{\frac{\pi}{2}} = \frac{\pi^2}{4} - 2 .$$

例 5.29　计算 $\int_{\frac{1}{e}}^{e} x \left| \ln x \right| \, dx$.

解　对于函数 $\ln x$ 来说，当 $0 < x < 1$ 时，$\ln x < 0$；当 $x \geqslant 1$ 时，$\ln x \geqslant 0$，于是此定积分需分别考虑两个区间内被积函数的符号变化，即

$$\int_{\frac{1}{e}}^{e} x \left| \ln x \right| \, dx = -\int_{\frac{1}{e}}^{1} x \ln x \, dx + \int_{1}^{e} x \ln x \, dx = -\frac{1}{2} \int_{\frac{1}{e}}^{1} \ln x \, dx^2 + \frac{1}{2} \int_{1}^{e} \ln x \, dx^2$$

$$= -\frac{1}{2} \left(x^2 \ln x \Big|_{\frac{1}{e}}^{1} - \int_{\frac{1}{e}}^{1} x^2 \, d\ln x \right) + \frac{1}{2} \left(x^2 \ln x \Big|_{1}^{e} - \int_{1}^{e} x^2 \, d\ln x \right)$$

$$= -\frac{1}{2} \left(x^2 \ln x - \frac{1}{2} x^2 \right) \Big|_{\frac{1}{e}}^{1} + \frac{1}{2} \left(x^2 \ln x - \frac{1}{2} x^2 \right) \Big|_{1}^{e}$$

$$= -\frac{1}{2} \left(\frac{1}{e^2} - \frac{1}{2} + \frac{1}{2e^2} \right) + \frac{1}{2} \left(e^2 - \frac{1}{2} e^2 + \frac{1}{2} \right) = \frac{1}{2} + \frac{1}{4} e^2 - \frac{3}{4e^2} .$$

例 5.30　计算 $\int_{0}^{\frac{\pi}{2}} e^{2x} \cos x \, dx$.

解　$\int_{0}^{\frac{\pi}{2}} e^{2x} \cos x \, dx = \frac{1}{2} \int_{0}^{\frac{\pi}{2}} \cos x \, de^{2x} = \frac{1}{2} \left(e^{2x} \cos x \Big|_{0}^{\frac{\pi}{2}} - \int_{0}^{\frac{\pi}{2}} e^{2x} \, d\cos x \right)$

$$= -\frac{1}{2} + \frac{1}{2} \int_{0}^{\frac{\pi}{2}} e^{2x} \sin x \, dx = -\frac{1}{2} + \frac{1}{4} \int_{0}^{\frac{\pi}{2}} \sin x \, de^{2x}$$

$$= -\frac{1}{2} + \frac{1}{4} \left(e^{2x} \sin x \Big|_{0}^{\frac{\pi}{2}} - \int_{0}^{\frac{\pi}{2}} e^{2x} \, d\sin x \right)$$

$$= -\frac{1}{2} + \frac{1}{4} \left(e^{\pi} - \int_{0}^{\frac{\pi}{2}} e^{2x} \cos x \, dx \right) ,$$

移项化简，得

$$\int_{0}^{\frac{\pi}{2}} e^{2x} \cos x \, dx = \frac{1}{5} \left(e^{\pi} - 2 \right) .$$

第四节 反常积分

从前述定积分的概念和性质，可知定积分的可积性基于被积函数的有界性和区间性；若将此二条件加以推广，取无穷区间上的有界函数或有限区间上的无界函数，则这类积分即被称为**反常积分**；其中前者又称**无穷积分**，后者又称**瑕积分**.

反常积分又称为**广义积分**，相对于**常义积分**而言，它是一个独立于定积分的概念，已不属于定积分的范畴，但反常积分仍采用定积分的计算方法.

一、无穷区间上的反常积分

定义 5.2 设 $f(x)$ 是 $[a,+\infty)$ 上的连续函数，若有任意实数 $b(b>a)$，称极限 $\lim\limits_{b\to+\infty}\int_a^b f(x)\,\mathrm{d}x$ 为函数 $f(x)$ 在区间 $[a,+\infty)$ 上的**反常积分**，记作 $\int_a^{+\infty} f(x)\,\mathrm{d}x$，即

$$\int_a^{+\infty} f(x)\,\mathrm{d}x = \lim_{b\to+\infty}\int_a^b f(x)\,\mathrm{d}x, \tag{5-18}$$

若 $\lim\limits_{b\to+\infty}\int_a^b f(x)\,\mathrm{d}x$ 存在，则称反常积分 $\int_a^{+\infty} f(x)\,\mathrm{d}x$ 收敛或存在；若极限不存在，则称反常积分 $\int_a^{+\infty} f(x)\,\mathrm{d}x$ **发散**或不存在.

类似地，对于区间 $(-\infty,b]$ 上的连续函数 $f(x)$，若有任意实数 $a(a<b)$，称极限 $\lim\limits_{a\to-\infty}\int_a^b f(x)\,\mathrm{d}x$ 为函数 $f(x)$ 在区间 $(-\infty,b]$ 上的反常积分，记作 $\int_{-\infty}^b f(x)\,\mathrm{d}x$，即

$$\int_{-\infty}^b f(x)\,\mathrm{d}x = \lim_{a\to-\infty}\int_a^b f(x)\,\mathrm{d}x, \tag{5-19}$$

若 $\lim\limits_{a\to-\infty}\int_a^b f(x)\,\mathrm{d}x$ 存在，则称反常积分 $\lim\limits_{a\to-\infty}\int_a^b f(x)\,\mathrm{d}x$ **收敛**或存在；若极限不存在，则称反常积分 $\int_{-\infty}^b f(x)\,\mathrm{d}x$ **发散**或不存在.

对于区间 $(-\infty,+\infty)$ 上的连续函数 $f(x)$，若有任意实数 c，且反常积分 $\int_{-\infty}^c f(x)\,\mathrm{d}x$ 及 $\int_c^{+\infty} f(x)\,\mathrm{d}x$ 都收敛，则称反常积分 $\int_{-\infty}^{+\infty} f(x)\,\mathrm{d}x$ **收敛**或存在，即

$$\int_{-\infty}^{+\infty} f(x)\,\mathrm{d}x = \int_{-\infty}^c f(x)\,\mathrm{d}x + \int_c^{+\infty} f(x)\,\mathrm{d}x; \tag{5-20}$$

但若 $\int_{-\infty}^c f(x)\,\mathrm{d}x$ 或 $\int_c^{+\infty} f(x)\,\mathrm{d}x$ 中至少有一个发散或不存在，则称反常积分 $\int_{-\infty}^{+\infty} f(x)\,\mathrm{d}x$ **发散**或不存在.

一般地，若 $[a,+\infty)$ 上的连续函数 $f(x)$ 有原函数 $F(x)$，且有极限 $\lim\limits_{x\to+\infty} F(x) = F(+\infty)$，则将此区间上关于 $f(x)$ 的定积分记为

$$\int_a^{+\infty} f(x)\,\mathrm{d}x = F(+\infty) - F(a) = F(x)\Big|_a^{+\infty}; \tag{5-21}$$

同理，相对于 $(-\infty,b]$ 及 $(-\infty,+\infty)$ 上的连续函数 $f(x)$，若满足同样条件，也将有

$$\int_{-\infty}^b f(x)\,\mathrm{d}x = F(b) - F(-\infty) = F(x)\Big|_{-\infty}^b \tag{5-22}$$

及

$$\int_{-\infty}^{+\infty} f(x)\,\mathrm{d}x = \int_{-\infty}^c f(x)\,\mathrm{d}x + \int_c^{+\infty} f(x)\,\mathrm{d}x = F(x)\Big|_{-\infty}^c + F(x)\Big|_c^{+\infty}$$

$$= F\left(+\infty\right) - F\left(-\infty\right) = F\left(x\right)\Big|_{-\infty}^{+\infty}. \tag{5-23}$$

为了与定积分计算在形式上相对应，采取上述极限的形式和定积分的处理方法可使反常积分具有与定积分类似的意义与性质.

例 5.31 求反常积分 $\displaystyle\int_{-\infty}^{+\infty} \frac{1}{1+x^2}\,\mathrm{d}x$.

解 因 $y = \dfrac{1}{1+x^2}$ 为连续函数，据式（5-23），有

$$\int_{-\infty}^{+\infty} \frac{1}{1+x^2}\mathrm{d}x = \arctan x\Big|_{-\infty}^{+\infty} = \lim_{x\to+\infty}\arctan x - \lim_{x\to-\infty}\arctan x = \pi.$$

此反常积分收敛，其几何意义：曲线 $y = \dfrac{1}{1+x^2}$ 与 x 轴之间所夹面积为 π（图 5-11）.

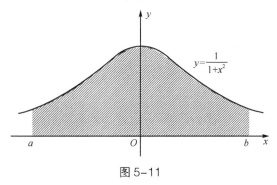

图 5-11

例 5.32 求反常积分 $\displaystyle\int_{-\infty}^{0} xe^{2x}\mathrm{d}x$.

解 因 xe^{-2x} 为连续函数，据式（5-22），有

$$\int_{-\infty}^{0} xe^{2x}\mathrm{d}x = \frac{1}{2}\int_{-\infty}^{0} x\mathrm{d}e^{2x} = \frac{1}{2}\left(xe^{2x}\Big|_{-\infty}^{0} - \int_{-\infty}^{0} e^{2x}\mathrm{d}x\right) = -\frac{1}{4}e^{2x}\Big|_{-\infty}^{0} = -\frac{1}{4}.$$

例 5.33 求反常积分 $\displaystyle\int_{0}^{+\infty} t^2e^{-pt}\mathrm{d}t$ （p 是常数且 $p>0$）.

解
$$\int_{0}^{+\infty} t^2e^{-pt}\mathrm{d}t = -\frac{1}{p}\int_{0}^{+\infty} t^2\mathrm{d}e^{-pt} = -\frac{1}{p}\left(t^2e^{-pt}\Big|_{0}^{+\infty} - \int_{0}^{+\infty} e^{-pt}\mathrm{d}t^2\right)$$

$$= \frac{2}{p}\int_{0}^{+\infty} e^{-pt}t\mathrm{d}t = -\frac{2}{p^2}\int_{0}^{+\infty} t\mathrm{d}e^{-pt} = -\frac{2}{p^2}\left(te^{-pt}\Big|_{0}^{+\infty} - \int_{0}^{+\infty} e^{-pt}\mathrm{d}t\right)$$

$$= \frac{2}{p^2}\int_{0}^{+\infty} e^{-pt}\mathrm{d}t = -\frac{2}{p^3}e^{-pt}\Big|_{0}^{+\infty} = \frac{2}{p^3}.$$

例 5.34 证明反常积分 $\displaystyle\int_{1}^{+\infty} \frac{1}{x^\gamma}\mathrm{d}x$ 当 $\gamma>1$ 时收敛，当 $\gamma\le1$ 时发散.

证 当 $\gamma=1$ 时，$\displaystyle\int_{1}^{+\infty} \frac{\mathrm{d}x}{x} = \ln x\Big|_{1}^{+\infty} = +\infty$；

当 $\gamma\ne1$ 时，$\displaystyle\int_{1}^{+\infty} \frac{1}{x^\gamma}\mathrm{d}x = \frac{1}{1-\gamma}x^{1-\gamma}\Big|_{1}^{+\infty} = \begin{cases} \dfrac{x^{1-\gamma}}{1-\gamma}\Big|_{1}^{\infty} = +\infty - \dfrac{1}{1-\gamma} = +\infty, & \gamma<1, \\[3mm] \dfrac{1}{-(\gamma-1)x^{\gamma-1}}\Big|_{1}^{+\infty} = 0 - \dfrac{1}{-(\gamma-1)} = \dfrac{1}{\gamma-1}, & \gamma>1, \end{cases}$

由上可知，当 $\gamma>1$ 时反常积分 $\int_1^{+\infty}\dfrac{1}{x^\gamma}\mathrm{d}x$ 收敛，当 $\gamma\leqslant 1$ 时其发散.

例 5.35 试求案例 5-1 中 $C\text{-}t$ 曲线下的总面积 AUC 并说明其含义.

解 如图 5-12 所示，$C\text{-}t$ 曲线下的曲边梯形面积为

$$AUC = \int_0^\infty C(t)\,\mathrm{d}t = \int_0^\infty 40\left(\mathrm{e}^{-0.2t} - \mathrm{e}^{-2.3t}\right)\mathrm{d}t$$

$$= 40\left(-\frac{1}{0.2}\mathrm{e}^{-0.2t} + \frac{1}{2.3}\mathrm{e}^{-2.3t}\right)\Bigg|_0^\infty = 40\left(5 - \frac{1}{2.3}\right) \approx 182.61\ (\text{药量单位}).$$

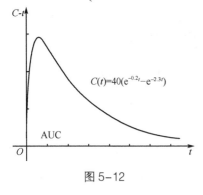

图 5-12

这种面积在医药领域通常被标识为 AUC，$C\text{-}t$ 曲线下的面积越大，则 AUC 值越高，说明药物的生物利用效度越大，反之则越低.

二、被积函数含无穷间断点的反常积分

定义 5.3 设 $f(x)$ 是 $(a,b]$ 上的连续函数，且 $\lim\limits_{x\to a^+}f(x)=\infty$，称极限 $\lim\limits_{u\to a^+}\int_u^b f(x)\,\mathrm{d}x$ 为函数 $f(x)$ 在区间 $(a,b]$ 上的**反常积分**，记作 $\int_a^b f(x)\,\mathrm{d}x$，即

$$\int_a^b f(x)\,\mathrm{d}x = \lim_{u\to a^+}\int_u^b f(x)\,\mathrm{d}x, \tag{5-24}$$

若 $\lim\limits_{u\to a^+}\int_u^b f(x)\mathrm{d}x$ 存在，则称反常积分 $\int_a^b f(x)\,\mathrm{d}x$ **收敛**或**存在**；若极限不存在，则称反常积分 $\int_a^b f(x)\,\mathrm{d}x$ **发散**或**不存在**.

类似地，对于区间 $[a,b)$ 上的连续函数 $f(x)$，且 $\lim\limits_{x\to b^-}f(x)=\infty$，称极限 $\lim\limits_{t\to b^-}\int_a^t f(x)\,\mathrm{d}x$ 为函数 $f(x)$ 在区间 $[a,b)$ 上的反常积分，记作 $\int_a^b f(x)\,\mathrm{d}x$，即

$$\int_a^b f(x)\,\mathrm{d}x = \lim_{t\to b^-}\int_a^t f(x)\,\mathrm{d}x, \tag{5-25}$$

若 $\lim\limits_{t\to b^-}\int_a^t f(x)\mathrm{d}x$ 存在，则称反常积分 $\int_a^b f(x)\,\mathrm{d}x$ **收敛**或**存在**；若极限不存在，则称反常积分 $\int_a^b f(x)\,\mathrm{d}x$ **发散**或**不存在**.

若函数 $f(x)$ 在 $[a,b]$ 上除点 $c\,(a<c<b)$ 外均连续，且 $\lim\limits_{x\to c}f(x)=\infty$，若两个反常积分 $\int_a^c f(x)\,\mathrm{d}x$ 和 $\int_c^b f(x)\,\mathrm{d}x$ 都收敛，则有

$$\int_a^b f(x)\,\mathrm{d}x = \int_a^c f(x)\,\mathrm{d}x + \int_c^b f(x)\,\mathrm{d}x, \tag{5-26}$$

此时称反常积分 $\int_a^b f(x)\,\mathrm{d}x$ **收敛**或**存在**；否则称反常积分 $\int_a^b f(x)\,\mathrm{d}x$ **发散**或**不存在**.

与第一种反常积分不同，定义 5.3 是关于含有无穷间断点的被积函数在区间 $(a,b]$，$[a,b)$ 或 $[a,b]$ 内的积分；因被积函数在点 a 或 b 邻域内的间断点也称为瑕点，故这类反常积分又称为**瑕积分**. 如前所述，瑕积分的意义与性质也与定积分类似，故也可采取定积分的计算方法.

例 5.36 计算反常积分 $\int_0^a \dfrac{\mathrm{d}x}{\sqrt{a^2-x^2}}$ $(a>0)$.

解 因 $\lim\limits_{x \to a^-} \dfrac{1}{\sqrt{a^2-x^2}} = +\infty$，即在 $x=a$ 点被积函数有无穷间断点，故由式（5-25），得

$$\int_0^a \frac{\mathrm{d}x}{\sqrt{a^2-x^2}} = \lim_{t \to a^-} \int_0^t \frac{\mathrm{d}x}{\sqrt{a^2-x^2}} = \lim_{t \to a^-} \arcsin \frac{x}{a} \bigg|_0^t = \lim_{t \to a^-} \left(\arcsin \frac{t}{a} - \arcsin 0 \right) = \arcsin 1 = \frac{\pi}{2}.$$

此反常积分收敛，它表明位于曲线 $y = \dfrac{1}{\sqrt{a^2-x^2}}$ 之下，x 轴之上，直线 $x=0$ 与 $x=1$ 间曲边梯形的面积极限为 $\dfrac{\pi}{2}$（图 5-13）.

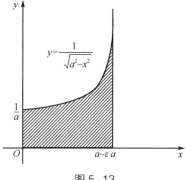

图 5-13

例 5.37 计算反常积分 $\displaystyle\int_0^1 \frac{\mathrm{d}x}{\sqrt{x^3}}$.

解 此处被积函数在 $(0,1]$ 区间上，且 $x=0$ 为被积函数的瑕点；若设 $\sqrt{x}=t$，则 $x=t^2$，故 $\mathrm{d}x = 2t\mathrm{d}t$；因 $x>0$，故当 $x \to 0^+$ 时，$t \to 0^+$，于是

$$\int_0^1 \frac{\mathrm{d}x}{\sqrt{x^3}} = \lim_{u \to 0^+} \int_u^1 \frac{2t}{t^3} \mathrm{d}t = \lim_{u \to 0^+} 2\int_u^1 \frac{1}{t^2} \mathrm{d}t = 2\lim_{u \to 0^+} \left(-\frac{1}{t} \right) \bigg|_u^1 = +\infty,$$

即此反常积分在区间 $(0,1]$ 发散.

例 5.38 计算反常积分 $\displaystyle\int_0^2 \frac{1}{(1-x)^2} \mathrm{d}x$.

解 因 $x=1$ 为被积函数的瑕点，故反常积分需为两部分之和，即

$$\int_0^2 \frac{1}{(1-x)^2} \mathrm{d}x = \lim_{u \to 1^-} \int_0^u \frac{1}{(1-x)^2} \mathrm{d}x + \lim_{v \to 1^+} \int_v^2 \frac{1}{(1-x)^2} \mathrm{d}x$$

$$= \lim_{u \to 1^-} \frac{1}{1-x} \bigg|_0^u + \lim_{v \to 1^+} \frac{1}{1-x} \bigg|_v^2 = \lim_{u \to 1^-} \left(\frac{1}{1-u} - 1 \right) + \lim_{v \to 1^+} \left(-1 - \frac{1}{1-v} \right) = \infty,$$

即此反常积分在 $[0,2]$ 区间发散.

例 5.39 证明反常积分 $\displaystyle\int_a^b \frac{1}{(x-a)^\lambda} \mathrm{d}x\ (b>a)$ 当 $0<\lambda<1$ 时收敛，当 $\lambda \geqslant 1$ 时发散.

证明 当 $\lambda=1$ 时，$\displaystyle\int_a^b \frac{1}{x-a} \mathrm{d}x = \lim_{t \to a^+} \ln(x-a) \bigg|_t^b = \ln(b-a) - \lim_{t \to a^+}(x-a) = \infty$；

当 $\lambda \neq 1$ 时，$\displaystyle\int_a^b \frac{1}{(x-a)^\lambda} \mathrm{d}x = \lim_{t \to a^+} \frac{(x-a)^{1-\lambda}}{1-\lambda} \bigg|_t^b = \begin{cases} \dfrac{(b-a)^{1-\lambda}}{1-\lambda}, & 0<\lambda<1, \\[2mm] \dfrac{1}{-(\lambda-1)(b-a)^{\lambda-1}} + \infty = +\infty, & \lambda>1, \end{cases}$

可见此反常积分当 $0<\lambda<1$ 时收敛，当 $\lambda \geqslant 1$ 时发散.

习 题

1. 根据定积分的定义计算下列定积分：

（1）$\displaystyle\int_a^b x\,\mathrm{d}x$；
（2）$\displaystyle\int_1^2 (x+1)\,\mathrm{d}x$.

2. 根据定积分的几何意义，说明下列结论是否成立：

（1）$\displaystyle\int_{-1}^1 \sqrt{1-x^2}\,\mathrm{d}x = \frac{\pi}{2}$；
（2）$\displaystyle\int_0^{2\pi} \sin x\,\mathrm{d}x = 0$.

3. 根据定积分的奇偶性，计算下列定积分：

（1）$\int_{-\frac{\pi}{2}}^{\frac{\pi}{2}} \cot x \sin^2 2x \, dx$；

（2）$\int_{-1}^{1} \frac{x^3 \sin^2 x}{x^4 + 2x^2 + 1} \, dx$；

（3）$\int_{-\frac{1}{2}}^{\frac{1}{2}} x^2 \ln \frac{1-x}{1+x} dx$；

（4）$\int_{-\frac{1}{2}}^{\frac{1}{2}} \frac{(\arcsin x)^2}{\sqrt{1-x^2}} \, dx$.

4. 根据定积分的性质，估计下列各积分值的范围：

（1）$\int_0^1 e^{x^2} \, dx$；

（2）$\int_1^3 (x^2+1) \, dx$；

（3）$\int_{\frac{1}{\sqrt{3}}}^{\sqrt{3}} x \, arc \cot x dx$；

（4）$\int_0^{\frac{\pi}{2}} \frac{dx}{\sqrt{1-\frac{1}{2}\sin^2 x}}$.

5. 根据定积分的性质，比较下列定积分的大小：

（1）$\int_0^1 x dx, \int_0^1 x^2 \, dx$ 与 $\int_0^1 x^3 dx$；

（2）$\int_1^e \ln x dx, \int_1^e \ln^2 x dx$ 与 $\int_1^e \ln^3 x dx$.

6. 设 $p > 0$，试证明 $\dfrac{p}{1+p} < \int_0^1 \dfrac{dx}{1+x^p} < 1$.

7. 求函数 $y = e^{-x}$ 在区间 $[0,1]$ 上的平均值.

8. 已知 $f(x) = \begin{cases} \dfrac{\int_0^x (e^{t^2}-1) \, dt}{x^2}, & x \neq 0 \\ 0, & x = 0 \end{cases}$，试用导数的概念求 $f'(0)$.

9. 求由 $\int_0^y e^{-t} dt - \int_0^x \cos t dt = 0$ 所确定的隐函数对 x 的导数 y'.

10. 求下列函数的导数：

（1）$\int_0^x e^{2-t} dt$；（2）$\int_0^{\sqrt{x}} \cos(t^2+1) dt$；（3）$\int_0^{x^2} \sqrt{1+t^2} dt$；（4）$\int_{-x}^{2x} e^t dt$

11. 求函数 $\Phi(x) = \int_0^x t e^{-t^2} dt$ $(x \geq 0)$ 的极值及其对应曲线的拐点的横坐标.

12. 求下列极限：

（1）$\lim\limits_{x \to 0} \dfrac{\int_0^x (1-\cos^3 t) \, dt}{x - \sin x}$；

（2）$\lim\limits_{x \to 0} \dfrac{\int_0^{t^2} \sin \sqrt{x} \, dx}{t^3}$；

（3）$\lim\limits_{x \to 1} \dfrac{\int_1^x e^{t^2} dt}{\ln x}$.

13. 设 $f(x)$ 在 $[a,b]$ 上连续，试证明 $\int_0^{\frac{\pi}{2}} f(|\sin x|) \, dx = \dfrac{1}{4} \int_0^{2\pi} f(|\sin x|) \, dx$.

14. 求下列函数的定积分：

（1）$\int_0^1 e^x (3 + \sqrt{x} e^{-x}) \, dx$；

（2）$\int_0^{\sqrt{3}a} \dfrac{1}{a^2 + x^2} \, dx$ $(a \neq 0)$；

（3）$\int_{-1}^1 \dfrac{7x^3 - 6x + 8}{x^2 + 1} \, dx$；

（4）$\int_0^2 |x^2 - x| \, dx$；

（5）$\int_0^{\frac{3\pi}{4}} \sqrt{1 + \cos 2x} dx$；

（6）$\int_{-2}^1 \dfrac{dx}{11 + 5x}$；

（7）$\int_{-1}^1 (x^2 + 4x - \sin x \cos x) \, dx$；

（8）$\int_0^1 \dfrac{1}{e^x + e^{-x}} \, dx$；

（9）$\int_{\frac{\pi}{4}}^{\frac{3\pi}{4}} \frac{x}{\sin^2 x} dx$;

（10）$\int_0^{\frac{\pi}{4}} \tan^3 x dx$;

（11）$\int_{-\frac{\pi}{2}}^{\frac{\pi}{2}} \sin^4 x \cos x dx$;

（12）$\int_{-\frac{\pi}{2}}^{\frac{\pi}{2}} \sqrt{\cos x - \cos^3 x} dx$;

（13）$\int_1^{\sqrt{3}} \frac{dx}{x^2 \sqrt{1+x^2}}$;

（14）$\int_0^1 \frac{\sqrt{x}}{1+\sqrt{x}} dx$;

（15）$\int_1^5 \frac{\sqrt{x-1}}{x} dx$;

（16）$\int_0^{\ln 5} \frac{e^x \sqrt{e^x - 1}}{e^x + 3} dx$;

（17）$\int_{\frac{1}{\sqrt{2}}}^1 \frac{\sqrt{1-x^2}}{x^2} dx$;

（18）$\int_0^a \frac{dx}{x^2 + \sqrt{a^2 - x^2}}$;

（19）$\int_0^2 \frac{x dx}{\left(x^2 - 2x + 2\right)^2}$;

（20）$\int_{\frac{1}{e}}^{e} |\ln x| dx$.

15. 求下列函数的定积分：

（1）$\int_0^{\frac{\pi}{4}} x \sec^2 x \, dx$;

（2）$\int_0^4 \frac{\ln x}{\sqrt{x}} dx$;

（3）$\int_1^2 x \log_2 x dx$;

（4）$\int_0^{\sqrt{\ln 2}} x^3 e^{-x^2} \, dx$;

（5）$\int_0^{2\pi} x \cos^2 x \, dx$;

（6）$\int_0^1 x \sqrt{1+2x} \, dx$;

（7）$\int_0^1 x \, arc \cot x dx$;

（8）$\int_0^e \sin(\ln x) \, dx$;

（9）$\int_{-\frac{\pi}{2}}^{\frac{\pi}{2}} e^{2x} \cos x \, dx$.

16. 判断下列反常积分的敛散性，如收敛则计算其值：

（1）$\int_0^{+\infty} e^{-ax} dx \quad (a>0)$;

（2）$\int_{-\infty}^{+\infty} \frac{1}{e^{1+x} + e^{1-x}} dx$;

（3）$\int_1^{+\infty} \frac{\arctan x}{x^2} dx$;

（4）$\int_0^{+\infty} \frac{\sin x}{e^x} dx$;

（5）$\int_1^{+\infty} \frac{1}{\sqrt{x}} dx$;

（6）$\int_{-\infty}^{+\infty} \frac{1}{x^2 + 2x + 2} dx$;

（7）$\int_{-\infty}^{+\infty} \frac{2x}{x^2 + 1} dx$;

（8）$\int_0^2 \frac{x^3 dx}{\sqrt{4 - x^2}}$;

（9）$\int_2^{+\infty} \frac{2}{x^2 + x - 2} dx$;

（10）$\int_a^b \frac{dx}{\sqrt{(x-a)(b-x)}} \quad (b>a)$;

（11）$\int_0^1 \frac{1}{x^2} \sin \frac{1}{x} dx$;

（12）$\int_{-1}^1 \frac{dx}{x(x-2)}$;

（13）$\int_0^2 \frac{1}{x^2 - 4x + 3} dx$.

第六章 定积分应用

案例 6-1

药物被患者服用后，首先由血液系统吸收，然后才能发挥它的作用，然而并非所有的剂量都能被吸收产生效用，为了测量血液系统中有效药量的总量，就必须监测药物在人体尿液中的排泄速率，目前在临床上已有标准测定方法，假定排泄速率为 $r(t)$（t 为时间）.

问题 在时间间隔 $[0,T]$ 内，药物通过人体后排出的总量如何计算？

案例分析 在时间间隔 $[0,T]$ 内任取一小时间区间 $[t,t+\mathrm{d}t]$，由于时间间隔很小，则在小区间 $[t,t+\mathrm{d}t]$ 内的每一时刻人体尿液中的药物排泄速率看成不变均为 $r(t)$，则在小区间 $[t,t+\mathrm{d}t]$ 内药物通过人体尿液的排出量为

$$\mathrm{d}D = r(t)\mathrm{d}t .$$

在时间间隔 $[0,T]$ 内，药物通过人体后排出的总量为

$$D = \int_0^T r(t)\mathrm{d}t .$$

定积分在自然科学和医药学中有着广泛的应用，而把实际问题转化为数学问题，是定积分应用的关键，案例 6-1 解决问题的方法称为微元法，其本质就是定积分的定义，微元法是解决这一问题的快速有效工具.

第一节 微 元 法

定义定积分时经过四个步骤：

（1）分割：把区间 $[a,b]$ 分成 n 个小区间，各小区间宽度表示为

$$\Delta x_i = x_i - x_{i-1} \quad (i=1,2,\cdots,n);$$

（2）近似代替：$\Delta A_i \approx f(\xi_i)\Delta x_i$；

（3）求和：$A \approx \sum_{i=1}^{n} f(\xi_i)\cdot\Delta x_i$；

（4）取极限：$\int_a^b f(x)\mathrm{d}x = A = \lim_{\lambda \to 0}\sum_{i=1}^{n} f(\xi_i)\cdot\Delta x_i$.

这四步中，关键是第二步. 它把整体问题局部化，并在局部范围"以直代曲"或"以不变代变"求得整体量在各个局部范围的近似值，然后相加求极限，从而求得整体量的精确值.

设函数 $y = f(x)$ 在 $[a,b]$ 上连续，在区间 $[a,b]$ 上任取一个小区间 $[x,x+\mathrm{d}x]$，相应地小区间上的近似值为：$\Delta A \approx f(x)\mathrm{d}x$，其中 $f(x)\mathrm{d}x$ 称为微元，记作

$$\mathrm{d}A = f(x)\mathrm{d}x .$$

在区间 $[a,b]$ 上求 $\mathrm{d}A$ 的定积分，得

$$A = \int_a^b f(x)\mathrm{d}x ,$$

这种方法被称为微元法（element method）.

应用微元法解决定积分应用问题（求整体量 A）的步骤可以归结如下：

（1）选取积分变量，确定它的变化区间 $[a,b]$；

（2）列出微元 $\mathrm{d}A = f(x)\mathrm{d}x$（局部近似值）；

（3）求定积分，得所求整体量：

$$A = \int_a^b f(x)\mathrm{d}x .$$

第二节 定积分在几何学中的应用

一、平面图形的面积

设平面图形由连续曲线 $y = f(x), y = g(x), (f(x) > g(x) > 0)$ 及直线 $x = a, x = b, (b > a)$ 围成（图 6-1），应用微元法，求其图形面积 A.

（1）在 $[a,b]$ 上取小区间段 $[x, x+\mathrm{d}x]$，相应的面积近似于高为 $f(x) - g(x)$，底为 $\mathrm{d}x$ 的矩形面积，得面积微元

$$\mathrm{d}A = [f(x) - g(x)]\mathrm{d}x .$$

（2）在 $[a,b]$ 上对微元 $\mathrm{d}A$ 求定积分，得

$$A = \int_a^b [f(x) - g(x)]\mathrm{d}x .$$

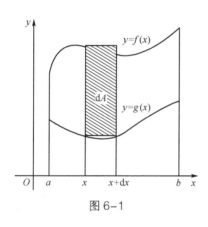

图 6-1

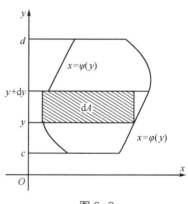

图 6-2

说明：

（1）这个公式不论曲线 $f(x)$ 与 $g(x)$ 的位置如何，只要有 $f(x) > g(x)$ 都是成立的.

（2）在适当的时候，选取 y 为积分变量，由曲线 $x = \phi(y), x = \psi(y)$ $(\phi(y) > \psi(y))$ 及直线 $y = c, y = d (d > c)$ 所围成的平面图形的面积（图 6-2）：$A = \int_c^d [\phi(y) - \psi(y)]\mathrm{d}y$.

例 6.1 计算由两条抛物线 $y = x^2, x = y^2$ 所围成图形的面积.

解 如图 6-3 所示.

解方程组 $\begin{cases} y = x^2 \\ x = y^2 \end{cases}$，得两条抛物线的交点为：$(0,0), (1,1)$

选取横坐标为积分变量，则积分区间为 $[0,1]$.

由面积公式，得所求图形面积为

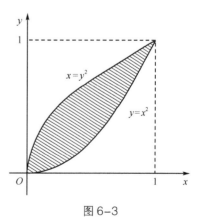

图 6-3

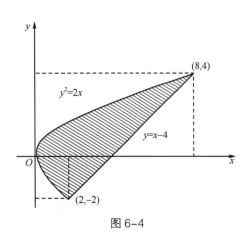

图 6-4

$$A = \int_0^1 (\sqrt{x} - x^2)\mathrm{d}x = \left(\frac{2}{3}x^{\frac{3}{2}} - \frac{1}{3}x^3\right)\bigg|_1^0 = \frac{1}{3}.$$

例 6.2 计算抛物线 $y^2 = 2x$ 与直线 $y = x - 4$ 所围成图形的面积.

解 如图 6-4 所示.

解方程组 $\begin{cases} y = x - 4, \\ y^2 = 2x, \end{cases}$ 得

抛物线与直线的交点为：$(2, -2), (8, 4)$.

选取纵坐标 y 为积分变量，则积分区间为 $[-2, 4]$.

由相应的面积公式，得所求图形面积为

$$A = \int_{-2}^4 \left[(y+4) - \frac{y^2}{2}\right]\mathrm{d}y = \left(\frac{1}{2}y^2 + 4y - \frac{1}{6}y^3\right)\bigg|_{-2}^4 = 18.$$

本例若选取横坐标为积分变量，则

$$A = \int_0^2 [\sqrt{2x} - (-\sqrt{2x})]\mathrm{d}x + \int_2^8 [\sqrt{2x} - (x-4)]\mathrm{d}x.$$

显然，计算过程比选取纵坐标为积分变量复杂.

例 6.3 计算椭圆 $\dfrac{x^2}{a^2} + \dfrac{y^2}{b^2} = 1$ 的面积.

解 如图 6-5 所示.

上半椭圆的方程为：$y = \dfrac{b}{a}\sqrt{a^2 - x^2}$.

由椭圆的对称性及定积分的几何意义，得所求图形的面积为

$$A = 4\int_0^a \frac{b}{a}\sqrt{a^2 - x^2}\mathrm{d}x = \frac{4b}{a}\int_0^a \sqrt{a^2 - x^2}\mathrm{d}x$$

$$= \frac{4b}{a}\left(\frac{x}{2}\sqrt{a^2 - x^2} + \frac{a^2}{2}\arcsin\frac{x}{a}\right)\bigg|_0^a = \pi ab.$$

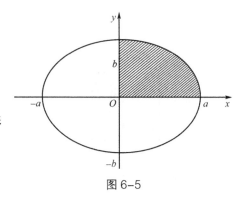

图 6-5

在极坐标系的情形下，也可以利用定积分求平面图形面积.

设图形由曲线 $r = r(\theta)$ 及射线 $\theta = \alpha, \theta = \beta$ 所围成（图 6-6），其中 $r(\theta)$ 在 $[\alpha, \beta]$ 上连续.

取 θ 为积分变量，其变化区间为 $[\alpha, \beta]$，相应于 $[\theta, \theta + \mathrm{d}\theta]$ 的面积（扇形）微元：

$$\mathrm{d}A = \frac{1}{2}[r(\theta)]^2\mathrm{d}\theta,$$

则图形面积：

$$A = \frac{1}{2}\int_\alpha^\beta [r(\theta)]^2\mathrm{d}\theta.$$

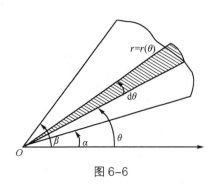

图 6-6

于是，由曲线 $r = r_1(\theta)$，$r = r_2(\theta)$ 及射线 $\theta = \alpha, \theta = \beta$ 所围成的图形的面积为

$$A = \frac{1}{2}\int_\alpha^\beta [r_2^2(\theta) - r_1^2(\theta)]\mathrm{d}\theta.$$

例 6.4 计算心形线 $r = a(1 + \cos\theta)$ $(a > 0, 0 \leqslant \theta \leqslant 2\pi)$ 的面积 A.

解 如图 6-7 所示.

$$A = 2 \times \frac{1}{2} \int_0^\pi [a(1+\cos\theta)]^2 \, \mathrm{d}\theta$$

$$= a^2 \int_0^\pi (1 + 2\cos\theta + \cos^2\theta) \mathrm{d}\theta$$

$$= a^2 \int_0^\pi \left(\frac{3}{2} + 2\cos\theta + \frac{1}{2}\cos 2\theta\right) \mathrm{d}\theta$$

$$= a^2 \left(\frac{3}{2}\theta + 2\sin\theta + \frac{1}{4}\sin 2\theta\right)\Big|_0^\pi$$

$$= \frac{3}{2}\pi a^2 .$$

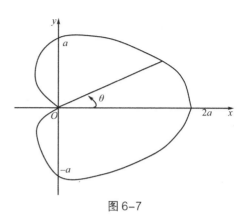

图 6-7

二、立体的体积

（一）平行截面面积已知的立体体积

设立体介于 $x = a, x = b$ 之间，$A(x)$ 表示过点 x 且垂直于 x 轴的截面面积.
取 x 为积分变量，其变化范围为 $[a,b]$.

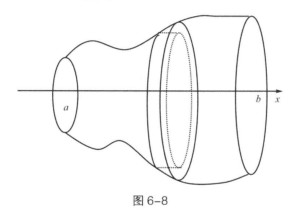

图 6-8

如图 6-8 所示，体积微元为 $\mathrm{d}V = A(x)\mathrm{d}x$，则体积为

$$V = \int_a^b A(x)\mathrm{d}x .$$

例 6.5 从圆柱体上截下一块楔形体，求其体积.

解 如图 6-9 所示.

过 x 的截面是直角三角形，边长分别为 y 和 $y\tan x$，因此

$$A(x) = \frac{1}{2}y \cdot y\tan\alpha = \frac{1}{2}(R^2 - x^2)\tan\alpha ,$$

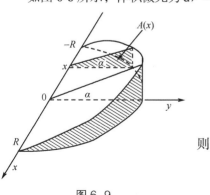

图 6-9

则

$$V = \int_{-R}^R \frac{1}{2}(R^2 - x^2)\tan\alpha \, \mathrm{d}x$$

$$= \frac{1}{2}\left(R^2 x - \frac{1}{3}x^3\right)\tan\alpha\Big|_{-R}^R$$

$$= \frac{2}{3} R^3 \tan \alpha .$$

（二）旋转体的体积

平面图形绕同平面内一条直线旋转一周而成的立体，称为旋转体.

设旋转体由非负曲线 $y = f(x)$ 和 x 轴以及直线 $x = a, x = b$ 所围成的曲边梯形绕 x 轴形成，如图 6-10 所示. 则如前所述，可求得截面面积：

$$A(x) = \pi \cdot y^2 = \pi f^2(x) ,$$

则 $V_x = \pi \int_a^b f^2(x) \mathrm{d}x$

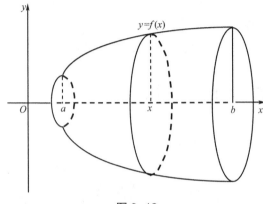

图 6-10

若旋转体由非负曲线 $x = \varphi(y)$ 和 y 轴以及直线 $y = c, y = d$ 所围成的曲边梯形绕 y 轴形成，如图 6-11 所示. 则如前所述，可求得截面面积：

$$A(x) = \pi \cdot x^2 = \pi \varphi^2(y) ,$$

则 $V_y = \pi \int_c^d \varphi^2(y) \mathrm{d}y .$

例 6.6 求由椭圆 $\dfrac{x^2}{a^2} + \dfrac{y^2}{b^2} = 1$ 绕 x 轴旋转而成的旋转体的体积.

解 如图 6-12 所示，椭圆上半部的方程是

$$y = \frac{b}{a} \sqrt{a^2 - x^2} .$$

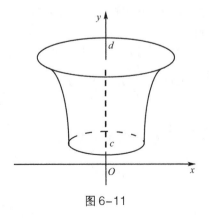

图 6-11

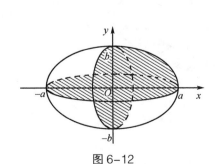

图 6-12

由椭球的对称性及体积公式，得所求体积为

$$V_x = 2\pi \int_0^a \frac{b^2}{a^2}(a^2 - x^2)\mathrm{d}x$$

$$= \frac{2\pi b^2}{a^2}\left(a^2 x - \frac{x^3}{3}\right)\Bigg|_0^a = \frac{4}{3}\pi ab^2.$$

同样可以得到椭圆 $\dfrac{x^2}{a^2} + \dfrac{y^2}{b^2} = 1$ 绕 y 轴旋转而成的旋转体的体积：

$$V_y = \frac{4}{3}\pi a^2 b$$

由此，还可以推出，半径为 r 的球体体积为

$$V_{球体} = \frac{4}{3}\pi r^3.$$

例 6.7 求圆 $(x-a)^2 + y^2 = r^2$ $(0 < r < a)$ 绕 y 轴旋转而成的旋转体体积.

解 如图 6-13 所示，由于是绕 y 轴旋转，圆的方程需要改写成

$$x = a \pm \sqrt{r^2 - y^2},$$

则所求旋转体可以看作由曲线 $x = a + \sqrt{r^2 - y^2}$ 和 y 轴以及直线 $y = \pm r$ 围成的曲边梯形，绕 y 轴旋转而成的旋转体，与由曲线 $x = a - \sqrt{r^2 - y^2}$ 和 y 轴以及直线 $y = \pm r$ 围成的曲边梯形，绕 y 轴旋转而成的旋转体的差.

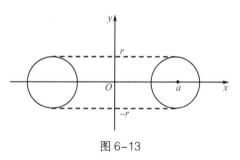

图 6-13

$$V = \pi \int_{-r}^r (a + \sqrt{r^2 - y^2})^2 \mathrm{d}y - \pi \int_{-r}^r (a - \sqrt{r^2 - y^2})^2 \mathrm{d}y$$

$$= 4\pi a \int_{-r}^r \sqrt{r^2 - y^2}\,\mathrm{d}y = 2\pi^2 ar^2.$$

三、平面曲线的弧长

若函数 $y = f(x)$ 的导函数在区间 $[a, b]$ 上连续，则称曲线 $y = f(x)$ 为区间 $[a, b]$ 上的光滑曲线，光滑曲线可应用定积分求弧长.

设光滑曲线方程：$y = f(x)$，取 x 为积分变量，变化区间为 $[a, b]$. $[a, b]$ 内任意小区间 $[x, x+\mathrm{d}x]$ 的一段弧长 MN，可用相应的切线段 MQ 近似代替（图 6-14），则弧 AB 的长 s 的微元

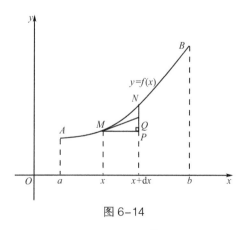

图 6-14

$$\mathrm{d}s = \sqrt{MP^2 + PQ^2} = \sqrt{(\mathrm{d}x)^2 + (\mathrm{d}y)^2}$$

$$= \sqrt{1 + y'^2}\,\mathrm{d}x,$$

则 $s = \displaystyle\int_a^b \sqrt{1 + y'^2}\,\mathrm{d}x$.

例 6.8 求曲线 $y = \dfrac{2}{3}x^{\frac{3}{2}}$ 相应于 x 从 a 到 b 的一段弧长.

解　$ds = \sqrt{1+y'^2}\,dx = \sqrt{1+(\sqrt{x})^2}\,dx = \sqrt{1+x}\,dx$ ，

$$s = \int_a^b \sqrt{1+x}\,dx = \frac{2}{3}(1+x)^{\frac{3}{2}}\Big|_a^b = \frac{2}{3}[(1+b)^{\frac{3}{2}} - (1+a)^{\frac{3}{2}}].$$

在曲线方程为参数方程情形下，弧长公式如下变化：

设光滑曲线方程：$\begin{cases} x = \phi(t), \\ y = \psi(t) \end{cases}(\alpha \leqslant t \leqslant \beta)$ ，则如前所述，弧长微元

$$ds = \sqrt{(dx)^2 + (dy)^2} = \sqrt{\varphi'^2(t) + \psi'^2(t)}\,dt ，$$

$$s = \int_\alpha^\beta \sqrt{\varphi'^2(t) + \psi'^2(t)}\,dt .$$

例 6.9　求星形线（图 6-15）

$$\begin{cases} x = a\cos^3 t, \\ y = a\sin^3 t, \end{cases}(0 \leqslant t \leqslant 2\pi)$$

（即 $x^{\frac{2}{3}} + y^{\frac{2}{3}} = a^{\frac{2}{3}}$ ）的弧长.

解　由对称性及公式

$$s = 4\int_0^{\frac{\pi}{2}} \sqrt{\varphi'^2(t) + \psi'^2(t)}\,dt$$

$$= 4\int_0^{\frac{\pi}{2}} \sqrt{[3a\cos^2 t \cdot(-\sin t)]^2 + (3a\sin^2 t \cdot \cos t)^2}\,dt$$

$$= 4\int_0^{\frac{\pi}{2}} 3a\sqrt{\cos^2 t \cdot \sin^2 t}\,dt$$

$$= 12a\int_0^{\frac{\pi}{2}} \cos t \cdot \sin t\,dt = 6a\sin^2 t\Big|_0^{\frac{\pi}{2}} = 6a .$$

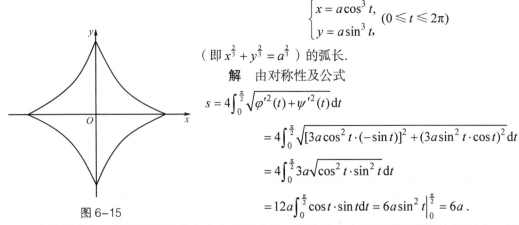

图 6-15

在数学史上，星形线弧长的求出有重要作用，因为看上去该曲线的形状比圆复杂，但其周长却为 $6a$ ，因而促使更多人对各种各样的曲线，去求它们的弧长.

例 6.10　求旋轮线（图 6-16）$\begin{cases} x = R(\theta - \sin\theta), \\ y = R(1 - \cos\theta) \end{cases}$ 的第一拱的弧长.

解　第一拱的参数 θ 的变化范围为 $[0, 2\pi]$ ，代入弧长公式

$$\frac{dx}{d\theta} = R(1 - \cos\theta), \quad \frac{dy}{d\theta} = R\sin\theta ,$$

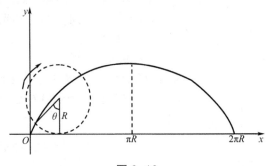

图 6-16

$$s = \int_0^{2\pi} \sqrt{R^2(1-\cos\theta)^2 + R^2\sin^2\theta}\,d\theta$$

$$= R\int_0^{2\pi} \sqrt{2(1-\cos\theta)}\,d\theta$$

$$= 2R \int_0^{2\pi} \sin \frac{\theta}{2} \mathrm{d}\theta = 8R.$$

第三节　定积分在物理学中的应用

一、变力沿直线做功

若物体在常力 F 作用下沿 F 的方向移动了距离 s，则 F 对物体所做的功为 $W = Fs$，若物体在变力 $F(x)$ 作用下，沿力的方向由 $x = a$ 移动到 $x = b$，可用微元法解决做功问题.

选取 x 为积分变量，变化区间为 $[a, b]$.相应于任意小区间 $[x, x + \mathrm{d}x]$ 所做的功的微元 $\mathrm{d}W = F(x)\mathrm{d}x$，则变力 $F(x)$ 所做的功：

$$W = \int_a^b F(x)\mathrm{d}x.$$

例 6.11　设 $9.8\,\mathrm{N}$ 的力能使弹簧伸长 $1\ \mathrm{cm}$，求伸长 $10\ \mathrm{cm}$ 需做多少功?

解　已知 $F = kx$，且当 $x = 0.01$ 时，$F = 9.8$，则 $k = 980$，于是 $F = 980x$，由做功公式可得

$$W = \int_a^b F(x)\mathrm{d}x = \int_0^{0.1} 980x\mathrm{d}x = 490\,x^2 \Big|_0^{0.1} = 4.9 \ （\mathrm{J}）$$

二、静液压力

设有一面积为 S 的平板，水平放置在液体下深度 h 处，则平板一侧所受压力为 $F = \rho g h S$（ ρ 为液体密度）.如果平板垂直放置在液体下，则平板一侧所受压力需要用微元法解决.

如图 6-17 所示，平板平面是以曲线 $y = f(x)$ 为曲边的曲边梯形，选取 x 为积分变量，变化区间为 $[a, b]$.相应于任意小区间 $[x, x + \mathrm{d}x]$ 的窄条所受到的压力，近似于水深 x 处水平放置的长方形窄条所受的压力，则压力微元为

$$\mathrm{d}F = \rho g x f(x)\mathrm{d}x.$$

因此整个平板所受压力为

$$F = \int_a^b \rho g x f(x)\mathrm{d}x.$$

例 6.12　求如图 6-18 所示的等腰梯形水闸门一侧所受的压力.

解　由对称性，压力 $N = 2N_1$，可转化为曲边为 $y = 2 - \dfrac{x}{2}$ 的曲边梯形情形，

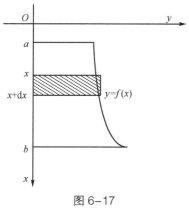

图 6-17

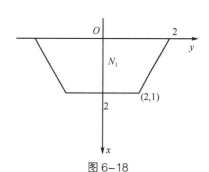

图 6-18

$$N = 2N_1 = 2\int_0^2 \rho g x f(x) \mathrm{d}x$$

$$= 2\int_0^2 \rho g x \left(2 - \frac{x}{2}\right)\mathrm{d}x = 2 \times 9800 \left(x^2 - \frac{x^3}{6}\right)\bigg|_0^2 \approx 52267(\mathrm{N}).$$

三、引　力

由万有引力定律，质量分别为 m_1, m_2，相距 r 的两质点之间的引力为

$$F = G\frac{m_1 m_2}{r^2}.$$

若要计算质点与均匀细棒之间的引力，需要用微元法解决.

例 6.13　计算长度为 l，质量为 M 的均匀细棒，对位于细棒轴线上，距细棒近端距离为 a，质量为 m 质点的引力？

解　如图 6-19 所示，取 x 为积分变量，变化区间为 $[0, l]$，任意小段 $[x, x+\mathrm{d}x]$ 近似于质点，且质量为：$\dfrac{M}{l}\mathrm{d}x$，则引力微元为

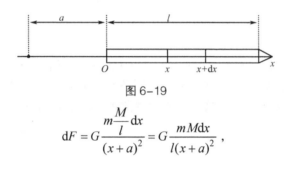

图 6-19

$$\mathrm{d}F = G\frac{m\dfrac{M}{l}\mathrm{d}x}{(x+a)^2} = G\frac{mM\mathrm{d}x}{l(x+a)^2},$$

则引力为

$$F = \frac{GmM}{l}\int_0^l \frac{1}{(x+a)^2}\mathrm{d}x = \frac{GmM}{a(a+l)}.$$

第四节　定积分在医药学方面的应用

一、连续函数的平均值

n 个数的平均值为

$$\overline{y} = \frac{y_1 + y_2 + \cdots + y_n}{n} = \frac{1}{n}\sum_{i=1}^{n} y_i,$$

而连续函数 $y = f(x)$ 在区间 $[a, b]$ 上的平均值，需要用定积分计算.

将 $[a, b]$ 进行 n 等分，在每个小区间上依次任取 $\xi_1, \xi_2, \cdots, \xi_n$，则

$$\overline{y} \approx \overline{y}_n = \frac{f(\xi_1) + f(\xi_2) + \cdots + f(\xi_n)}{n} = \frac{1}{n}\sum_{i=1}^{n} f(\xi_i),$$

由定积分定义可知

$$\overline{y} = \lim_{n \to \infty} \frac{1}{n} \sum_{i=1}^{n} f(\xi_i) = \lim_{n \to \infty} \frac{\sum_{i=1}^{n} f(\xi_i)(b-a)}{n(b-a)}$$

$$= \lim_{n \to \infty} \frac{\sum_{i=1}^{n} f(\xi_i) \Delta x_i}{b-a}$$

$$= \frac{1}{b-a} \int_a^b f(x) \mathrm{d}x.$$

事实上，积分中值定理中的 $f(\xi)$ 就是 $y = f(x)$ 在区间 $[a,b]$ 上的平均值.

例 6.14 在某药物有效性试验中，先让患者禁食以降低人体的血糖水平，然后注射大剂量葡萄糖.假定由试验测得血液中的胰岛素浓度 $c(t)$（单位：ml）与时间 t（min）符合函数关系：

$$c(t) = \begin{cases} t(10-t), & 0 \le t \le 5, \\ 25\mathrm{e}^{-k(t-5)}, & t > 5, \end{cases}$$

其中，$k = \dfrac{\ln 2}{20}$. 求注射 60min 内血液中胰岛素浓度的平均值.

解 由连续函数的平均值公式，有

$$\overline{c}(t) = \frac{1}{60} \int_0^{60} c(t)\mathrm{d}t = \frac{1}{60} \left[\int_0^5 t(10-t)\mathrm{d}t + \int_5^{60} 25\mathrm{e}^{-k(t-5)}\mathrm{d}t \right]$$

$$= \frac{1}{60} \left[\left(5t^2 - \frac{t^2}{3}\right) \bigg|_0^5 - \frac{25}{k} \mathrm{e}^{-k(t-5)} \bigg|_5^{60} \right] \approx 11.62.$$

二、脉管稳定流动中的血液流量

例 6.15 设半径为 R，长为 L 的一段血管如图 6-20 所示，左右两端的血压为 P_1, P_2，且 $P_1 > P_2$，已知血管截面上距离中心为 r 处的血液流速为

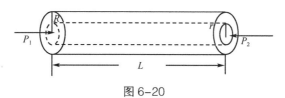

图 6-20

$V(r) = \dfrac{P_1 - P_2}{4\eta L}(R^2 - r^2)$（$\eta$ 为血液的黏滞系数），求脉管中血液流量？

解 如图 6-21 所示，在血管的截面上任取一个内径为 r，外径为 $r + \mathrm{d}r$ 的圆环（圆心为血管中心），它的面积近似地为 $2\pi r \mathrm{d}r$.

所以，单位时间内通过该圆环的血流量近似微元为

$$\mathrm{d}Q = V(r) \cdot 2\pi r \mathrm{d}r .$$

于是，单位时间内通过该血管血流量为

$$Q = \int_0^R V(r) \cdot 2\pi r \mathrm{d}r$$

$$= 2\pi \int_0^R \frac{P_1 - P_2}{4\eta L}(R^2 - r^2) r \mathrm{d}r = \frac{\pi}{8\eta L}(P_1 - P_2)R^4.$$

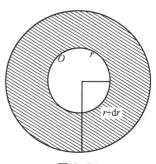

图 6-21

例 6.16 案例 6-1 中，已知标准排出速率函数为

$$r(t) = te^{-Kt} \qquad (K>0),$$

这里 K 称为消除常数.

求:（1）在时间间隔 $[0,T]$ 内，人体尿液中的药物排出量？

（2）服药后通过人体尿液的药物排出总量？

解 （1）在时间间隔 $[0,T]$ 内任取一小时间区间 $[t,t+\mathrm{d}t]$ ，由于时间间隔很小，则在小区间 $[t,t+\mathrm{d}t]$ 内的每一时刻人体尿液中的药物排泄速率看成不变均为 $r(t)$ ，则在小区间 $[t,t+\mathrm{d}t]$ 内药物通过人体尿液的排出量微元式为

$$\mathrm{d}D = r(t)\mathrm{d}t = te^{-Kt}\mathrm{d}t$$

在时间间隔 $[0,T]$ 内，药物通过人体后排出的总量为

$$D = \int_0^T te^{-Kt}\mathrm{d}t = -e^{-Kt}\left(\frac{t}{K}+\frac{1}{K^2}\right)\bigg|_0^T = \frac{1}{K^2} - e^{-KT}\left(\frac{T}{K}+\frac{1}{K^2}\right).$$

（2）理论上 $D = \int_0^{+\infty} te^{-Kt}\mathrm{d}t = \lim\limits_{T\to+\infty}\int_0^T te^{-Kt}\mathrm{d}t$ ，就是服药后药物通过人体尿液排出的总量，即

$$\int_0^{+\infty} te^{-Kt}\mathrm{d}t = \lim_{T\to+\infty}\int_0^T te^{-Kt}\mathrm{d}t = \lim_{T\to\infty}\left[\frac{1}{K^2} - e^{-KT}\left(\frac{T}{K}+\frac{1}{K^2}\right)\right] = \frac{1}{K^2}.$$

习　　题

1. 求由抛物线 $y = x^2 - 4x + 5$ ，直线 $x = 3, x = 5$ 及 x 轴所围成平面图形面积.

2. 求由曲线 $y = e^2, y = e^{-x}$ 及直线 $x = 1$ 所围成平面图形面积.

3. 求由 $y = \ln x, y = a, y = b\,(b > a > 0)$ 以及 y 轴所围成平面图形面积.

4. 求由抛物线 $y = x^2$ 及直线 $y = x, y = 2x$ 所围成平面图形面积.

5. 求双纽线 $r^2 = 2a^2\cos 2\theta$ 所围区域面积.

6. 求由抛物线 $y = x^2$ 、x 轴及直线 $x = 1$ 所围成平面图形绕 x 轴旋转所形成的旋转体体积.

7. 求由抛物线 $y = x^2, x = y^2$ 绕 x 轴旋转所形成的旋转体体积.

8. 求由圆 $x^2 + (y-5)^2 = 16$ 绕 x 轴旋转所形成的旋转体体积.

9. 由曲线 $y = x^3$ 直线 $x = 2, y = 0$ 分别绕 x 轴、y 轴旋转，求所形成的旋转体体积.

10. 计算心形线 $r = a(1+\cos\theta)\,(a>0, 0 \leqslant \theta \leqslant 2\pi)$ 的周长.

11. 口服药物必须先被吸收进入血液循环，然后才能在机体的各个部位发挥作用，一种典型的吸收率函数具有以下的形式

$$f(t) = kt(t-b)^2\,(0 \leqslant t \leqslant b),$$

t 是时间参数，其中 k, b 是常数，求药物吸收的总量.

12. 某种类型的阿司匹林药物进入血液系统的量称为有效药量，其吸收率函数为

$$f(t) = 0.15t(t-3)^2\,(0 \leqslant t \leqslant 3).$$

试求:（1）何时速率最大？最大时速率是多少？

（2）有效药量是多少？

第七章 微分方程

案例 7-1

在药代动力学研究中，通常通过建立血药浓度与时间的数学模型来揭示药物在机体内吸收、分布、代谢和排泄的过程的定量规律. 一次快速静脉注射后药物迅速分布到血液、其他体液及组织中，并达到动态平衡. 假定血药浓度减少的速率与当时体内的血药浓度成正比.

问题 建立血药浓度与时间的数学模型？

案例分析 当 $t=0$ 时，血药浓度 $C=C_0$，记 $C(t)$ 表示 t 时刻的血药浓度，则 $\dfrac{\mathrm{d}C}{\mathrm{d}t}$ 表示血药浓度变化速率. 由假定的条件，可以得到如下模型：

$$\frac{\mathrm{d}C}{\mathrm{d}t} = -kC . \tag{7-1}$$

比例系数 $k>0$ 称为一级消除率.

在此案例中，由已知条件并不能直接得到血药浓度与时间之间的函数关系，但利用导数的几何意义，可以建立一个含有函数、导数的方程，就是本章的主要内容——微分方程. 通过求解方程，就可以得到 $C(t)$ 与 t 之间的函数关系.

在许多具体问题中，由实验或观察的结果，通常不能直接确定变量之间的函数关系，但根据实际问题的条件，可以建立这些变量与其导数（或微分）之间的关系式，即含有自变量、未知函数及其导数（或微分）的方程，这样的方程我们称为微分方程. 通过求解微分方程，得到函数关系. 本章主要学习微分方程的有关基本概念和几种常见的微分方程的解法，并介绍它们在一些实际问题特别是在医药学中的应用.

第一节 微分方程的基本概念

引例 一曲线过点（1，0），且在该曲线上任意一点的切线斜率为 $2x$. 求该曲线的方程？

解 设所求曲线为 $y=f(x)$，据导数的几何意义，有

$$\frac{\mathrm{d}y}{\mathrm{d}x} = 2x , \tag{7-2}$$

得到

$$y = x^2 + C , \tag{7-3}$$

其中 C 为任意常数.

又因为曲线过（1，0）点，即 $y=f(x)$ 满足

$$x=1 \text{ 时}, \quad y=0 , \tag{7-4}$$

故 $0 = 1^2 + C$，所以 $C=-1$.

于是所求曲线方程为

$$y = x^2 - 1 . \tag{7-5}$$

在案例 7-1 和引例中，式（7-1）和（7-2）是含有未知函数的导数的方程. 一般地，含有自变量、未知函数及未知函数的导数或微分的方程称为微分方程（differential equation），简称方程. 在微分方程中，若未知函数只是一个自变量的函数，则称为常微分方程（ordinary differential equation）.

若未知函数是多个自变量的函数，则称之为偏微分方程（partial differential equation）.本章仅讨论常微分方程，简称微分方程.

微分方程中所含未知函数的最高阶导数的阶数，称为微分方程的阶（order）. 如方程（7-1）和（7-2）都是一阶微分方程，而方程 $\dfrac{d^2 y}{dx^2} = -0.4$ 和 $y'' + y' + x = 0$ 都是二阶微分方程.当然还有三阶、四阶乃至更高阶微分方程，n 阶微分方程通常可记为

$$F(x, y, y', \cdots, y^{(n)}) = 0 .$$

满足微分方程的任一函数都称为微分方程的解（solution）.即把这一函数代入微分方程后能使方程成为恒等式.例如函数 $C(t) = C_0 e^{-kt}$ 是方程（7-1）的解，函数 $y = x^2 - 1$，$y = x^2 + C$ 都是方程（7-2）的解.求微分方程解的过程称为解方程.

如果微分方程的解中含有任意常数，且任意常数的个数与微分方程的阶数相同，这样的解称为微分方程的通解（general solution）.在通解中，确定了任意常数的具体值的解称为微分方程的特解（particular solution）.例如函数 $y = x^2 + C$ 是方程（7-2）的通解，函数 $y = x^2 - 1$ 是方程（7-2）的一个特解.

用来确定特解的条件称为初始条件（initial condition）.初始条件也可表示为 $y\big|_{x=x_0} = y_0$ ，或 $y(x_0) = y_0$ 的形式.

例 7.1 验证函数 $y = \dfrac{1}{x + C}$ 是微分方程 $y' + y^2 = 0$ 的通解.

解 因为 $y' = -\dfrac{1}{(x+C)^2}$ ，则有 $y' + y^2 = 0$ ，所以函数 $y = \dfrac{1}{x+C}$ 是微分方程 $y' + y^2 = 0$ 的通解.

需要指出的是，$y = 0$ 也是微分方程 $y' + y^2 = 0$ 的解，但它并不包含在通解之中.由此，可以看出：微分方程的通解并不一定是它的一切解.

第二节 可分离变量的微分方程

若一个微分方程可整理为

$$\frac{dy}{dx} = f(x) \cdot g(y) \tag{7-6}$$

的形式，那么称之为可分离变量的微分方程.

这类方程的解法是将方程（7-6）改写成分离变量的形式

$$\frac{dy}{g(y)} = f(x)dx ,$$

然后两边同时积分

$$\int \frac{dy}{g(y)} = \int f(x)dx ,$$

从而得到微分方程（7-6）的通解.

例 7.2 求方程 $\dfrac{dy}{dx} = -\dfrac{y}{x}$ 的通解.

解 分离变量，得

$$\frac{dy}{y} = -\frac{dx}{x} ,$$

两边同时积分，得

$$\ln|y| = \ln\left|\frac{1}{x}\right| + \ln C_1 \ (C_1 > 0),$$

即

$$|y| = \frac{C_1}{|x|},$$

所以

$$y = \pm\frac{C_1}{x} = \frac{C}{x} \ (C = \pm C_1).$$

为原方程的解，其中 C 为任意常数.

在求通解时，应像此例题一样，尽可能将最终结果整理成最简洁的形式.

例 7.3 求方程 $\dfrac{\mathrm{d}x}{y} + \dfrac{\mathrm{d}y}{x} = 0$ 满足初始条件 $x = 2$ 时，$y = 4$ 的特解.

解 先求方程的通解.分离变量，得

$$y\mathrm{d}y = -x\mathrm{d}x,$$

两边同时积分，得到方程的通解

$$\frac{y^2}{2} = -\frac{x^2}{2} + C.$$

又因为 $x = 2$ 时，$y = 4$，所以 $C = 10$，于是，所求特解为

$$x^2 + y^2 = 20.$$

此解用隐函数表示，可以认为是最简洁的形式了.

例 7.4 求解案例 7-1.

解 设任意时刻 t 的血药浓度为 $C = C(t)$，依题意，有

$$\frac{\mathrm{d}C}{\mathrm{d}t} = -kC.$$

分离变量

$$\frac{\mathrm{d}C}{C} = -k\mathrm{d}t.$$

两边同时积分，得

$$\ln|C| = -kt + C_1,$$

即

$$C = C_2\mathrm{e}^{-kt} \ (C_2 = \pm\mathrm{e}^{C_1})$$

又因为 $t = 0$ 时，$C = C_0$，所以

$$C = C_0\mathrm{e}^{-kt}.$$

有些微分方程虽然不能直接分离变量，但通过适当的变量代换，能转化为可分离变量的微分方程.

例 7.5 求方程 $\dfrac{\mathrm{d}y}{\mathrm{d}x} = (x + 4y + 1)^2$ 的通解.

解 此方程不能直接分离变量，若令 $u = x + 4y + 1$，有 $\dfrac{\mathrm{d}u}{\mathrm{d}x} = 1 + 4\dfrac{\mathrm{d}y}{\mathrm{d}x}$，

则

$$\frac{\mathrm{d}y}{\mathrm{d}x} = \frac{1}{4}\left(\frac{\mathrm{d}u}{\mathrm{d}x} - 1\right)$$

代入原方程，有

$$\frac{1}{4}\left(\frac{\mathrm{d}u}{\mathrm{d}x} - 1\right) = u^2,$$

这是一个可分离变量的微分方程.分离变量，得

$$\frac{\mathrm{d}u}{1+4u^2} = \mathrm{d}x \,.$$

两边同时积分，

$$\int \frac{1}{1+4u^2} \mathrm{d}u = \int \mathrm{d}x \,,$$

得
$$\arctan(2u) = 2x + C \,.$$

所以原方程的通解为

$$\arctan 2(x+4y+1) = 2x + C \,.$$

例 7.6 求方程 $y' = \frac{y}{x}\left(1+\ln\frac{y}{x}\right)$ 的通解.

解 此方程不能直接分离变量，但若令 $u = \frac{y}{x}$，有 $y = ux$，则

$$y' = u + xu' \,,$$

代入原方程，得

$$u + xu' = u(1+\ln u) \,,$$

这是一个可分离变量的微分方程.分离变量，得

$$\frac{\mathrm{d}u}{u\ln u} = \frac{\mathrm{d}x}{x} \,,$$

两边同时积分，得

$$\ln\ln u = \ln x + \ln C \,,$$

即 $\ln u = Cx$.

注意到 $u = \frac{y}{x}$，代入上式，得原方程的通解为

$$y = x\mathrm{e}^{Cx} \,.$$

这种形如 $y' = f\left(\dfrac{y}{x}\right)$ 的微分方程称为齐次微分方程，简称齐次方程.此类方程都可以作变量代换 $u = \dfrac{y}{x}$，进而转化为可分离变量的微分方程求解.

第三节　一阶线性微分方程

未知函数及其导数都是一次幂的微分方程

$$\frac{\mathrm{d}y}{\mathrm{d}x} + P(x)y = Q(x) \tag{7-7}$$

称为一阶线性微分方程.其中 $P(x),Q(x)$ 都是 x 的函数，也可以是某一常数.如果 $Q(x) \equiv 0$，称方程

$$\frac{\mathrm{d}y}{\mathrm{d}x} + P(x)y = 0 \tag{7-8}$$

为一阶线性齐次方程.如果 $Q(x) \neq 0$，称方程（7-7）为一阶线性非齐次微分方程.

先讨论一阶线性齐次微分方程（7-8）的通解.方程（7-8）是一个可分离变量的微分方程，分离变量后，得

$$\frac{\mathrm{d}y}{y} = -P(x)\mathrm{d}x \,,$$

两边同时积分

$$\int \frac{\mathrm{d}y}{y} = -\int P(x)\mathrm{d}x \text{ ,}$$

$$\ln y = -\int P(x)\mathrm{d}x + \ln C \text{ ,}$$

$$y = C\mathrm{e}^{-\int P(x)\mathrm{d}x} \text{ ,} \tag{7-9}$$

式（7-9）为方程（7-8）的通解，其中 C 为任意常数.

然后讨论一阶线性非齐次微分方程（7-7）的解法.比较方程（7-7）和方程（7-8）后，不妨假设方程（7-7）的通解为如下形式：

$$y = C(x)\mathrm{e}^{-\int P(x)\mathrm{d}x} \text{ ,} \tag{7-10}$$

然后来确定是否有这样的 $C(x)$，如果有，又等于什么.

将式（7-10）代入方程（7-7），得

$$C'(x)\mathrm{e}^{-\int P(x)\mathrm{d}x} - C(x)P(x)\mathrm{e}^{-\int P(x)\mathrm{d}x} + P(x)C(x)\mathrm{e}^{-\int P(x)\mathrm{d}x} = Q(x) \text{ ,}$$

$$C'(x)\mathrm{e}^{-\int P(x)\mathrm{d}x} = Q(x) \text{ ,}$$

$$C'(x) = Q(x)\mathrm{e}^{\int P(x)\mathrm{d}x} \text{ ,}$$

所以

$$C(x) = \int Q(x)\mathrm{e}^{\int P(x)\mathrm{d}x}\mathrm{d}x + C \text{ .}$$

将 $C(x)$ 代入式（7-10），就得到了一阶线性非齐次方程（7-7）的通解：

$$y = \mathrm{e}^{-\int P(x)\mathrm{d}x}\left[\int Q(x)\mathrm{e}^{\int P(x)\mathrm{d}x}\mathrm{d}x + C\right] \text{ ,} \tag{7-11}$$

或写成 $y = C\mathrm{e}^{-\int P(x)\mathrm{d}x} + \mathrm{e}^{-\int P(x)\mathrm{d}x}\int Q(x)\mathrm{e}^{\int P(x)\mathrm{d}x}\mathrm{d}x$.

在上述过程中，通过将对应一阶线性齐次微分方程通解中的任意常数换为待定函数，然后设法确定这个待定函数，进而求得一阶线性非齐次微分方程的通解，这种方法称为常数变易法.今后在求一阶线性非齐次方程的通解时，可以直接应用通解公式（7-11），也可以用常数变易法.

例 7.7 求方程 $y' + y\cos x = \mathrm{e}^{-\sin x}$ 的通解.

解 此方程为一阶线性非齐次微分方程，$P(x) = \cos x$，$Q(x) = \mathrm{e}^{-\sin x}$，直接应用通解公式，得

$$\begin{aligned}
y &= \mathrm{e}^{-\int P(x)\mathrm{d}x}\left[\int Q(x)\mathrm{e}^{\int P(x)\mathrm{d}x}\mathrm{d}x + C\right] \\
&= \mathrm{e}^{-\int \cos x\mathrm{d}x}\left[\int \mathrm{e}^{-\sin x}\cdot \mathrm{e}^{\int \cos x\mathrm{d}x}\mathrm{d}x + C\right] \\
&= \mathrm{e}^{-\sin x}\left(\int \mathrm{d}x + C\right) \text{ .} \\
&= \mathrm{e}^{-\sin x}(x + C) \text{ .}
\end{aligned}$$

当然，此题也可以用常数变易法求解，请读者自己验证.

例 7.8 用常数变易法求方程 $y' - \dfrac{y}{x} = x^2$ 的通解.

解 先求对应的齐次方程 $y' - \dfrac{y}{x} = 0$ 的通解，分离变量，得

$$\frac{\mathrm{d}y}{y} = \frac{\mathrm{d}x}{x} \text{ ,}$$

两边同时积分，容易得到通解为 $y = Cx$.

设原方程的通解为 $y = C(x)x$，代入原方程，化简后得

$$C'(x) = x ,$$

$$C(x) = \frac{1}{2}x^2 + C ,$$

所以，原方程的通解为

$$y = \left(\frac{1}{2}x^2 + C\right)x .$$

此题也可以直接应用通解公式求解，请读者自己验证.

例 7.9 求方程 $(x+y^2)\dfrac{\mathrm{d}y}{\mathrm{d}x} = y$ 满足初始条件 $y\big|_{x=3} = 1$ 的特解.

解 此方程中，如果把 x 看作自变量，y 看作未知函数，则它不是一阶线性方程. 但如果把 y 看作自变量，x 看作未知函数，则原方程就是关于未知函数 $x = x(y)$ 的一阶线性方程.

$$\frac{\mathrm{d}x}{\mathrm{d}y} - \frac{x}{y} = y ,$$

此时 $P(y) = -\dfrac{1}{y}$，$Q(y) = y$，代入通解公式

$$x = \mathrm{e}^{-\int P(y)\mathrm{d}y}\left[\int Q(y)\mathrm{e}^{\int P(y)\mathrm{d}y}\mathrm{d}y + C\right] ,$$

得

$$x = \mathrm{e}^{\int \frac{1}{y}\mathrm{d}y}\left[\int y\mathrm{e}^{-\int \frac{1}{y}\mathrm{d}y}\mathrm{d}y + C\right] = y(y+C) .$$

由初始条件 $y\big|_{x=3} = 1$，得 $C = 2$，所求方程特解为

$$x = y^2 + 2y .$$

称方程

$$\frac{\mathrm{d}y}{\mathrm{d}x} + P(x)y = Q(x)y^n \quad (n \neq 0,1) \tag{7-12}$$

为伯努利方程.

当 $n = 0$ 时，为一阶线性微分方程，可以求解；当 $n = 1$ 时，为可分离变量的微分方程，也可以求解.当 $n \neq 0,1$ 时，求解方法如下：

方程两边同时除以 y^n，得

$$y^{-n}\frac{\mathrm{d}y}{\mathrm{d}x} + P(x)y^{1-n} = Q(x) . \tag{7-13}$$

令 $u = y^{1-n}$，则 $\dfrac{\mathrm{d}u}{\mathrm{d}x} = (1-n)y^{-n}\dfrac{\mathrm{d}y}{\mathrm{d}x}$，整理后，有

$$\frac{\mathrm{d}y}{\mathrm{d}x} = \frac{y^n}{1-n}\frac{\mathrm{d}u}{\mathrm{d}x} . \tag{7-14}$$

将式（7-14）代入式（7-13）得

$$\frac{\mathrm{d}u}{\mathrm{d}x} + (1-n)P(x)u = (1-n)Q(x) .$$

此方程为一阶线性微分方程，利用通解公式求得通解 u，再将 u 换成 y^{1-n} 即得到方程（7-12）的通解.

例 7.10 求微分方程 $y' + y = \mathrm{e}^{-x}y^2$ 满足 $y\big|_{x=0} = 1$ 的特解.

解 此方程为伯努利方程.

等式两边同时除以 y^2，得

$$y^{-2}\frac{\mathrm{d}y}{\mathrm{d}x}+y^{-1}=\mathrm{e}^{-x}.$$

令 $u=y^{-1}$，则 $\frac{\mathrm{d}u}{\mathrm{d}x}=-y^{-2}\frac{\mathrm{d}y}{\mathrm{d}x}$，所以 $\frac{\mathrm{d}y}{\mathrm{d}x}=-y^2\frac{\mathrm{d}u}{\mathrm{d}x}$，将 $u=y^{-1}$，$\frac{\mathrm{d}y}{\mathrm{d}x}=-y^2\frac{\mathrm{d}u}{\mathrm{d}x}$ 代入方程

$y^{-2}\frac{\mathrm{d}y}{\mathrm{d}x}+y^{-1}=\mathrm{e}^{-x}$，整理后，有

$$\frac{\mathrm{d}u}{\mathrm{d}x}-u=-\mathrm{e}^{-x},$$

此方程为一阶线性微分方程，利用通解公式，得

$$u=\frac{1}{2}\mathrm{e}^{-x}+C\mathrm{e}^{x},$$

即

$$\frac{1}{y}=\frac{1}{2}\mathrm{e}^{-x}+C\mathrm{e}^{x}.$$

又因为 $y|_{x=0}=1$，所以 $C=\frac{1}{2}$，所求特解为

$$\frac{1}{y}=\frac{1}{2}\mathrm{e}^{-x}+\frac{1}{2}\mathrm{e}^{x}.$$

例 7.11 一列火车以 20m/s 速度在平直的线路上行驶，因遇有紧急情况需制动，在制动过程中，列车获得的加速度为 $-0.4\mathrm{m/s}^2$，问开始制动后多久列车完全停止？列车在制动的过程中行驶了多少路程？

解 设列车在制动过程中的运动规律为 $S=S(t)$，则据二阶导数的物理意义，有

$$\frac{\mathrm{d}^2S}{\mathrm{d}t^2}=-0.4, \tag{7-15}$$

式（7-15）两边同时积分一次，得

$$v=\frac{\mathrm{d}S}{\mathrm{d}t}=-0.4t+C_1, \tag{7-16}$$

式（7-16）两边同时积分一次，得

$$S=-0.2t^2+C_1t+C_2, \tag{7-17}$$

其中 C_1，C_2 都是任意常数.

依题意可知，未知函数 $S=S(t)$ 满足：

$$t=0\text{时,}\quad S=0,\quad v=\frac{\mathrm{d}s}{\mathrm{d}t}=20. \tag{7-18}$$

将 $t=0$ 时，$v=20$ 代入式（7-16）得 $C_1=20$；

将 $t=0$ 时，$S=0$ 代入式（7-17）得 $C_2=0$.

因此，有

$$v=-0.4t+20, \tag{7-19}$$

$$S=-0.2t^2+20t. \tag{7-20}$$

当列车停止时，$v=0$，即

$$-0.4t+20=0$$

由此得到列车从制动到停止所需时间为

$$t=50\text{（s）.}$$

将 $t = 50$ 代入式（7-20），得到列车在制动阶段行驶的路程为

$$S = 500 \text{（m）}.$$

在例 7.11 中，我们得到方程 $\dfrac{\mathrm{d}^2 S}{\mathrm{d} t^2} = -0.4$，此方程为二阶微分方程，显然不同于一阶微分方程，针对某些二阶微分方程，我们依然可以求解.

第四节　可降阶的二阶微分方程

二阶及二阶以上的微分方程称为高阶微分方程，显然求解这类方程会较一阶微分方程困难.但针对某些类型的微分方程，我们可以用换元降阶的方法把它换为较低阶的微分方程来求解.本节主要讨论几类可降阶的二阶微分方程的求解问题.

一、$y'' = f(x)$ 型方程

这是最简单的二阶微分方程.此类方程的右端仅含自变量 x，由不定积分的知识可知，只需连续两次积分，就可以得到方程的通解.

例 7.12　求方程 $y'' = x + \cos x$ 的通解.

解　$y' = \displaystyle\int (x + \cos x) \mathrm{d}x = \dfrac{1}{2} x^2 + \sin x + C_1$，

$y = \displaystyle\int \left(\dfrac{1}{2} x^2 + \sin x + C_1 \right) \mathrm{d}x = \dfrac{1}{6} x^3 - \cos x + C_1 x + C_2$.

二、$y'' = f(x, y')$ 型微分方程

此类微分方程的右端不显含未知函数 y，此时可设 $y' = p(x)$，那么 $y'' = \dfrac{\mathrm{d}p}{\mathrm{d}x} = p'$，方程 $y'' = f(x, y')$ 变形为 $p' = f(x, p)$.它是一个关于变量 x，p 的一阶方程.解此方程，得 $p = \varphi(x, C_1)$，即 $y' = \varphi(x, C_1)$，再次积分即可得原方程的通解.

例 7.13　求微分方程 $xy'' + 2y' = x^2$ 满足初始条件：$y\big|_{x=2} = -1$，$y'\big|_{x=2} = 2$ 的特解.

解　设 $y' = p(x)$，则 $y'' = p'(x)$，代入原方程后，得一阶微分方程

$$xp' + 2p = x^2,$$

变形后有

$$p' + 2x^{-1} p = x,$$

这是一阶线性微分方程，应用通解公式，得

$$p = \frac{C_1}{x^2} + \frac{x^2}{4}.$$

以 $x = 2$，$p = y' = 2$ 代入，得 $C_1 = 4$.从而有

$$p = \frac{4}{x^2} + \frac{x^2}{4},$$

即

$$y' = \frac{4}{x^2} + \frac{x^2}{4},$$

积分后，得原方程的通解

$$y = -\frac{4}{x} + \frac{x^3}{12} + C_2.$$

以 $x = 2$，$y = -1$ 代入，得 $C_2 = \frac{1}{3}$. 于是微分方程的特解为

$$y = -\frac{4}{x} + \frac{x^3}{12} + \frac{1}{3}.$$

三、$y'' = f(y, y')$ 型微分方程

此类微分方程中不显含自变量 x，在求解方程时，可设 $y' = p(y)$，则 $p(y)$ 是以 y 为中间变量的关于 x 的复合函数，所以

$$y'' = \frac{\mathrm{d}p}{\mathrm{d}x} = \frac{\mathrm{d}p}{\mathrm{d}y}\frac{\mathrm{d}y}{\mathrm{d}x} = \frac{\mathrm{d}p}{\mathrm{d}y}p.$$

于是，方程为

$$\frac{\mathrm{d}p}{\mathrm{d}y}p = f(y, p).$$

这是一个关于 y，p 的一阶微分方程，设它的通解为 $p = \varphi(y, C_1)$，即 $y' = \varphi(y, C_1)$，分离变量后积分，就可得原方程的通解.

例 7.14 求方程 $yy'' - (y')^2 = 0$ 的通解.

解 此方程不显含自变量 x.

令 $y' = p$，则 $y'' = \frac{\mathrm{d}p}{\mathrm{d}y}p$，于是，有

$$y\frac{\mathrm{d}p}{\mathrm{d}y}p - p^2 = 0,$$

即

$$p\left(y\frac{\mathrm{d}p}{\mathrm{d}y} - p\right) = 0.$$

若 $p = 0$，即 $y' = 0$，得 $y = C$；

若 $p \neq 0$，则 $y\frac{\mathrm{d}p}{\mathrm{d}y} - p = 0$，为可分离变量的微分方程，解之，得

$$p = C_1 y,$$

即 $\frac{\mathrm{d}y}{\mathrm{d}x} = C_1 y$，为可分离变量的微分方程，解之，得原方程的通解为

$$y = C_2 \mathrm{e}^{C_1 x}.$$

第五节 二阶常系数线性齐次微分方程

一般地，形如

$$y'' + p(x)y' + q(x)y = f(x) \tag{7-21}$$

的方程称为二阶线性微分方程. 其中 $p(x)$，$q(x)$，$f(x)$ 为已知函数.

当 $f(x) = 0$ 时，方程

$$y'' + p(x)y' + q(x)y = 0 \tag{7-22}$$

称为二阶线性齐次微分方程，当 $f(x) \neq 0$ 时，称为二阶线性非齐次微分方程. 当 $p(x)$，$q(x)$ 均为常

数时，方程

$$y'' + py' + qy = f(x) \qquad (7\text{-}23)$$

称为二阶常系数线性微分方程.若 $f(x) = 0$ ，则方程

$$y'' + py' + qy = 0 \qquad (7\text{-}24)$$

称为二阶常系数线性齐次微分方程.本节只讨论二阶常系数线性齐次微分方程的求解问题.

首先，我们要明确二阶线性齐次微分方程解的结构.

定理 7.1 若 $y_1(x)$ ， $y_2(x)$ 是方程（7-22）的两个解，则

$$y = C_1 y_1(x) + C_2 y_2(x)$$

也是方程（7-22）的解，其中 C_1 ， C_2 是任意常数.

此定理证明过程很简单，只需代入验证.

这一性质是线性齐次微分方程所特有的，称为解的叠加原理.

在定理 7.1 的基础上，现在的问题是， $y = C_1 y_1(x) + C_2 y_2(x)$ 是方程（7-22）的通解吗？答案是不一定. 为此，我们引入线性相关和线性无关的概念. 设 $y_1(x)$ ， $y_2(x)$ 是两个函数，若 $\dfrac{y_1(x)}{y_2(x)} =$ 常数，称 $y_1(x)$ ， $y_2(x)$ 线性相关， $\dfrac{y_1(x)}{y_2(x)} \neq$ 常数，称 $y_1(x)$ ， $y_2(x)$ 线性无关.

定理 7.2 若 $y_1(x)$ ， $y_2(x)$ 是方程（7-22）的两个线性无关的特解，则

$$y = C_1 y_1(x) + C_2 y_2(x)$$

是方程（7-22）的通解，其中 C_1 ， C_2 是任意常数.

这个定理的重要意义在于：只要找到方程（7-22）的两个线性无关的特解，就能得到方程（7-22）的通解.

其次，讨论二阶常系数线性齐次微分方程（7-24）的通解，由定理 7.2 可知，关键在于找到它的两个线性无关的特解.

因为指数函数的导数仍是指数函数，所以不妨设方程（7-24）有形如 $y = e^{rx}$ 形式的解.代入方程（7-24），得

$$e^{rx}(r^2 + pr + q) = 0 .$$

由于 $e^{rx} \neq 0$ ，所以有

$$r^2 + pr + q = 0 . \qquad (7\text{-}25)$$

由此可见，若 r 是二次代数方程（7-25）的一个根，则 $y = e^{rx}$ 必是（7-24）的一个特解.因此，我们称二次代数方程（7-25）为微分方程（7-24）的特征方程，式（7-25）的根为式（7-24）的特征根.

结合二次代数方程（7-25）的根的情况，可分三种情况讨论：

（1） $\Delta > 0$ 时，方程（7-25）有两个不等的实数根 r_1 和 r_2 ， $y_1 = e^{r_1 x}$ 和 $y_2 = e^{r_2 x}$ 是方程（7-24）的两个特解.这时，

$$\frac{y_1}{y_2} = e^{(r_1 - r_2)x} \neq 常数，$$

即 y_1 和 y_2 线性无关，于是方程（7-24）的通解为

$$y = C_1 e^{r_1 x} + C_2 e^{r_2 x} .$$

（2） $\Delta = 0$ 时，方程（7-25）有两个相等的实数根 $r_1 = r_2 = -\dfrac{p}{2}$.

此时只能得到方程（7-24）的一个特解 $y_1 = e^{r_1 x}$.为了求得方程（7-24）的通解，还必须找到一

个与 $y_1 = e^{r_1 x}$ 线性无关的特解 y_2 . 设 $\dfrac{y_2}{y_1} = u(x) \neq$ 常数, 这时 $u(x)$ 是一个特定的函数. 问题是 $u(x)$ 等于什么?

由假设, 有 $y_2 = u(x) y_1$, 代入 (7-24), 得

$$e^{r_1 x} \left[u''(x) + (2r_1 + p) u'(x) + (r_1^2 + pr_1 + q) u(x) \right] = 0 .$$

由于 $e^{r_1 x} \neq 0$, 故有

$$u''(x) + (2r_1 + p) u'(x) + (r_1^2 + pr_1 + q) u(x) = 0 .$$

因为 $r_1 = -\dfrac{p}{2}$ 是特征方程的二重根, 故有 $2r_1 + p = 0$ 及 $r_1^2 + pr_1 + q = 0$, 于是有

$$u''(x) = 0 .$$

积分两次, 得

$$u(x) = C_1 x + C_2 ,$$

其中 C_1 , C_2 为任意常数. 由于只需求得与 $y_1 = e^{r_1 x}$ 线性无关的一个特解, 不妨取 $C_1 = 1, C_2 = 0$, 即 $u(x) = x$, 从而 $y_2 = x e^{r_1 x}$.

因此, 特征方程有两个相等的实数根时, 方程 (7-24) 的通解为

$$y = C_1 e^{r_1 x} + C_2 x e^{r_1 x} ,$$

其中 C_1 , C_2 为任意常数.

（3）$\Delta < 0$ 时, 方程 (7-25) 有一对共轭复数根: $r_1 = \alpha + \beta i$, $r_2 = \alpha - \beta i$, 其中 $\alpha = -\dfrac{p}{2}$, $\beta = \dfrac{\sqrt{4q - p^2}}{2} \neq 0$. 此时方程 (7-24) 有两个线性无关的特解

$$y_1 = e^{(\alpha + \beta i) x} , \quad y_2 = e^{(\alpha - \beta i) x} .$$

复数形式的解不便于应用. 为了得到实数形式的解, 需再找两个线性无关的实数解. 利用欧拉公式

$$e^{ix} = \cos x + i \sin x .$$

将 y_1 和 y_2 写成

$$y_1 = e^{\alpha x} (\cos \beta x + i \sin \beta x) ,$$

$$y_2 = e^{\alpha x} (\cos \beta x - i \sin \beta x) .$$

由解的叠加性可知

$$\frac{y_1 + y_2}{2} = e^{\alpha x} \cos \beta x ,$$

$$\frac{y_1 - y_2}{2i} = e^{\alpha x} \sin \beta x$$

也是方程 (7-24) 的解, 且它们线性无关. 因此, 方程 (7-24) 的通解为

$$y = e^{\alpha x} (C_1 \cos \beta x + C_2 \sin \beta x) ,$$

其中 C_1 , C_2 为任意常数.

上述求二阶常系数线性齐次微分方程通解的办法称为特征根法, 其步骤为:

第一步: 写出微分方程的特征方程 $r^2 + pr + q = 0$;

第二步: 求出特征根 r_1 , r_2 ;

第三步: 根据特征根的不同情况, 写出微分方程的通解.

微分方程的通解与特征根的对应关系见表 7-1.

表 7-1　二阶常系数线性齐次微分方程通解与特征根的关系

特征根	通解
不相等的实根：$r_1 \neq r_2$	$y = C_1 e^{r_1 x} + C_2 e^{r_2 x}$
相等的实根：$r_1 = r_2$	$y = C_1 e^{r_1 x} + C_2 x e^{r_1 x}$
共轭复数根：$r_1 = \alpha + \beta i$，$r_2 = \alpha - \beta i$	$y = e^{\alpha x}(C_1 \cos \beta x + C_2 \sin \beta x)$

例 7.15　求方程 $y'' - 4y' - 5y = 0$ 的通解.

解　特征方程为：$r^2 - 4r - 5 = 0$，有两个不相等的实根：$r_1 = -1$，$r_2 = 5$，所求方程的通解为：$y = C_1 e^{-x} + C_2 e^{5x}$，其中 C_1，C_2 为任意常数.

例 7.16　求方程 $y'' + 2y' + y = 0$ 满足初始条件 $y|_{x=0} = 4$，$y'|_{x=0} = -2$ 的特解.

解　特征方程为：$r^2 + 2r + 1 = 0$，有两个相等的实根：$r_1 = r_2 = -1$，所求方程的通解为：$y = (C_1 + C_2 x)e^{-x}$，其中 C_1，C_2 为任意常数.

又

$$y' = C_2 e^{-x} - (C_1 + C_2 x)e^{-x},$$

将 $y|_{x=0} = 4$，$y'|_{x=0} = -2$ 代入，得 $C_1 = 4$，$C_2 = 2$，于是所求特解为

$$y = (4 + 2x)e^{-x}.$$

例 7.17　求方程 $y'' + 4y' + 5y = 0$ 的通解.

解　特征方程为：$r^2 + 4r + 5 = 0$，有两个共轭复根：$r_1 = -2 + i$，$r_2 = -2 - i$，所求方程的通解为：$y = e^{-2x}(C_1 \cos x + C_2 \sin x)$，其中 C_1，C_2 为任意常数.

第六节　微分方程在药学中的应用

随着生命科学的发展，数学在医药学中的应用日益广泛和深入. 数学在医药学中的应用，主要是采用各种数学方法建立医药学数学模型，即建立表示医药学问题中各变量之间关系的数学方程，而微分方程是最常见的数学方程之一. 本节简单介绍微分方程在医药学中的应用.

例 7.18　假定药物以相对恒定的速率 k_0 进行静脉滴注，试求体内药量随时间的变化规律.

解　把受注机体设想为一个同质单元，并假定药物在体内按一级速率过程消除，消除的速率常数为 k.

设静脉滴注 t 时刻体内的药量为 $x(t)$，依题意，有

$$\frac{dx}{dt} = k_0 - kx.$$

求解这个微分方程得

$$x = \frac{1}{k}(k_0 - Ce^{-kt}),$$

由初始条件 $t = 0$ 时，$x = 0$，

得 $C = k_0$，

所以求得其解为

$$x = \frac{k_0}{k}(1 - e^{-kt}).$$

上式表明，静脉滴注后，体内的药量随时间的变化而上升，经过相当长时间后，体内的药量又将趋于一个稳定的水平

$$\lim_{t \to \infty} x(t) = \frac{k_0}{k}.$$

例 7.19 持续性颅内压 P 与容积 V 的关系表现为 $\dfrac{\mathrm{d}P}{\mathrm{d}V} = aP(b-P)$，其中 a, b 为常数.试求颅内压 P 与容积 V 之间的函数关系式.

解 由

$$\frac{\mathrm{d}P}{\mathrm{d}V} = aP(b-P),$$

分离变量，有

$$\frac{\mathrm{d}P}{P(b-P)} = a\mathrm{d}V,$$

两边同时积分，得

$$\int \frac{\mathrm{d}P}{P(b-P)} = a\int \mathrm{d}V,$$

$$\frac{1}{b}\int \left(\frac{1}{P} + \frac{1}{b-P}\right)\mathrm{d}P = a\int \mathrm{d}V,$$

$$\int \frac{1}{P}\mathrm{d}P - \int \frac{1}{b-P}\mathrm{d}(b-P) = ab\int \mathrm{d}V,$$

$$\ln|P| - \ln|b-P| = abV + C_1,$$

整理后，有

$$P = \frac{b}{1 + Ce^{-abV}} \quad (C = \pm e^{-C_1}).$$

例 7.20 设一容器内有 1000ml 的生理盐水，内含盐 9g，现在以每分钟 10ml 的速度注入浓度为 0.001g/ml 的盐水，注入过程中不断地搅拌，使容器内浓度保持相对均匀，同时容器的另一侧以同样的速度流出混合后的生理盐水.求容器内生理盐水中含盐量随时间变化的规律.

解 此类问题通过分析知，在任一时刻有如下基本等量关系：
某个量的变化率＝输入量的变化率－输出量的变化率.
其中，
输入量的变化率＝输入溶液的速率×输入溶液的浓度，
输出量的变化率＝输出溶液的速率×输出溶液的浓度.
针对此题，设在时刻 t 生理盐水中含盐量为 $x = x(t)$，依题意，有

$$\frac{\mathrm{d}x}{\mathrm{d}t} = 0.001 \times 10 - \frac{10x}{1000},$$

即

$$\frac{\mathrm{d}x}{\mathrm{d}t} = 0.01(1-x),$$

解此可分离变量的方程，得

$$x = 1 - Ce^{-0.01t},$$

其中 C 为任意常数.

由题意，知 $t = 0$ 时，$x = 9$，于是得 $C = -8$，因此生理盐水中含盐量随时间变化的规律为

$$x = 1 + 8e^{-0.01t}.$$

例 7.21 在口服药片的疗效研究中，需要知道药片的溶解浓度.记溶解浓度 C 为时间 t 的函数

$C = C(t)$. 由实验可知，微溶药片在时刻 t 的溶解速度与药片的表面积 A 及浓度差 $C_s - C$ 的乘积成正比（ C_s 是药溶液的饱和浓度，为一常数），试求药片的溶解浓度（设比例系数为 k ）.

解 依题意，有

$$\frac{\mathrm{d}C}{\mathrm{d}t} = kA(C_s - C) ,$$

其解可写为

$$-\ln(C_s - C) = kAt + B ,$$

其中 B 为任意常数.

由题意，知 $t = 0$ 时， $C = 0$ ，代入上式，得 $B = -\ln C_s$ ，因此，方程的解为

$$C = C_s(1 - \mathrm{e}^{-kAt}) .$$

习　题

1. 验证 $\mathrm{e}^y + C_1 = (x + C_2)^2$ 是微分方程 $y'' + (y')^2 = 2\mathrm{e}^{-y}$ 的通解，并求其满足初始条件 $y|_{x=0} = 0$ ， $y'|_{x=0} = \frac{1}{2}$ 的特解.

2. 什么叫微分方程的阶？指出下列微分方程的阶.

（1） $y' = xy^2$

（2） $(x^2 - y^2)\mathrm{d}x + (x^2 + y^2)\mathrm{d}y = 0$

（3） $S'' + 4S = t$

（4） $yy'' - (y')^3 = 0$

3. 求下列微分方程的通解或特解

（1） $2x^2yy' = y^2 + 1$

（2） $3x^2 + 5x - 5y' = 0$

（3） $\sqrt{1 - x^2}\,y' - \sqrt{1 - y^2} = 0$

（4） $\sin x \cos y \mathrm{d}x - \cos x \sin y \mathrm{d}y = 0$

（5） $\dfrac{\mathrm{d}y}{\mathrm{d}x} = \mathrm{e}^{x-y}$ ， $y|_{x=0} = \ln 2$

（6） $y^2 y = x + \sin x$ ， $y|_{x=0} = 2$

（7） $y' = (x + y)^2$

（8） $y' = 2x - y + 1$

（9） $2\dfrac{\mathrm{d}y}{\mathrm{d}x} = \dfrac{y}{x} + \dfrac{y^2}{x^2}$ ， $y|_{x=1} = \dfrac{1}{2}$

（10） $(y^2 - 3x^2)\mathrm{d}y + 2xy\mathrm{d}x = 0$ ， $y|_{x=0} = 1$

4. 求下列微分方程的通解或特解

（1） $y' = \mathrm{e}^{-x} - y$

（2） $y' - 2y - x - 2 = 0$

（3） $xy' = x\sin x - y$

（4） $y' + 3y = 8$ ， $y|_{x=0} = 2$

（5） $xy' + y - \mathrm{e}^x = 0$ ， $y|_{x=1} = 3\mathrm{e}$

（6） $(y^2 - 6x)y' + 2y = 0$ ， $y|_{x=1} = 1$

（7） $\dfrac{\mathrm{d}y}{\mathrm{d}x} = \dfrac{1}{x + \sin y}$

（8） $y' + y\cos x = y^2 \mathrm{e}^{\sin x}$

5. 求下列微分方程的通解

（1） $y'' = (x - 2)\mathrm{e}^{-x}$

（2） $y'' = x + \sin x$

（3） $y'' + \dfrac{2y'}{x} = 0$

（4） $y'' = y' + x$

（5） $y'' - 2yy' = 0$

（6） $y'' + \dfrac{y'^2}{1 - y} = 0$

6. 求下列微分方程的通解

（1） $y'' + 8y' + 15y = 0$

（2） $y'' + 5y' = 0$

（3） $y'' + 10y' + 25y = 0$

（4） $4y'' + 12y' + 9y = 0$

（5） $4\dfrac{\mathrm{d}^2 s}{\mathrm{d}t^2} - 8\dfrac{\mathrm{d}s}{\mathrm{d}t} + 5s = 0$ 　　　　　　（6） $y'' + 2y' + 5y = 0$

（7） $y'' + 9y = 0$

7. 设曲线上任一点处的切线斜率与切点的横坐标成反比（比例系数为 k），且曲线过点 $(1, 2)$，求该曲线的方程.

8. 设一容器内有 100 升糖水，含糖 10 千克，现以 4 升/分钟的速度注入浓度为 0.5 千克/升的糖水，同时搅拌均匀，混合后的糖水以 2 升/分钟的速度流出，问 20 分钟后容器内含糖多少？

9. 在某一流感发病地区，假设此地人群以感染率 a 转变为感染者（阳性者），同时阳性者又以率 b 转回为易感者（阴性者）.试求在时刻 t 人群中被感染者的比率 y，初始条件为 $t=0$ 时，$y = 0$.

10. 细菌在适当的条件下其增长率与当时的量成正比，已知第三天内增长了 2455 个，第五天内增长了 4314 个，试求该细菌的增长速率常数 k.

第八章 多元函数的极限与微分学

案例 8-1

给一体重 60kg 的男性患者一次快速注射某药物 32mg，获得数据见表 8-1，血药浓度（单位：mg/L）随时间（单位：h）变化规律符合一元模型 $C = C_0 e^{-kt}$.

表 8-1 药物数据

时间	0.25	0.5	1.0	3.0	6.0	12.0	18.0
血药浓度 C	8.20	7.88	7.24	5.18	3.12	1.12	0.42
$\ln C$	2.10	2.06	1.98	1.64	1.14	0.11	-0.87

问题

由表 8-1 数据确定模型中的参数 C_0 和 k？

案例分析

为了确定模型中的参数 C_0 和 k，对模型两边取对数得

$$\ln C = \ln C_0 - kt.$$

记 $x = \ln C, a = \ln C_0, b = -k$，则上式改写为：$x = a + bt$.

利用数据 $(t_i, x_i), i = 1, 2, \cdots, 7$，采用最小二乘法确定 a, b，即求 a, b 使得

$$f(a,b) = \sum_{i=1}^{7} \left[x_i - (a + bt_i) \right]^2$$ 最小. 转化为二元函数 $f(a,b)$ 的最小值问题.

在实际的应用与研究中，经常还会遇到两个乃至多个自变量的函数，这样的函数称为多元函数. 如案例 8-1 中的函数 $f(a,b)$ 含有两个自变量，称为二元函数. 由一元函数微积分推广到多元函数微积分时，则会有些新的概念和方法，但由二元到多元（即三元及以上）时，其概念和方法则只是简单的拓广.

因此，本章主要以二元函数为主，介绍多元函数微积分的基本概念、方法及其应用.

第一节 多元函数的概念

一、空间解析几何简介

（一）空间直角坐标系

直线坐标、平面坐标均分别用一个数和一对数来确定点的坐标. 为了确定空间某一点的位置，我们建立空间直角坐标系. 过空间定点 O 作三条两两相互垂直的数轴 Ox，Oy，Oz，并以右手规则规定它们的方向，即以右手握住 Oz 轴，当右手的四个手指从 Ox 正向以 $90°$ 角转向 Oy 轴正向时，大拇指的指向规定为 Oz 轴的正向（图 8-1），这就构成了空间直角坐标系 $Oxyz$.

点 O 称为坐标原点，三条坐标轴分别为 x，y，z 轴（横、纵、竖轴），每两条坐标轴所确定的平面 xOy，yOz，zOx 称为坐标面.

三个坐标面将整个空间分成八个部分，每一部分称为一个卦限，含 x，y，z 正半轴的那个卦限称为第一卦限，在 xOy 面上方，按逆时针依次为第一、二、三、四卦限；在 xOy 面下方，第一卦限之下为第五卦限，其他按逆时针依次为第六、七、八卦限，这八个卦限通常用字母 Ⅰ、Ⅱ、Ⅲ、Ⅳ、Ⅴ、Ⅵ、Ⅶ、Ⅷ表示（图 8-2）.

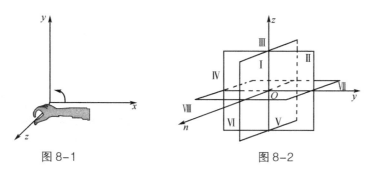

图 8-1　　　　　　　　　　　图 8-2

空间中点 P 与三元有序数组 (x, y, z) 是一一对应的关系（图 8-3）. 对于任意一点 P，过 P 作垂直于坐标轴的三个平面，它们分别与 x 轴、y 轴、z 轴交于 A，B，C 三点，有向线段 OA，OB，OC 的值依次为 (x, y, z)，由此，空间中一点 P 就唯一确定了一个有序数组 (x, y, z)；反之，对于任意一个有序数组 (x, y, z)，则依次在 x 轴、y 轴、z 轴上取与 x、y、z 相对应的点 A，B，C，过这三点且垂直于相应的轴的平面就在空间上唯一确定一点 P. 称 (x, y, z) 为点 P 的坐标，记为 $P(x, y, z)$.

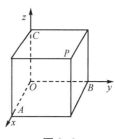

图 8-3

显然，原点坐标为 $(0,0,0)$；x，y，z 轴上任意一点的坐标分别为 $(x,0,0)$，$(0,y,0)$，$(0,0,z)$，xOy，yOz，zOx 三个坐标面上任意一点的坐标分别为 $(x,y,0)$，$(0,y,z)$，$(x,0,z)$.

（二）两点间的距离

若 $M_1(x_1,y_1,z_1)$，$M_2(x_2,y_2,z_2)$ 为空间任意两点，求 M_1M_2 的距离.

分别过 M_1，M_2 作平行于三个坐标面的平面，就构成一个长方体（图 8-4），利用直角三角形勾股定理，

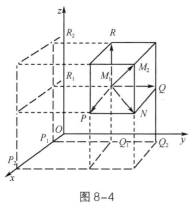

图 8-4

$$d^2 = |M_1M_2|^2 + |M_1N|^2 + |NM_2|^2$$
$$= |M_1P|^2 + |PN|^2 + |NM_2|^2,$$

$$|M_1P| = |x_2 - x_1|, \quad |PN| = |y_2 - y_1|, \quad |NM_2| = |z_2 - z_1|,$$

故

$$d = |M_1M_2| = \sqrt{(x_2-x_1)^2 + (y_2-y_1)^2 + (z_2-z_1)^2}.$$

特别地：若两点分别为 $M(x,y,z)$，$O(0,0,0)$

$$d = |OM| = \sqrt{x^2 + y^2 + z^2}.$$

例 8.1　已知点 $M(a,b,b)$，$P(9,0,0)$，$Q(-3,0,0)$，且三点满足 $|MP|^2 = |MQ|^2 = 38$，试确定 a，b 的值.

解　由题意有 $|MP|^2 = |MQ|^2$，即 $(9-a)^2 + 2b^2 = (-3-a)^2 + 2b^2$，解得 $a = 3$. 又因为 $|MP|^2 = 38$，即 $(9-3)^2 + 2b^2 = 38$，解得 $b = \pm 1$.

（三）空间曲面及其方程

在平面解析几何中，把平面曲线看成平面中按照一定规律运动的点的轨迹．同样的，在空间解析几何中，我们把曲面也看成空间中按照一定规律运动的点的轨迹．空间动点 $M(x, y, z)$ 所满足的条件通常可用关于 x, y, z 的方程 $F(x, y, z) = 0$ 来表示，这个方程就是曲面的方程．

如果曲面 S 和方程 $F(x, y, z) = 0$ 之间有下述关系：

（1）曲面 S 上任一点的坐标都满足方程；

（2）不在曲面 S 上的点的坐标都不满足方程，或以方程的解为坐标的点都在曲面上，

则称方程 $F(x, y, z) = 0$ 为曲面 S 的方程，而称曲面 S 为该方程的图形或轨迹（图 8-5）．

如 xOz 平面，凡在它上面的点，其坐标都满足方程 $y = 0$，不在它上面的点，坐标就不满足这一方程，因此， xOz 平面就是一个曲面（平面为特殊的曲面），方程就是 $y = 0$．

例 8.2 求与定点 $A(2,1,0)$ 和 $B(1,2,1)$ 等距离的点的轨迹．

解 从几何上看，满足该条件的点的轨迹必定是一个平面（图 8-6），设动点为 $P(x, y, z)$，由两点间距离公式，得

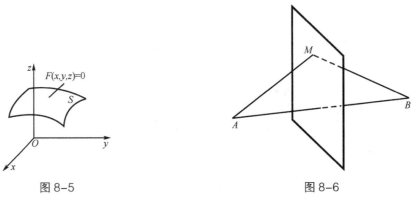

图 8-5   图 8-6

$$\sqrt{(x-2)^2 + (y-1)^2 + (z)^2} = \sqrt{(x-1)^2 + (y-2)^2 + (z-1)^2} ,$$

整理得平面方程

$$-2x + 2y + 2z - 1 = 0 .$$

平面方程

$$Ax + By + Cz + D = 0$$

称为平面的一般方程，其中 A ， B ， C ， D 为常数，且 A ， B ， C 不同时为零．显然 $x = a$ ， $y = b$ ， $z = c$ 等表示垂直于 x, y, z 轴的平面，缺少某个变量的方程表示平行于该轴的平面，如方程 $x + y = 1$ 是平行于 z 轴的平面．

球面 到定点距离等于定常数的点的轨迹即为球面，定点叫做球心，定常数叫做半径，其方程

$$(x - x_0)^2 + (y - y_0)^2 + (z - z_0)^2 = R^2 .$$

是标准球面方程，其球心是点 (x_0, y_0, z_0) ，半径为 R ．

柱面 一动直线 L 沿定曲线 C 作平行移动，所形成的曲面称为柱面．定曲线 C 称为柱面的准线，动直线 L 称为柱面的母线（图 8-7）．

此处只讨论准线位于坐标面上，而母线垂直于该坐标面的柱面．

如果柱面的准线是 xOy 面上的曲线 C： $f(x, y) = 0$ ，母线平行于 z 轴，则该柱面的方程为 $f(x, y) = 0$ （图 8-8）．

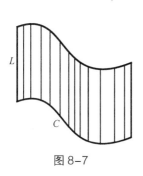

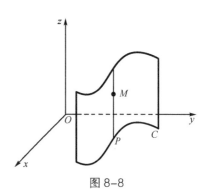

图 8-7　　　　　　　　　　　　　　　　　　图 8-8

这是因为，在此柱面上任取一点 $M(x,y,z)$，过点 M 作平行于 z 轴的直线，此直线与 xOy 面相交于点 $P(x,y,0)$，则点 P 必在准线 C 上，不论 P 点的竖坐标 z 取何值，它在 xOy 面上的横坐标和纵坐标 (x,y) 必定满足方程 $f(x,y)=0$，所以点 $M(x,y,z)$ 也满足方程 $f(x,y)=0$．反之，不在柱面上的点都不可能满足方程．因此，方程 $f(x,y)=0$ 在空间就表示准线为 xOy 面上的曲线 $f(x,y)=0$，母线平行于 z 轴的柱面.

方程 $x^2+y^2=R^2$ 在空间直角坐标系中表示圆柱面．其图形相当于"平行于 z 轴的直线 l（称母线）沿 xOy 坐标面上的曲线 $x^2+y^2=R^2$（称准线）划过的轨迹（图 8-9）.类似地，方程 $x^2=2y$ 在空间直角坐标系中，表示平行于 z 轴的直线 l 沿 xOy 面上的抛物线 $x^2=2y$ 划过的轨迹（图 8-10），称为抛物柱面；方程 $x+z=1$ 表示平行于 y 轴的平面（图 8-11），也是柱面.

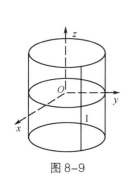
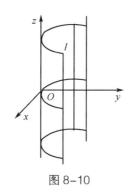
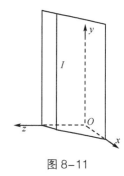

图 8-9　　　　　　　　　图 8-10　　　　　　　　　图 8-11

空间曲线的一般方程　空间直线可看作两个相交平面的交线．类似地，空间曲线也以可看作两个相交曲面的交线.例如，xOy 面上的圆 $x^2+y^2=a^2$ 可以看成球面 $x^2+y^2+z^2=a^2$ 与平面 $z=0$ 的交线，其方程为

$$\begin{cases} x^2+y^2+z^2=a^2, \\ z=0. \end{cases}$$

一般地，若已知两个相交曲面 $F(x,y,z)=0$ 及 $G(x,y,z)=0$，则可用方程组

$$\begin{cases} F(x,y,z)=0, \\ G(x,y,z)=0 \end{cases}$$

表示交线的方程，称为空间曲线的一般方程.

特点　曲线上的点都满足方程组，满足方程组的点都在曲线上.

一般的二次曲面　可以用三元二次方程表示的曲面称为二次曲面。球面和用二次方程表示的柱面是常见的二次曲面，对于一般的二次曲面，往往通过平面截痕法得到它的图.

平面截痕法是用坐标面或与坐标面平行的平面截割曲面，从得到的交线（截痕）形状了解曲面全貌的一种方法.

例 8.3 用截痕法分析下列方程所表示的曲面的形状.

（1）$z = 3x^2 + y^2$ ；（2）$z^2 = 3x^2 + y^2$ ；（3）$x^2 + y^2 = 1 + \dfrac{1}{4}z^2$.

解 （1）令 $z = k \geq 0$ ，k 取不同值时，得到一系列垂直于 z 轴的平面与曲面的交线（截痕），这是一系列椭圆 $3x^2 + y^2 = k$ ；同理，在垂直于 x 轴的系列平面 $x = k$ 上得到一系列抛物线 $z - 3k^2 = y^2$ ；垂直于 y 轴的系列平面 $y = k$ 上得到系列抛物线 $z - k^2 = 3x^2$ ，像这种截痕中有椭圆、抛物线的二次曲面称为椭圆抛物面（图 8-12）.

（2）类似地，方程 $z^2 = 3x^2 + y^2$ 表示的曲面（图 8-13）称为椭圆锥面.

（3）方程 $x^2 + y^2 = 1 + \dfrac{1}{4}z^2$ ，令 z 为任意常数，得到一系列圆；令 x 或 y 为任意常数，都得到一系列双曲线，所以这曲面称为旋转双曲面（图 8-14）.

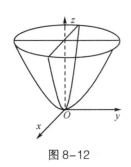

图 8-12

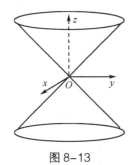

图 8-13

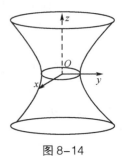

图 8-14

二、多元函数概念

自然现象以及实际问题中经常会遇到多个变量之间的依赖关系，下面给出多元函数的定义.

定义 8.1 设某一变化过程中有三个变量 x ，y ，z ，如果对于每一个有序实数对 $(x, y) \in D$ ，按照某一固定的对应法则 f ，变量 z 都有唯一的实数值与之对应，则称变量 z 为变量 x ，y 的二元函数（function of two variables），记为

$$z = f(x, y) ,$$

其中，集合 D 称为函数的定义域，集合 $M = \{z \mid z = f(x, y), (x, y) \in D\}$ 称为函数的值域，x ，y 称为自变量，z 称为因变量.

事实上，有序实数 (x, y) 对应于 xOy 平面上的一个点 $P(x, y)$ ，于是二元函数的定义域 D 是 xOy 平面上的一个点集，在这里我们统称为区域，$z = f(x, y)$ 也可以看作是平面上点 P 的函数，记作 $z = f(P)$. 此外，在讨论多元函数的定义域时，一般都是使算式有意义的点的集合，如果涉及实际问题，还需要满足实际问题本身的意义.

例 8.4 求函数 $z = \ln(x + y)$ 的定义域.

解 自变量 x, y 所取的值必须满足不等式 $x + y > 0$ ，即定义域为

$$D = \{(x, y) \mid x + y > 0\} ,$$

D 表示在 xOy 面上直线 $x + y = 0$ 上方的半平面（不包含边界 $x + y = 0$ ），如图 8-15 所示.

例 8.5 求函数 $z = \arcsin(x^2 + y^2)$ 的定义域.

解 该函数的定义域为满足 $x^2 + y^2 \leq 1$ 的 x, y ，即定义域为

$$D = \{(x,y) \mid x^2 + y^2 \le 1\},$$

D 表示 xOy 面上以原点为圆心，1 为半径的圆域，如图 8-16 所示.

二元函数定义域内任意一点 $M(x,y)$，按照 $z = f(x,y)$ 计算出函数 z，可确定空间一点 $P(x,y,z)$，当 $M(x,y)$ 在定义域内变动时，点 $P(x,y,z)$ 的运动轨迹就是函数 $z = f(x,y)$ 的几何图形，它是一个空间曲面，如图 8-17 所示.

关于二元函数，也有复合函数和初等函数的概念，简称为二元复合函数和二元初等函数，它们与一元函数中的复合函数和初等函数的概念相似，这里不再详细叙述.

对于三元函数 $u = f(x,y,z)$ 及 n 元函数 $y = f(x_1, x_2, \cdots, x_n)$ 的定义类似于二元函数，二元及以上的函数统称为多元函数.

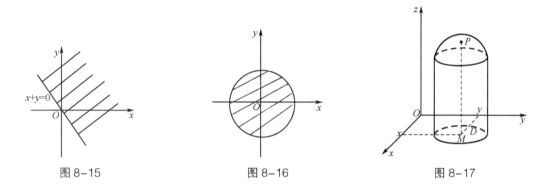

图 8-15　　　　　　图 8-16　　　　　　图 8-17

第二节　多元函数的极限与连续

一、二元函数的极限

这里先讨论二元函数的极限，即讨论二元函数 $z = f(x,y)$ 当 $(x,y) \to (x_0, y_0)$，即 $P(x,y) \to P_0(x_0, y_0)$ 时的极限.

由于动点 $P(x,y)$ 在 xOy 平面上变化，因此，$P(x,y) \to P_0(x_0, y_0)$ 的方向有任意多个，路径也有无限多种，这比一元函数要复杂得多，但可以用动点 $P(x,y)$ 与 $P_0(x_0, y_0)$ 的距离趋向于 0 来刻画，即

$$|PP_0| = \sqrt{(x - x_0)^2 + (y - y_0)^2} \to 0.$$

定义 8.2　设二元函数 $z = f(x,y)$ 在点 $P_0(x_0, y_0)$ 的附近有定义（在点 P_0 处可以没有定义），当点 $P(x,y)$ 以任何方式无限趋向于 $P_0(x_0, y_0)$ 时，函数 $f(x,y)$ 的值都无限趋向于某一确定的常数 A，则称 A 为函数 $z = f(x,y)$ 当 $P \to P_0$ 时的极限，记为

$$\lim_{(x,y) \to (x_0,y_0)} f(x,y) = \lim_{\substack{x \to x_0 \\ y \to y_0}} f(x,y) = \lim_{P \to P_0} f(x,y) = A \ \text{或}\ f(x,y) \to A，当 (x,y) \to (x_0, y_0) 时.$$

为了区别于一元函数的极限，将二元函数的极限叫做二重极限.

注　所谓二重极限存在，是指 $P(x,y)$ 以任何方式趋于 $P_0(x_0, y_0)$ 时，函数都趋于同一个数值 A. 因此，如果 $P(x,y)$ 以某种特殊方式，例如，沿着一条或几条定直线或定曲线趋向于点 $P_0(x_0, y_0)$ 时，即使函数都趋向于同一个常数 A，也不能由此断定函数的极限存在. 但是，如果当 $P(x,y)$ 以几种不同的路径趋向于点 $P_0(x_0, y_0)$ 时，函数趋于不同的值，那么就可以断定该函数当 $P \to P_0$ 时的极限是不存在的.

例 8.6 讨论极限 $\lim\limits_{(x,y)\to(0,0)}\dfrac{x^2-y^2}{x^2+y^2}$ 是否存在?

解 令 $f(x,y)=\dfrac{x^2-y^2}{x^2+y^2}$，当 (x,y) 沿着 x 轴趋向于点 $(0,0)$ 时，即 $y=0$，有 $f(x,0)=\dfrac{x^2}{x^2}=1(x\neq 0)$，所以，$f(x,y)\to 1$；

当 (x,y) 沿着 y 轴趋向于点 $(0,0)$ 时，即 $x=0$，有 $f(0,y)=\dfrac{-y^2}{y^2}=-1(y\neq 0)$，所以，$f(x,y)\to -1$；

由此可知，(x,y) 沿着不同的路径趋向于 $(0,0)$ 时，$f(x,y)$ 趋向于不同的值，故 $\lim\limits_{(x,y)\to(0,0)}\dfrac{x^2-y^2}{x^2+y^2}$ 不存在.

例 8.7 如果 $f(x,y)=\dfrac{xy}{x^2+y^2}$，则 $\lim\limits_{(x,y)\to(0,0)}f(x,y)$ 是否存在?

解 若 $y=0$，则 $f(x,0)=\dfrac{0}{x^2}=0$，所以当 (x,y) 沿着 x 轴趋向于点 $(0,0)$ 时 $f(x,y)\to 0$.

若 $x=0$，则 $f(0,y)=\dfrac{0}{y^2}=0$，所以当 (x,y) 沿着 y 轴趋向于点 $(0,0)$ 时 $f(x,y)\to 0$.

这里，虽然 (x,y) 沿着坐标轴趋向于点 $(0,0)$ 时，都有 $f(x,y)$ 趋向于同一数值 0，但并不能就此说明 $\lim\limits_{(x,y)\to(0,0)}f(x,y)=0$，这是因为，当 (x,y) 沿着直线 $y=mx$ 趋向于 $(0,0)$ 时，有

$$\lim_{\substack{(x,y)\to(0,0)\\ y=mx}}\frac{xy}{x^2+y^2}=\lim_{x\to 0}\frac{mx^2}{x^2+m^2x^2}=\frac{m}{1+m^2},$$

它随着 m 值的变化而变化. 因此，极限 $\lim\limits_{(x,y)\to(0,0)}f(x,y)$ 不存在.

一元函数的极限运算法则和性质完全可以推广到二元函数.

例 8.8 求极限 $\lim\limits_{(x,y)\to(0,0)}\dfrac{x^2y}{x^2+y^2}$.

解 由于 $x^2\leqslant x^2+y^2$，故有 $\dfrac{x^2}{x^2+y^2}\leqslant 1$，所以

$$0<\left|\frac{x^2y}{x^2+y^2}\right|=\frac{x^2|y|}{x^2+y^2}\leqslant |y|=\sqrt{y^2}\leqslant\sqrt{x^2+y^2}.$$

而 $\sqrt{x^2+y^2}$ 恰是点 $P(x,y)$ 与原点 $O(0,0)$ 之间的距离 $|PO|$，因此当 $P(x,y)$ 以任何方式趋向于点 $O(0,0)$ 时，即 $|PO|=\sqrt{x^2+y^2}\to 0$，由极限存在准则（夹逼定理）有

$$\lim_{(x,y)\to(0,0)}\frac{xy^2}{x^2+y^2}=0.$$

例 8.9 求 $\lim\limits_{(x,y)\to(0,2)}\dfrac{\sin xy}{x}$.

解 $x\neq 0$ 但函数在 $(0,2)$ 附近有定义，由乘积的极限运算法则及极限 $\lim\limits_{x\to 0}\dfrac{\sin x}{x}=1$，可得

$$\lim_{(x,y)\to(0,2)}\frac{\sin xy}{x}=\lim_{(x,y)\to(0,2)}\left[\frac{\sin xy}{xy}\cdot y\right]=\lim_{xy\to0}\frac{\sin xy}{xy}\lim_{y\to2}y=1\cdot2=2.$$

二、二元函数的连续性

定义 8.3　设二元函数 $z=f(x,y)$ 在点 (x_0,y_0) 及其附近有定义，如果

$$\lim_{(x,y)\to(x_0,y_0)}f(x,y)=f(x_0,y_0),$$

则称函数 $f(x,y)$ 在点 (x_0,y_0) 处连续.

如果函数 $f(x,y)$ 在区域 D 内每一点都连续，称函数在 D 内连续. 函数的不连续的点叫做函数的间断点.

类似于一元函数，$z=f(x,y)$ 在点 (x_0,y_0) 处连续的充分必要条件是：

（1）$z=f(x,y)$ 在点 (x_0,y_0) 有定义；

（2）$\lim\limits_{(x,y)\to(x_0,y_0)}f(x,y)$ 存在；

（3）$\lim\limits_{(x,y)\to(x_0,y_0)}f(x,y)=f(x_0,y_0)$.

不满足上述三条中任何一条的点即为函数的间断点.

例如，函数 $f(x,y)=\begin{cases}\dfrac{x^2-y^2}{x^2+y^2}, & (x,y)\neq(0,0),\\[2mm] 0, & (x,y)=(0,0),\end{cases}$ 虽然在 $(0,0)$ 处有定义，由例 8.6 可知极限不存在，故点 $(0,0)$ 是间断点. 二元函数的间断点可能形成一条或几条曲线.

例 8.10　求函数 $z=\sin\dfrac{1}{x^2+y^2-1}$ 的间断点？

解　因为 $x^2+y^2-1=0$ 时，函数在圆周 $x^2+y^2=1$ 上无定义，故函数的间断点是圆周 $x^2+y^2=1$ 上的所有点.

类似一元函数，根据函数连续的定义及极限运算法则可以证明：二元连续函数经有限次四则运算及复合仍是连续函数；二元初等函数在其定义区域内连续；在有界闭区域上连续的二元函数必有最大值和最小值等.

例 8.11　讨论函数 $f(x,y)=\begin{cases}\dfrac{x^2y}{x^2+y^2}, & (x,y)\neq(0,0),\\[2mm] 0, & (x,y)=(0,0),\end{cases}$ 的连续性.

解　当 $(x,y)\neq(0,0)$ 时，$f(x,y)=\dfrac{x^2y}{x^2+y^2}$ 是初等函数，所以是连续函数；

当 $(x,y)=(0,0)$ 时，因为 $\lim\limits_{(x,y)\to(0,0)}f(x,y)=\lim\limits_{(x,y)\to(0,0)}\dfrac{x^2y}{x^2+y^2}=0=f(0,0)$，所以函数在点 $(0,0)$ 处也连续；综合上述，函数在整个 xOy 平面 $\mathbb{R}^2$ 上都是连续的.

例 8.12　求 $\lim\limits_{(x,y)\to(1,2)}(x^2y^3-x^3y^2+3x-2y)$.

解　因为 $f(x,y)=x^2y^3-x^3y^2+3x-2y$ 是连续函数，故

$$\lim_{(x,y)\to(1,2)}(x^2y^3-x^3y^2+3x-2y)=1^2\cdot2^3-1^3\cdot2^2+3\cdot1-2\cdot2=3.$$

以上关于二元函数的极限与连续性概念以及相关的运算，可以相应地推广到 n 元函数 $y=f(x_1,x_2,\cdots,x_n)$ 上去.

第三节 偏 导 数

一、偏导数的定义及其计算方法

先看一具体问题，具有一定量的理想气体的压强 P、体积 V、温度 T 三者之间的关系为

$P = \dfrac{RT}{V}$（R 为常量），

在温度 T 不变时（等温过程），压强 P 关于体积 V 的变化率就是

$$\left(\frac{\mathrm{d}P}{\mathrm{d}V}\right)_{T=\text{常数}} = -\frac{RT}{V^2},$$

在体积 V 固定不变，即考虑等容过程，则压强 P 是温度 T 的一元函数，故变化率就是

$\left(\dfrac{\mathrm{d}P}{\mathrm{d}T}\right)_{V=\text{常数}} = \dfrac{R}{V}$.

一般地，设函数 $z = f(x, y)$ 是一个二元函数，如果将自变量 y 固定，即 $y = y_0$ 为常数，那么函数 $z = f(x, y_0)$ 即可视为关于自变量 x 的一元函数，为方便可记为 $g(x) = f(x, y_0)$. 如果 $g(x)$ 可导，就称二元函数 $f(x, y)$ 对变量 x 的偏导数存在，即有如下定义.

（一）偏导数的定义

定义 8.4 设 $z = f(x, y)$ 是一个关于自变量 x, y 的二元函数，固定 $y = y_0$，那么 $f(x, y_0) = g(x)$ 是 一 个 关 于 自 变 量 x 的 一 元 函 数. 如 果 函 数 $g(x)$ 在 点 x_0 处 可 导，即 $\lim\limits_{\Delta x \to 0} \dfrac{g(x_0 + \Delta x) - g(x_0)}{\Delta x} = \lim\limits_{\Delta x \to 0} \dfrac{f(x_0 + \Delta x, y_0) - f(x_0, y_0)}{\Delta x}$ 存 在，我 们 称 此 极 限 值 为 二 元 函 数 $z = f(x, y)$ 在点 (x_0, y_0) 处关于 x 的**偏导数**（partial derivative），记为 $f'_x(x_0, y_0)$，即

$$f'_x(x_0, y_0) = \lim_{\Delta x \to 0} \frac{f(x_0 + \Delta x, y_0) - f(x_0, y_0)}{\Delta x}.$$

类似地，可定义函数 $z = f(x, y)$ 在点 (x_0, y_0) 处对 y 的偏导数，即

$$f'_y(x_0, y_0) = \lim_{\Delta y \to 0} \frac{f(x_0, y_0 + \Delta y) - f(x_0, y_0)}{\Delta y}.$$

由一元导函数的概念可知，如果函数 $z = f(x, y)$ 在区域 D 内任意一点 (x, y) 处都存在关于 x 的偏导数，这就在区域 D 内定义了一个新的函数，称之为函数 $z = f(x, y)$ 关于 x 的偏导函数，即

$$f'_x(x, y) = \lim_{\Delta x \to 0} \frac{f(x + \Delta x, y) - f(x, y)}{\Delta x};$$

同样，有函数 $z = f(x, y)$ 关于 y 的偏导函数，即

$$f'_y(x, y) = \lim_{\Delta y \to 0} \frac{f(x, y + \Delta y) - f(x, y)}{\Delta y}.$$

关于偏导数，还有如下几种表示方法：

$$f'_x(x, y) = f_x{}' = \frac{\partial z}{\partial x} = \frac{\partial}{\partial x} f(x, y) = \frac{\partial f}{\partial x} = z'_x, \quad f'_y(x, y) = f_y{}' = \frac{\partial z}{\partial y} = \frac{\partial}{\partial y} f(x, y) = \frac{\partial f}{\partial y} = z'_y.$$

显然，函数 $z = f(x, y)$ 在点 (x_0, y_0) 处的偏导数其实就是偏导函数在相应点处的函数值，如 $f'_x(x_0, y_0) = f'_x(x, y)\big|_{\substack{x=x_0 \\ y=y_0}}$. 类似一元函数的导函数，以后在不至于引起混淆的地方偏导函数都简称为偏导数.

同多元函数的极限一样，偏导数的定义也可以推广到二元以上的函数.

（二）偏导数的计算

从定义上看，求 $z = f(x, y)$ 的偏导数只需要按照一元函数求导法求就可以了，一元函数的求导法则和求导公式在此仍然适用. 比如要求 $f_x'(x, y)$，就把函数 $f(x, y)$ 中的 y 看成常数而对 x 求导数；同理，要求 $f_y'(x, y)$，就需要把函数 $f(x, y)$ 中的 x 看成常量而对 y 求导数.

例 8.13 已知 $f(x, y) = x^3 + x^2 y^3 - 2y^2$，求 $f_x'(2,1)$ 和 $f_y'(2,1)$.

解 视 y 为常量，对 x 求导，$f_x'(x, y) = 3x^2 + 2xy^3$；

视 x 为常量，对 y 求导，$f_y'(x, y) = 3x^2 y^2 - 4y$.

将 $(2,1)$ 代入上面结果得

$$f_x'(2,1) = 3 \cdot 2^2 + 2 \cdot 2 \cdot 1^3 = 16 ; \qquad f_y'(2,1) = 3 \cdot 2^2 \cdot 1^2 - 4 \cdot 1 = 8 .$$

例 8.14 分别求 $z = x^2 \sin 2y + e^{xy}$ 对 x 和 y 的偏导数.

解 $\dfrac{\partial z}{\partial x} = 2x \sin 2y + e^{xy} \cdot y$；$\qquad \dfrac{\partial z}{\partial y} = 2x^2 \cos 2y + e^{xy} \cdot x$.

例 8.15 求函数 $f(x, y) = \begin{cases} \dfrac{xy}{x^2 + y^2}, & (x, y) \neq (0, 0), \\ 0, & (x, y) = (0, 0), \end{cases}$ 求 $f_x'(0,0)$ 和 $f_y'(0,0)$.

解 由于函数是分段函数，只能用定义求

$$f_x'(0,0) = \lim_{\Delta x \to 0} \frac{f(0 + \Delta x, 0) - f(0, 0)}{\Delta x} = \lim_{\Delta x \to 0} \frac{\dfrac{\Delta x \cdot 0}{(\Delta x^2) + 0^2}}{\Delta x} = 0 ,$$

$$f_y'(0,0) = \lim_{\Delta y \to 0} \frac{f(0, 0 + \Delta y) - f(0, 0)}{\Delta y} = \lim_{\Delta y \to 0} \frac{\dfrac{0 \cdot \Delta y}{0^2 + (\Delta y)^2}}{\Delta y} = 0 .$$

例 8.16 求 $z = \sin\left(\dfrac{y}{1+x}\right)$ 对 x，y 的偏导数.

解 $\dfrac{\partial z}{\partial x} = \cos\left(\dfrac{y}{1+x}\right) \cdot \dfrac{\partial}{\partial x}\left(\dfrac{y}{1+x}\right) = -\cos\left(\dfrac{y}{1+x}\right) \cdot \dfrac{y}{(1+x)^2}$，

$\dfrac{\partial z}{\partial y} = \cos\left(\dfrac{y}{1+x}\right) \cdot \dfrac{\partial}{\partial y}\left(\dfrac{y}{1+x}\right) = \cos\left(\dfrac{y}{1+x}\right) \cdot \dfrac{1}{(1+x)}$.

（三）偏导数的几何意义

在空间直角坐标系中，二元函数 $z = f(x, y)$ 的图形表示一个曲面，若取定 $y = y_0$，相当于用平面 $y = y_0$ 去截曲面 $z = f(x, y)$，得一条平面的交线 $z = f(x, y_0)$，也可以表示为 $\begin{cases} z = f(x, y), \\ y = y_0, \end{cases}$ 如图 8-18 所示. 显然，交线 $z = f(x, y_0)$ 是 x 的一元函数，偏导数 $f_x'(x_0, y_0)$ 就是一元函数 $z = f(x, y_0)$ 在 x_0 处的导数，所以偏导数 $f_x'(x_0, y_0)$ 在几何上表示曲线 $z = f(x, y_0)$ 在点 $M_0(x_0, y_0, z_0)$ 处的切线对 x 轴的斜率.

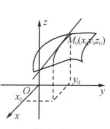

图 8-18

同理, 二元函数 $z = f(x, y)$ 在点 (x_0, y_0) 处对 y 的偏导数 $f_y'(x_0, y_0)$, 就是一元函数 $z = f(x_0, y)$ 在 y_0 处的导数, 即平面曲线 $z = f(x_0, y)$ 在点 $M_0(x_0, y_0, z_0)$ 处的切线对 y 轴的斜率.

值得注意的是, 一元函数在某点的导数存在, 则它在该点必然连续. 但多元函数在某点即使各个偏导数都存在, 也不能保证它在该点连续, 如例 8.15, $f_x'(0, 0) = f_y'(0, 0) = 0$, 但是 $\lim\limits_{(x, y) \to (0, 0)} f(x, y)$ 不存在.

二、高阶偏导数

函数 $z = f(x, y)$ 在区域 D 内的偏导数 $f_x'(x, y)$, $f_y'(x, y)$ 一般仍为 x, y 的函数. 如果它们也存在偏导数, 则称此偏导数为函数 $z = f(x, y)$ 的二阶偏导数, 按照对变量求导次序的不同有下列四个二阶偏导数:

$$\frac{\partial}{\partial x}\left(\frac{\partial z}{\partial x}\right) = \frac{\partial^2 z}{\partial x^2} = \frac{\partial^2 f}{\partial x^2} = f_{xx}'',$$

$$\frac{\partial}{\partial y}\left(\frac{\partial z}{\partial x}\right) = \frac{\partial^2 z}{\partial x \partial y} = \frac{\partial^2 f}{\partial x \partial y} = f_{xy}'',$$

$$\frac{\partial}{\partial x}\left(\frac{\partial z}{\partial y}\right) = \frac{\partial^2 z}{\partial y \partial x} = \frac{\partial^2 f}{\partial y \partial x} = f_{yx}'',$$

$$\frac{\partial}{\partial y}\left(\frac{\partial z}{\partial y}\right) = \frac{\partial^2 z}{\partial y^2} = \frac{\partial^2 f}{\partial y^2} = f_{yy}'',$$

其中 f_{xy}'', f_{yx}'' 称为二阶混合偏导数, 同样可定义三阶、四阶等及 n 阶偏导数. 二阶及二阶以上的偏导数统称为高阶偏导数.

例 8.17 求函数 $z = x^3 + x^2 y^3 - 2y^2$ 的二阶偏导数.

解 由例 8.13 可知, $\dfrac{\partial z}{\partial x} = 3x^2 + 2xy^3$, $\dfrac{\partial z}{\partial y} = 3x^2 y^2 - 4y$.

故有

$$\frac{\partial^2 z}{\partial x^2} = \frac{\partial}{\partial x}(3x^2 + 2xy^3) = 6x + 2y^3, \qquad \frac{\partial^2 z}{\partial x \partial y} = \frac{\partial}{\partial y}(3x^2 + 2xy^3) = 6xy^2,$$

$$\frac{\partial^2 z}{\partial y \partial x} = \frac{\partial}{\partial x}(3x^2 y^2 - 4y) = 6xy^2, \qquad \frac{\partial^2 z}{\partial y^2} = \frac{\partial}{\partial y}(3x^2 y^2 - 4y) = 6x^2 y - 4.$$

本例中混合偏导数相等, 即 $\dfrac{\partial^2 z}{\partial x \partial y} = \dfrac{\partial^2 z}{\partial y \partial x}$. 对此情况, 一般地有如下定理.

定理 8.1 若函数 $z = f(x, y)$ 的两个二阶混合偏导数 $\dfrac{\partial^2 z}{\partial x \partial y}$, $\dfrac{\partial^2 z}{\partial y \partial x}$ 在点 (x, y) 处连续, 则在该点有 $\dfrac{\partial^2 z}{\partial x \partial y} = \dfrac{\partial^2 z}{\partial y \partial x}$.

即二阶混合偏导数在连续的条件下与求导次序无关, 定理证明从略.

例 8.18 验证函数 $z = e^x \sin y$ 满足方程 $\dfrac{\partial^2 z}{\partial x^2} + \dfrac{\partial^2 z}{\partial y^2} = 0$.

证明 $\dfrac{\partial z}{\partial x} = e^x \sin y$, $\qquad \dfrac{\partial z}{\partial y} = e^x \cos y$, $\qquad \dfrac{\partial^2 z}{\partial x^2} = e^x \sin y$, $\qquad \dfrac{\partial^2 z}{\partial y^2} = -e^x \sin y$,

因此，$\dfrac{\partial^2 z}{\partial x^2} + \dfrac{\partial^2 z}{\partial y^2} = e^x \sin y - e^x \sin y = 0$，等式成立.

例 8.18 中的方程叫做拉普拉斯（Laplace）方程，它在研究热传导、流体运动、电位中应用广泛.

第四节 全 微 分

一、全微分与全增量

前面讨论了一元函数的增量与微分的关系，对于一元函数 $y = f(x)$，如果 $f(x)$ 在点 x 处可导，当自变量 x 有增量 Δx 时，那么 $f'(x)\Delta x$ 称为函数的微分 dy，并且当 Δx 很小时，有 $\Delta y \approx dy$.

对于二元函数，设二元函数 $z = f(x, y)$，当自变量 x，y 分别有增量 Δx 和 Δy 时，对应函数的增量

$$\Delta z = f(x + \Delta x, y + \Delta y) - f(x, y)$$

称为函数 $z = f(x, y)$ 的全增量（total increment）.

全增量的计算一般比较复杂，同一元函数一样，我们希望用自变量增量 Δx，Δy 的线性函数来近似代替，首先我们讨论下面的引例.

引例 已知矩形金属薄片的边长分别由 x，y 变为 $x + \Delta x$ 和 $y + \Delta y$，研究矩形的面积 S 的全增量.

解 矩形的面积 $S = xy$，面积 S 的全增量为

$$\Delta S = (x + \Delta x) \cdot (y + \Delta y) - x \cdot y = (y \cdot \Delta x + x \cdot \Delta y) + \Delta x \cdot \Delta y,$$

上式由两部分组成，其中第一部分为 Δx，Δy 的线性函数；第二部分当 $\Delta x \to 0$，$\Delta y \to 0$ 时，是比 $\rho = \sqrt{\Delta x^2 + \Delta y^2}$ 的高阶无穷小（这是因为 $\lim\limits_{(\Delta x, \Delta y) \to (0,0)} (\Delta x \Delta y / \sqrt{\Delta x^2 + \Delta y^2}) = 0$）. 因此，当 Δx 和 Δy 很小时，可以用 $y \cdot \Delta x + x \cdot \Delta y$ 来近似代替面积的全增量，而且注意到式中 Δx 和 Δy 的系数分别是面积 S 对 x 和 y 的偏导数，类似一元函数，定义 $y \cdot \Delta x + x \cdot \Delta y$ 为面积 S 在点 (x, y) 处的全微分.

对于一般的函数，我们给出如下定义.

定义 8.5 设函数 $z = f(x, y)$ 在点 (x, y) 及其附近有定义，如果函数在点 (x, y) 的全增量

$$\Delta z = f(x + \Delta x, y + \Delta y) - f(x, y)$$

可以表示为

$$\Delta z = A\Delta x + B\Delta y + o(\rho),$$

其中常数 A，B 不依赖 Δx，Δy，仅与 x，y 有关，$o(\rho)$ 为 $\rho = \sqrt{(\Delta x)^2 + (\Delta y)^2}$ 的高阶无穷小，则称函数在点 (x, y) 可微分，$A\Delta x + B\Delta y$ 称为函数在点 (x, y) 处的全微分（total differential），记作 dz，即 $dz = A\Delta x + B\Delta y$.

前面已经指出，多元函数在某点的偏导数存在，并不能保证函数在该点连续. 但由上述定义可知，函数 $z = f(x, y)$ 在点 (x, y) 可微分，那么函数在该点必定连续.

事实上，假设函数 $z = f(x, y)$ 在点 (x, y) 可微分，则由定义知

$$\Delta z = A\Delta x + B\Delta y + o(\rho).$$

注意到 $\rho \to 0$ 时，同时有 $\Delta x \to 0$，$\Delta y \to 0$，且 A，B 为不依赖于 Δx，Δy 的常数，那么 $\lim\limits_{\rho \to 0} \Delta z = 0$.

结合全增量的定义 $\Delta z = f(x + \Delta x, y + \Delta y) - f(x, y)$ 有

$$\lim_{(\Delta x, \Delta y) \to (0,0)} f(x + \Delta x, y + \Delta y) = \lim_{\rho \to 0}[f(x, y) + \Delta z] = f(x, y),$$

这就是说函数 $z = f(x, y)$ 在点 (x, y) 连续.

下面讨论全微分中常数 A，B 的形式，我们有如下定理.

定理 8.2 如果函数 $z = f(x, y)$ 在点 (x, y) 可微分，则函数在该点的偏导数 $\dfrac{\partial z}{\partial x}$，$\dfrac{\partial z}{\partial y}$ 必定存在，

且函数在该点的全微分为 $\mathrm{d}z = \dfrac{\partial z}{\partial x}\Delta x + \dfrac{\partial z}{\partial y}\Delta y$.

证明 设函数 $z = f(x, y)$ 在点 $P(x, y)$ 可微分，于是对点 P 的某邻域内任意一点 $P_1(x + \Delta x, y + \Delta y)$，总有

$$\Delta z = f(x + \Delta x, y + \Delta y) - f(x, y) = A\Delta x + B\Delta y + o(\rho).$$

A，B，ρ 意义如前述，特别地，对于 $\Delta y = 0$ 上式也是成立的，即

$$f(x + \Delta x, y) - f(x, y) = A\Delta x + o(|\Delta x|),$$

上式两端同时除以 Δx，再对 $\Delta x \to 0$ 取极限，有

$$\lim_{\Delta x \to 0} \frac{f(x + \Delta x, y) - f(x, y)}{\Delta x} = A.$$

从而偏导数 $\dfrac{\partial z}{\partial x}$ 存在，且等于 A，同理可证 $\dfrac{\partial z}{\partial y} = B$. 证毕.

与一元函数类似，把自变量的增量叫做自变量的微分，即 $\Delta x = \mathrm{d}x$，$\Delta y = \mathrm{d}y$. 所以全微分又可以写成 $\mathrm{d}z = \dfrac{\partial z}{\partial x}\mathrm{d}x + \dfrac{\partial z}{\partial y}\mathrm{d}y$，其中，第一项 $\dfrac{\partial z}{\partial x}\mathrm{d}x$ 称为函数关于自变量 x 的偏微分（partial differential），第二项 $\dfrac{\partial z}{\partial y}\mathrm{d}y$ 称为函数关于 y 的偏微分，即全微分等于两个偏微分之和，此性质称为微分的叠加原理.

如果函数 $z = f(x, y)$ 在区域 D 内每点都可微，则称这函数 $z = f(x, y)$ 在 D 内可微.

例 8.19 求函数 $z = x\mathrm{e}^{x+y}$ 的全微分.

解 $\dfrac{\partial z}{\partial x} = \mathrm{e}^{x+y} + x\mathrm{e}^{x+y}$，$\dfrac{\partial z}{\partial y} = x\mathrm{e}^{x+y}$，所以

$$\mathrm{d}z = (\mathrm{e}^{x+y} + x\mathrm{e}^{x+y})\mathrm{d}x + x\mathrm{e}^{x+y}\mathrm{d}y.$$

微分的叠加原理也可以推广. 如三元函数 $u = f(x, y, z)$ 的全微分存在，则

$$\mathrm{d}u = \frac{\partial u}{\partial x}\mathrm{d}x + \frac{\partial u}{\partial y}\mathrm{d}y + \frac{\partial u}{\partial z}\mathrm{d}z.$$

例 8.20 设函数 $z = 5x^2 + y^2$，求当 (x, y) 由 $(1, 2)$ 变为 $(1.1, 2.05)$ 时的全微分 $\mathrm{d}z$ 和全增量 Δz.

解 $\dfrac{\partial z}{\partial x} = 10x$，$\dfrac{\partial z}{\partial y} = 2y$，所以

$$\mathrm{d}z = 10x\mathrm{d}x + 2y\mathrm{d}y.$$

当 (x, y) 由 $(1, 2)$ 变为 $(1.1, 2.05)$ 时，$\Delta x = 1.1 - 1 = 0.1$，$\Delta y = 2.05 - 2 = 0.05$，此时，$\mathrm{d}z = 10 \times 1 \times 0.1 + 2 \times 2 \times 0.05 = 1.2$.

$$\begin{aligned}
\Delta z &= f(1.1, 2.05) - f(1, 2) \\
&= (5 \cdot 1.1^2 + 2.05^2) - (5 \cdot 1^2 + 2^2) \\
&= 1.2525.
\end{aligned}$$

例 8.21 求函数 $u = x + \sin\dfrac{y}{2} + \mathrm{e}^{yz}$ 的全微分.

解 因为 $\dfrac{\partial u}{\partial x} = 1$，$\dfrac{\partial u}{\partial y} = \dfrac{1}{2}\cos\dfrac{y}{2} + z\mathrm{e}^{yz}$，$\dfrac{\partial u}{\partial z} = y\mathrm{e}^{yz}$，所以

$$du = dx + \left(\frac{1}{2}\cos\frac{y}{2} + ze^{yz}\right)dy + ye^{yz}dz .$$

对于一元函数来说，可微与可导是互为充分必要条件的．但对于二元函数来说，上述定理表明：如果函数在某点处可微，则在该点处的偏导数存在．但是反之，如果二元函数的两个偏导数都存在，虽然形式上可以写出 $\frac{\partial z}{\partial x}dx + \frac{\partial z}{\partial y}dy$，但它与 Δz 的差不一定是 ρ 的高阶无穷小，也就是说 $\frac{\partial z}{\partial x}dx + \frac{\partial z}{\partial y}dy$ 不一定是函数的全微分，所以并不能保证函数是可微的．只有在各偏导数 $\frac{\partial z}{\partial x}$，$\frac{\partial z}{\partial y}$ 连续的情况下，函数才可以微分，且

$$dz = \frac{\partial z}{\partial x}dx + \frac{\partial z}{\partial y}dy .$$

这里受篇幅所限，对此不作详细讨论．

二、全微分在近似计算中的应用

设函数 $z = f(x, y)$ 在点 (x_0, y_0) 处可微，当自变量 x，y 在该点处的增量的绝对值 $|\Delta x|$，$|\Delta y|$ 很小时，全增量 Δz 可以用全微分 dz 近似代替，即

$$\Delta z \approx dz = f_x'(x_0, y_0)\Delta x + f_y'(x_0, y_0)\Delta y .$$

又因为全增量 $\Delta z = f(x_0 + \Delta x, y_0 + \Delta y) - f(x_0, y_0)$，故有

$$f(x_0 + \Delta x, y_0 + \Delta y) \approx f(x_0, y_0) + f_x'(x_0, y_0)\Delta x + f_y'(x_0, y_0)\Delta y .$$

例 8.22　设矩形的边 $x = 6\mathrm{m}$，$y = 8\mathrm{m}$．若第一个边增加 $2\mathrm{mm}$，而第二个边减少 $5\mathrm{mm}$，则矩形的面积变化多少？

解　设矩形的面积 $S = xy$，依题意，$x = 6$，$y = 8$，$dx = \Delta x = 2\times10^{-3}$，$dy = \Delta y = -5\times10^{-3}$ 且 $\frac{\partial S}{\partial x} = y$，$\frac{\partial S}{\partial y} = x$，则面积的改变量 ΔS 可以用全微分近似代替，即 $\Delta S \approx ydx + xdy$．

将 x，y，dx，dy 代入上式，有

$$\Delta S \approx 8\times2\times10^{-3} + 6\times(-5\times10^{-3}) = -14\times10^{-3}(\mathrm{m}^2) = -140(\mathrm{cm}^2)，即矩形的面积减少了140\mathrm{cm}^2 .$$

例 8.23　计算 $(0.97)^{1.05}$ 的近似值．

解　设函数 $f(x, y) = x^y$，那么 $x = 1$，$y = 1$，$f(1,1) = 1$，$dx = \Delta x = -0.03$，$dy = \Delta y = 0.05$，且 $f_x'(x, y) = yx^{y-1}$，$f_y'(x, y) = x^y\ln x$，在点 $(1,1)$ 处有 $f_x'(1,1) = 1$，$f_y'(1,1) = 0$．于是由公式有

$$(0.97)^{1.05} = f(x + \Delta x, y + \Delta y) \approx f(x, y) + f_x'dx + f_y'dy ,$$

将 x，y，dx，dy，$f_x' = 1$，$f_y' = 0$ 代入上式，可得

$$(0.97)^{1.05} \approx 1 + 1\times(-0.03) + 0\times0.05 = 0.97 .$$

第五节　多元函数的求导法则

一、多元复合函数的求导法则

多元复合函数的情况比较复杂，分情况讨论其求导法则．

（一）中间变量是一元函数的情形

定理 8.3　设函数 $z = f(u, v)$ 具有连续的偏导数，而 $u = \varphi(x)$，$v = \psi(x)$ 都是变量 x 的可导函数，

z 通过中间变量 u，v 而成为 x 的复合函数

$$z = f[\varphi(x), \psi(x)],$$

那么复合函数 z 是一个关于变量 x 的可导函数，并且有

$$\frac{dz}{dx} = \frac{\partial z}{\partial u}\frac{du}{dx} + \frac{\partial z}{\partial v}\frac{dv}{dx},$$

这个复合函数 $z = f[\varphi(x), \psi(x)]$ 对 x 的导数 $\dfrac{dz}{dx}$ 叫做 z 关于 x 的全导数（total derivative）.

对于含有三个及以上中间变量的复合函数，上述结论仍然成立.

例如，设 $z = f(u, v, w)$，而 $u = \varphi(x)$，$v = \psi(x)$，$w = h(x)$，则复合函数 $z = f[\varphi(x), \psi(x), h(x)]$ 关于 x 的全导数为

$$\frac{dz}{dx} = \frac{\partial z}{\partial u}\frac{du}{dx} + \frac{\partial z}{\partial v}\frac{dv}{dx} + \frac{\partial z}{\partial w}\frac{dw}{dx}.$$

例 8.24　设 $z = \sqrt{u^2 + v^2}$，$u = e^{2x}$，$v = e^{-2x}$，求全导数 $\dfrac{dz}{dx}\bigg|_{x=0}$.

解　由定理 8.3，可知

$$\frac{dz}{dx} = \frac{\partial z}{\partial u}\frac{du}{dx} + \frac{\partial z}{\partial v}\frac{dv}{dx}$$

$$= \frac{2u}{2\sqrt{u^2 + v^2}} \cdot 2e^{2x} + \frac{2v}{2\sqrt{u^2 + v^2}} \cdot (-2)e^{-2x}$$

$$= \frac{2ue^{2x}}{\sqrt{u^2 + v^2}} - \frac{2ve^{-2x}}{\sqrt{u^2 + v^2}}$$

在这里算到这一步即可，不需要将 u，v 代入到全导数中，因为当 $x = 0$ 时，$u = e^{2 \cdot 0} = 1$，$v = e^{-2 \cdot 0} = 1$，所以

$$\frac{dz}{dx}\bigg|_{x=0} = \frac{2}{\sqrt{2}} - \frac{2}{\sqrt{2}} = 0.$$

（二）中间变量是二元及以上函数的情形

定理 8.4　设函数 $z = f(u, v)$ 有连续偏导数，函数 $u = u(x, y)$，$v = v(x, y)$ 关于 x，y 的偏导数存在，于是 $z = f[u(x, y), v(x, y)]$ 是以 x，y 为自变量的二元复合函数，u，v 为中间变量，那么复合函数 z 对 x，y 的偏导数存在，并且

$$\frac{\partial z}{\partial x} = \frac{\partial z}{\partial u}\frac{\partial u}{\partial x} + \frac{\partial z}{\partial v}\frac{\partial v}{\partial x}, \tag{8-1}$$

$$\frac{\partial z}{\partial y} = \frac{\partial z}{\partial u}\frac{\partial u}{\partial y} + \frac{\partial z}{\partial v}\frac{\partial v}{\partial y}. \tag{8-2}$$

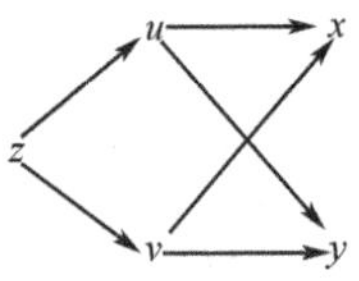

上式称为复合函数求导的锁链法则，该法则里包含了三种类型的变量：x，y 是自变量，u，v 是中间变量，z 是因变量.

注意到式（8-1）或（8-2）中都是两项之和，其中每一项都是先对中间变量求导，然后中间变量再对自变量求导，这类似于一元复合函数求导数. 我们常用图示法表示各变量之间的关系，如图 8-19 所示，称之为树图. 从因变量 z 出发有两个分支，表示 z 是变量 u，v 的函数，图中的每一条线段表示一个偏导数，如

图 8-19

"$z \rightarrow u$" 表示 $\dfrac{\partial z}{\partial u}$. 现在我们利用图示来求 $\dfrac{\partial z}{\partial x}$，首先看到 z 通过中间变量到达 x 有两条平行路径：

$z \to u \to x$ 和 $z \to v \to x$，那么结果就一定是两项之和；又在第一条路径中有 $z \to u$ 和 $u \to x$ 两个环节，它们之间则是两式相乘，即 $\dfrac{\partial z}{\partial u}\dfrac{\partial u}{\partial x}$；同理第二条路径为 $\dfrac{\partial z}{\partial v}\dfrac{\partial v}{\partial x}$．于是有

$$\frac{\partial z}{\partial x} = \frac{\partial z}{\partial u}\frac{\partial u}{\partial x} + \frac{\partial z}{\partial v}\frac{\partial v}{\partial x}.$$

类似地，对于函数 $z = f(u,v,w)$，其中 $u = u(x,y)$，$v = v(x,y)$，$w = w(x,y)$，有三个中间变量，$\dfrac{\partial z}{\partial x}$ 一定是三项之和，如图 8-20 所示，其锁链法则为

$$\frac{\partial z}{\partial x} = \frac{\partial z}{\partial u}\frac{\partial u}{\partial x} + \frac{\partial z}{\partial v}\frac{\partial v}{\partial x} + \frac{\partial z}{\partial w}\frac{\partial w}{\partial x}, \qquad \frac{\partial z}{\partial y} = \frac{\partial z}{\partial u}\frac{\partial u}{\partial y} + \frac{\partial z}{\partial v}\frac{\partial v}{\partial y} + \frac{\partial z}{\partial w}\frac{\partial w}{\partial y}.$$

例 8.25　设 $z = \mathrm{e}^u \sin v$，而 $u = xy^2$，$v = x^2 y$，求 $\dfrac{\partial z}{\partial x}$ 和 $\dfrac{\partial z}{\partial y}$．

解
$$\begin{aligned}
\frac{\partial z}{\partial x} &= \frac{\partial z}{\partial u}\frac{\partial u}{\partial x} + \frac{\partial z}{\partial v}\frac{\partial v}{\partial x} = (\mathrm{e}^u \sin v)\cdot y^2 + (\mathrm{e}^u \cos v)\cdot 2xy \\
&= y^2 \mathrm{e}^{xy^2}\sin(x^2 y) + 2xy\,\mathrm{e}^{xy^2}\cos(x^2 y), \\
\frac{\partial z}{\partial y} &= \frac{\partial z}{\partial u}\frac{\partial u}{\partial y} + \frac{\partial z}{\partial v}\frac{\partial v}{\partial y} = (\mathrm{e}^u \sin v)\cdot 2xy + (\mathrm{e}^u \cos v)\cdot x^2 \\
&= 2xy\,\mathrm{e}^{xy^2}\sin(x^2 y) + x^2 \mathrm{e}^{xy^2}\cos(x^2 y).
\end{aligned}$$

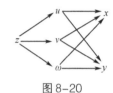

图 8-20

例 8.26　设 $u = r^4 s + s^2 t^3$，其中 $r = xy\mathrm{e}^z$，$s = xy^2\mathrm{e}^{-z}$，$t = x^2 y \sin z$，求当 $x = 2, y = 1, z = 0$ 时的 $\dfrac{\partial u}{\partial x}$ 值．

解　由锁链法则，有

$$\begin{aligned}
\frac{\partial u}{\partial x} &= \frac{\partial u}{\partial r}\frac{\partial r}{\partial x} + \frac{\partial u}{\partial s}\frac{\partial s}{\partial x} + \frac{\partial u}{\partial t}\frac{\partial t}{\partial x} \\
&= (4r^3 s)(y\mathrm{e}^z) + (r^4 + 2st^3)(y^2 \mathrm{e}^{-z}) + (3s^2 t^2)(2xy \sin z),
\end{aligned}$$

当 $x = 2, y = 1, z = 0$ 时，有 $r = 2, s = 2, t = 0$ 代入到上式，

$$\frac{\partial u}{\partial x} = 64\cdot 1 + 16\cdot 1 + 0\cdot 0 = 80.$$

例 8.27　设 $z = f(xy^2, x^2 y)$，求 $\dfrac{\partial z}{\partial x}$ 和 $\dfrac{\partial z}{\partial y}$．

解　这里 $z = f(xy^2, x^2 y)$ 是一个抽象函数，不妨设 $u = xy^2$，$v = x^2 y$，由锁链法则可知，

$$\frac{\partial z}{\partial x} = \frac{\partial f}{\partial u}\frac{\partial u}{\partial x} + \frac{\partial f}{\partial v}\frac{\partial v}{\partial x} = f_u'(u,v)\cdot y^2 + f_v'(u,v)\cdot 2xy;$$

$$\frac{\partial z}{\partial y} = \frac{\partial f}{\partial u}\frac{\partial u}{\partial y} + \frac{\partial f}{\partial v}\frac{\partial v}{\partial y} = f_u'(u,v)\cdot 2xy + f_v'(u,v)\cdot x^2.$$

如果记 $\dfrac{\partial f}{\partial u} = f_1'(u,v)$，即用 $f_1'(u,v)$ 表示函数关于第一个中间变量的偏导数，有时简写成 f_1'；记 $\dfrac{\partial f}{\partial v} = f_2'(u,v)$，即用 $f_2'(u,v)$ 表示函数关于第二个中间变量的偏导数，也可简写成 f_2'．因此该题中偏导数又可写成

$$\frac{\partial z}{\partial x} = y^2 f_1' + 2xy f_2'; \qquad \frac{\partial z}{\partial y} = 2xy f_1' + x^2 f_2'.$$

例 8.28　设 $u = f(x, xy, xyz)$，求 $\dfrac{\partial u}{\partial x}$ 和 $\dfrac{\partial u}{\partial z}$．

解 这里的变量 x 既是复合函数的自变量也是中间变量，不妨设 $r = x$，$s = xy$，$t = xyz$，则

$$\frac{\partial u}{\partial x} = f_1' \cdot 1 + f_2' \cdot y + f_3' \cdot yz = f_1' + yf_2' + yzf_3',$$

$$\frac{\partial u}{\partial y} = f_1' \cdot 0 + f_2' \cdot x + f_3' \cdot xz = xf_2' + xzf_3',$$

$$\frac{\partial u}{\partial z} = f_1' \cdot 0 + f_2' \cdot 0 + f_3' \cdot xy = xyf_3'.$$

这里的 f_1' 表示函数 u 对第一个中间变量 r 求偏导，f_2' 表示对第二个中间变量 s 求偏导，f_3' 表示对第三个中间变量 t 求偏导.

全微分形式的不变性 设 $z = f(u,v)$ 具有连续偏导数，$u = u(x,y)$，$v = v(x,y)$ 也都有连续偏导数，则

$$\mathrm{d}z = \frac{\partial z}{\partial u}\mathrm{d}u + \frac{\partial z}{\partial v}\mathrm{d}v = \frac{\partial z}{\partial u}\left(\frac{\partial u}{\partial x}\mathrm{d}x + \frac{\partial u}{\partial y}\mathrm{d}y\right) + \frac{\partial z}{\partial v}\left(\frac{\partial v}{\partial x}\mathrm{d}x + \frac{\partial v}{\partial y}\mathrm{d}y\right)$$

$$= \left(\frac{\partial z}{\partial u}\frac{\partial u}{\partial x} + \frac{\partial z}{\partial v}\frac{\partial v}{\partial x}\right)\mathrm{d}x + \left(\frac{\partial z}{\partial u}\frac{\partial u}{\partial y} + \frac{\partial z}{\partial v}\frac{\partial v}{\partial y}\right)\mathrm{d}y$$

$$= \frac{\partial z}{\partial x}\mathrm{d}x + \frac{\partial z}{\partial y}\mathrm{d}y.$$

可见，全微分总是等于各变量的偏微分之和，而不管这组变量是中间变量 u，v，还是自变量 x，y. 这种形式具有一致性，叫做全微分形式的不变性.

二、隐函数的求导公式

在一元函数中已经介绍过用复合函数的求导法则来求由方程 $F(x,y) = 0$ 所确定的隐函数 $y = f(x)$ 的导数. 现在通过多元函数求偏导数的方法，给出隐函数的求导公式.

设可导隐函数 $y = f(x)$ 是由方程 $F(x,y) = 0$ 所确定的，那么函数 $F(x,y)$ 可以看成是由 $F(x,y)$，$y = f(x)$ 构成的二元复合函数 $F[x, f(x)]$. 如果 $F(x,y)$ 有连续偏导数，将上式两边同时对 x 求导，有

$$\frac{\partial F}{\partial x} + \frac{\partial F}{\partial y}\frac{\mathrm{d}y}{\mathrm{d}x} = 0, \quad \text{即} \quad \frac{\mathrm{d}y}{\mathrm{d}x} = -\frac{\dfrac{\partial F}{\partial x}}{\dfrac{\partial F}{\partial y}} = -\frac{F_x'}{F_y'} \quad \left(\frac{\partial F}{\partial y} \neq 0\right).$$

对于三元方程 $F(x,y,z) = 0$ 所确定的隐函数 $z = f(x,y)$，类似地有方程 $F[x, y, f(x,y)] = 0$. 方程两端分别对 x，y 求偏导数，可得

$$\frac{\partial F}{\partial x} + \frac{\partial F}{\partial z}\frac{\partial z}{\partial x} = 0, \quad \frac{\partial F}{\partial y} + \frac{\partial F}{\partial z}\frac{\partial z}{\partial y} = 0.$$

即

$$\frac{\partial z}{\partial x} = -\frac{F_x'}{F_z'}, \quad \frac{\partial z}{\partial y} = -\frac{F_y'}{F_z'}.$$

例 8.29 求由方程 $x^3 - y^3 = 6xy$ 所确定的隐函数 $y = f(x)$ 的导数 $\dfrac{\mathrm{d}y}{\mathrm{d}x}$.

解 设 $F(x,y) = x^3 - y^3 - 6xy$，则有

$$F_x' = 3x^2 - 6y, \quad F_y' = -3y^2 - 6x,$$

$$\frac{\mathrm{d}y}{\mathrm{d}x} = -\frac{F_x'}{F_y'} = -\frac{3x^2 - 6y}{-3y^2 - 6x} = \frac{x^2 - 2y}{y^2 + 2x} .$$

例 8.30 求由方程 $x - z = \arctan(yz)$ 所确定的隐函数 $z = f(x, y)$ 的偏导数 $\dfrac{\partial z}{\partial x}$, $\dfrac{\partial z}{\partial y}$.

解 令 $F(x, y, z) = x - z - \arctan(yz)$, 则

$$F_x' = 1 , \qquad F_y' = -\frac{z}{1 + y^2 z^2} , \qquad F_z' = -1 - \frac{y}{1 + y^2 z^2} .$$

故

$$\frac{\partial z}{\partial x} = -\frac{F_x'}{F_z'} = \frac{1}{1 + \dfrac{y}{1 + y^2 z^2}} = \frac{1 + y^2 z^2}{1 + y^2 z^2 + y} ,$$

$$\frac{\partial z}{\partial y} = -\frac{F_y'}{F_z'} = -\frac{\dfrac{z}{1 + y^2 z^2}}{1 + \dfrac{y}{1 + y^2 z^2}} = -\frac{z}{1 + y^2 z^2 + y} .$$

例 8.31 设 $x^2 + y^2 = 1$, 求 $\dfrac{\mathrm{d}y}{\mathrm{d}x}$, $\dfrac{\mathrm{d}^2 y}{\mathrm{d}x^2}$ 以及它们在点 $(0, 1)$ 的值.

解 这里令 $F(x, y) = x^2 + y^2 - 1$, 则有

$$\frac{\mathrm{d}y}{\mathrm{d}x} = -\frac{F_x'}{F_y'} = -\frac{x}{y} ,$$

代入 x, y 的值有

$$\left.\frac{\mathrm{d}y}{\mathrm{d}x}\right|_{\substack{x=0 \\ y=1}} = 0 .$$

$$\frac{\mathrm{d}^2 y}{\mathrm{d}x^2} = -\frac{y - xy'}{y^2} = -\frac{y - x\left(-\dfrac{x}{y}\right)}{y^2} = -\frac{y^2 + x^2}{y^3} = -\frac{1}{y^3} ,$$

代入 x, y 的值可得

$$\left.\frac{\mathrm{d}^2 y}{\mathrm{d}x^2}\right|_{\substack{x=0 \\ y=1}} = -1 .$$

第六节　多元函数的极值

一、二元函数的极值

一元函数导数的一个重要应用就是可以求函数的极大值与极小值, 在这一节将会看到如何利用偏导数来求二元函数的极大值与极小值.

定义 8.6 设 (x_0, y_0) 是二元函数 $z = f(x, y)$ 的定义域 D 内一点, 如果对于 (x_0, y_0) 附近的任何异于 (x_0, y_0) 的点 (x, y), 都有

$$f(x, y) < f(x_0, y_0) \quad 或 \quad f(x, y) > f(x_0, y_0) ,$$

则称函数在点 (x_0, y_0) 有极大值或极小值（统称极值）$f(x_0, y_0)$, 而 (x_0, y_0) 称为极大值点或极小值点（统称极值点）.

例如, 函数 $f(x, y) = x^2 + y^2 - 1$ 的图形为旋转抛物面, 如图 8-21 所示, 此曲面上的点 $(0, 0, -1)$ 低于周围的点, 即当 $x \neq 0, y \neq 0$ 时, 有 $f(x, y) = x^2 + y^2 - 1 > -1 = f(0, 0)$, 这时称该函数在点 $(0, 0)$

取得极小值-1.

又如，函数 $z = \sqrt{1-x^2-y^2}$ 的图形为上半球面，如图 8-22 所示，显然此曲面上的点 $(0,0,1)$ 高于周围的点，即在点 $(0,0)$ 附近任意点 (x,y) 处，都有 $z = \sqrt{1-x^2-y^2} < 1 = f(0,0)$，这时称该函数在点 $(0,0)$ 处取得极大值 1.

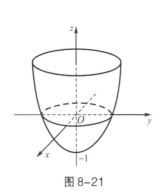

图 8-21

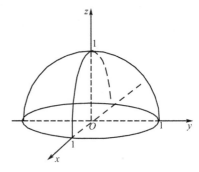

图 8-22

但是，函数 $z = xy$ 在点 $(0,0)$ 处不能取得极值. 因为点 $(0,0)$ 附近的任何异于 $(0,0)$ 的点，其函数值既可能取正值也可能取负值，而点 $(0,0)$ 处的函数值为零.

二元函数的极值问题，一般可以用偏导数解决，以下两个定理叙述了偏导数与极值的关系.

定理 8.5 （极值存在的必要条件） 如果函数 $z = f(x,y)$ 在点 (x_0, y_0) 处一阶偏导数都存在，且在点 (x_0, y_0) 处有极值，则有

$$f_x'(x_0, y_0) = 0, \qquad f_y'(x_0, y_0) = 0.$$

证明 不妨设 $g(x) = f(x, y_0)$，函数 $z = f(x,y)$ 在点 (x_0, y_0) 处取得极大值，则 x_0 一定是一元函数 $g(x) = f(x, y_0)$ 的极大值点，由前面一元函数极值存在的必要条件可知，$g'(x_0) = 0$，即 $g'(x_0) = f_x'(x, y_0)\big|_{x=x_0} = f_x'(x_0, y_0) = 0$.

对于函数 $h(y) = f(x_0, y)$，同样可知 $f_y'(x_0, y_0) = 0$.

我们把满足方程组 $\begin{cases} f_x'(x,y) = 0, \\ f_y'(x,y) = 0 \end{cases}$ 的点称为函数的驻点.

对于偏导数存在的函数来说，如果有极值点，则极值点一定是驻点. 但上面的条件并不是充分条件，即驻点不一定是极值点. 如点 $(0,0)$ 是函数 $z = xy$ 的驻点，但不是极值点.

下面不作证明地给出判断极值的充分条件.

定理 8.6（极值存在的充分条件） 设函数 $z = f(x,y)$ 在点 (x_0, y_0) 及其附近具有连续的二阶偏导数，且 $f_x'(x_0, y_0) = 0$，$f_y'(x_0, y_0) = 0$. 令 $A = f_{xx}''(x_0, y_0)$，$B = f_{xy}''(x_0, y_0)$，$C = f_{yy}''(x_0, y_0)$，则

（1）当 $B^2 - AC < 0$ 时，函数在点 (x_0, y_0) 处取得极值，并且当 $A > 0$ 时，$f(x_0, y_0)$ 是极小值，当 $A < 0$ 时，$f(x_0, y_0)$ 是极大值；

（2）当 $B^2 - AC > 0$ 时，$f(x_0, y_0)$ 不是极值；

（3）当 $B^2 - AC = 0$ 时，$f(x_0, y_0)$ 是否为极值，需要另作讨论.

综合定理 8.5、定理 8.6，对于具有二阶连续偏导数的函数 $z = f(x,y)$，其极值的求法可归结为以下步骤：

（1）求 $z = f(x,y)$ 的一阶偏导数，解方程组 $\begin{cases} f_x'(x,y) = 0, \\ f_y'(x,y) = 0 \end{cases}$ 得所有实数解，列出所有驻点.

（2）求 $z = f(x, y)$ 二阶偏导数，对每一个驻点，算出对应的 A, B, C 的值，并根据 $B^2 - AC$ 的符号判断驻点是否为极值点.

（3）求出极值点的函数值.

例 8.32　求函数 $f(x, y) = x^4 + y^4 - 4xy + 3$ 的极值.

解　$f_x'(x, y) = 4x^3 - 4y$，$f_y'(x, y) = 4y^3 - 4x$．解方程组

$$\begin{cases} f_x'(x, y) = 4x^3 - 4y = 0, & (8\text{-}3) \\ f_y'(x, y) = 4y^3 - 4x = 0, & (8\text{-}4) \end{cases}$$

由方程（8-3）得 $y = x^3$，将其代入到方程（8-4），有

$$x^9 - x = x(x^8 - 1) = x(x^2 - 1)(x^2 + 1)(x^4 + 1) = 0，$$

可得驻点有 $(0, 0), (1, 1), (-1, -1)$．

$$f_{xx}''(x, y) = 12x^2，\qquad f_{xy}''(x, y) = -4，\qquad f_{yy}''(x, y) = 12y^2．$$

在点 $(0, 0)$ 处，$A = 0, B = -4, C = 0$，$B^2 - AC = 16 > 0$，所以在点 $(0, 0)$ 处不取极值.

在点 $(1, 1)$ 处，$A = 12, B = -4, C = 12$，$B^2 - AC = -128 < 0$，并且 $A = 12 > 0$ 所以在点 $(1, 1)$ 处取极小值，$f(1, 1) = 1$．

在点 $(-1, -1)$ 处，$A = 12, B = -4, C = 12$，$B^2 - AC = -128 < 0$，并且 $A = 12 > 0$，所以在点 $(-1, -1)$ 处也取极小值，$f(-1, -1) = 1$．

例 8.33　求函数 $z = \sqrt{x^2 + y^2}$ 的极值.

解　函数 $z = \sqrt{x^2 + y^2}$ 在点 $(0, 0)$ 处取得极小值 $z|_{(0,0)} = 0$．因为在点 $(0, 0)$ 附近任意点 (x, y) 处，有 $f(x, y) = \sqrt{x^2 + y^2} > 0 = f(0, 0)$，但在点 $(0, 0)$ 处函数的一阶偏导数都不存在.

因此，二元函数的极值点也可能会出现在一阶偏导数不存在的点中.

如果函数 $z = f(x, y)$ 在有界闭区域 D 上连续，则在 D 上一定有最大值和最小值．与一元函数类似，二元函数的最大值和最小值，不仅可能在区域 D 的内部取得，也可能在区域 D 的边界上取得．因此，求二元函数的最大值和最小值时，只要求出区域内的所有极值，以及区域边界上的最大值和最小值，然后从中找出最大者和最小者，就求出了最大值和最小值．这显然是复杂的，在实际问题中，如果根据问题的性质，可以确定函数 $z = f(x, y)$ 区域 D 上有最大值（或最小值），而且函数在 D 内部有且只有一个驻点，那么可以肯定该驻点必定是函数 $f(x, y)$ 在 D 上的最大值点（或最小值点）.

例 8.34　做一个体积为 V 的长方体有盖水箱，问如何选择长、宽、高才能使用料最省？

解　设水箱的长、宽分别为 x、y，则高为 $\dfrac{V}{xy}$，此水箱所用材料的表面积为

$$z = 2\left(xy + y \cdot \frac{V}{xy} + x \cdot \frac{V}{xy}\right) = 2\left(xy + \frac{V}{x} + \frac{V}{y}\right)\ (x > 0, y > 0)．$$

材料面积 z 是 x, y 的二元函数，该问题即求 x, y 取何值时 z 最小.

$$z_x' = 2\left(y - \frac{V}{x^2}\right)，\quad z_y' = 2\left(x - \frac{V}{y^2}\right)．$$

解方程组 $\begin{cases} 2\left(y - \dfrac{V}{x^2}\right) = 0, \\[2mm] 2\left(x - \dfrac{V}{y^2}\right) = 0, \end{cases}$　可得 $x = \sqrt[3]{V}, y = \sqrt[3]{V}$．

由问题的实际意义断定水箱的用料一定有最小值,而驻点只有一个,因此函数 z 必在 $(\sqrt[3]{V}, \sqrt[3]{V})$ 处有最小值,此时水箱的高为 $\dfrac{V}{xy} = \dfrac{V}{(\sqrt[3]{V})^2} = \sqrt[3]{V}$,故当有盖水箱的长、宽、高都为 $\sqrt[3]{V}$ 时,所用材料最省.

例 8.35 求解案例 8-1.

解 函数 $f(a,b) = \sum\limits_{i=1}^{7}\left[x_i - (a + bt_i)\right]^2$ 分别对 a, b 求偏导数并令其等于零,得

$$\frac{\partial f}{\partial a} = \sum_{i=1}^{7} 2\left[x_i - (a + bt_i)\right](-1) = -2\left(\sum_{i=1}^{7} x_i - 7a - b\sum_{i=1}^{7} t_i\right) = 0,$$

$$\frac{\partial f}{\partial b} = \sum_{i=1}^{7} 2\left[x_i - (a + bt_i)\right](-t_i) = -2\left(\sum_{i=1}^{7} x_i t_i - a\sum_{i=1}^{7} t_i - b\sum_{i=1}^{7} t_i^2\right) = 0,$$

整理,得方程组:

$$\begin{cases} 7a + b\sum\limits_{i=1}^{7} t_i = \sum\limits_{i=1}^{7} x_i, \\ a\sum\limits_{i=1}^{7} t_i + b\sum\limits_{i=1}^{7} t_i^2 = \sum\limits_{i=1}^{7} x_i t_i, \end{cases}$$

解方程组,得

$$b = \frac{\sum\limits_{i=1}^{7} x_i t_i - \dfrac{1}{7}\left(\sum\limits_{i=1}^{7} t_i\right)\left(\sum\limits_{i=1}^{7} x_i\right)}{\sum\limits_{i=1}^{7} t_i^2 - \dfrac{1}{7}\left(\sum\limits_{i=1}^{7} t_i\right)^2} = -0.168, \qquad a = \frac{1}{7}\left(\sum\limits_{i=1}^{7} x_i - b\sum\limits_{i=1}^{7} t_i\right) = 2.129.$$

把表 8-1 的数据代入,得: $a = 2.129, b = -0.168$.

由问题的实际意义一定存在最小值,而驻点只有一个,故当 $a = 2.129, b = -0.168$ 时,函数有最小值 $f(a,b) = \sum\limits_{i=1}^{7}\left[x_i - (a + bt_i)\right]^2$. 由 $a = \ln C_0, b = -k$ 得 $C_0 = e^a = 8.41, k = 0.168$.

二、条件极值

上面给出的求二元函数 $f(x, y)$ 的极值的方法中,自变量 x, y 是相互独立的,即自变量除了定义域的限制外,不受其他条件的约束,称这类极值为无条件极值,简称极值. 如果自变量 x 与 y 之间还有附加的约束条件 $g(x, y) = 0$ 的限制,使得它们不是完全相互独立的,像这样对自变量有附加条件的极值问题称为条件极值.

例如,例 8.34,若将表面积 A 看成是 x, y, z 的三元函数 $A = 2(xy + yz + xz)$,则自变量有约束条件 $V = xyz$,这是一个三元函数的条件极值. 通过约束条件消去 z,此时 A 变成 x, y 的二元函数,而 x, y 是相互独立的,就化为二元函数的无条件极值了.

不是所有问题都像例 8.34 一样,条件极值轻易地就转化成了无条件极值. 以下的拉格朗日乘数法就是求解条件极值的方法.

拉格朗日乘数法 求函数 $z = f(x, y)$ 在附加条件 $g(x, y) = 0$ 下的极值,通过以下步骤实现:

(1)作拉格朗日函数

$$L(x, y) = f(x, y) + \lambda g(x, y),$$

其中 λ 为常数,称为拉格朗日常数. 将原条件极值问题化为求三元函数 $L(x, y, \lambda)$ 的无条件极值问题.

（2）由无条件极值问题的必要条件有

$$
\begin{cases}
L'_x = f'_x(x,y) + \lambda g'_x(x,y) = 0, \\
L'_y = f'_y(x,y) + \lambda g'_y(x,y) = 0, \\
L'_\lambda = g(x,y) = 0.
\end{cases}
$$

解上述方程组，求得可能的极值点 (x_0, y_0)，我们称点 (x_0, y_0) 为条件驻点.

（3）根据实际问题的性质判别 (x_0, y_0) 是否为极值点（充分条件略）.

例 8.36 用硬纸板制作一个表面积为 $16\,\mathrm{m}^2$ 的无盖长方体盒子，求这个长方体盒子体积的最大值?

解 设长方体纸盒子的长、宽、高分别为 x, y, z，则该问题就是在约束条件：

$$
g(x,y,z) = xy + 2yz + 2xz - 16 = 0
$$

下，求函数

$$
V = xyz \quad (x > 0, y > 0, z > 0)
$$

的最大值，作拉格朗日函数

$$
L(x,y,z) = xyz + \lambda(xy + 2yz + 2xz - 16).
$$

对 $L(x,y,z)$ 求 x, y, z 的偏导数，并使之为零，再与 $g(x,y,z) = 0$ 联立，得

$$
\begin{cases}
yz + \lambda(y + 2z) = 0, & (8\text{-}5) \\
xz + \lambda(x + 2z) = 0, & (8\text{-}6) \\
xy + \lambda(2y + 2x) = 0, & (8\text{-}7) \\
xy + 2yz + 2xz - 16 = 0. & (8\text{-}8)
\end{cases}
$$

因 x, y, z 都不为零，由式（8-5）~式（8-7）得

$$
\frac{x}{y} = \frac{x+2z}{y+2z}, \quad \frac{y}{z} = \frac{2x+2y}{x+2z}.
$$

解之得

$$
x = y = 2z.
$$

式（8-8）得

$$
x = y = 4, \quad z = 2.
$$

根据题意可知，长方体盒子的体积一定存在最大值，又函数 V 只有一个驻点 $(2,2,1)$，因此，当 $x = y = 4$，$z = 2$ 时体积 V 取得最大值，最大的体积是 $V = 4\cdot4\cdot2 = 32$，即这个长方体盒子的最大体积为 $4\,\mathrm{m}^3$.

习 题

1. 设 $z = \sqrt{y} + f(\sqrt{x}-1)$.若当 $y = 1$ 时 $z = x$，求函数 f 和 z.

2. 求下列函数的定义域 D.

（1）$z = \dfrac{\sqrt{x+y+1}}{x-2}$；

（2）$z = x\ln(y^2 - x)$；

（3）$z = \arcsin\dfrac{y}{x}$；

（4）$f(x,y) = \dfrac{1}{\sqrt{16 - x^2 - y^2}}$.

3. 求下列函数的极限.

（1）$\displaystyle\lim_{(x,y)\to(5,-2)}(x^5 + 4x^3y - 5xy^2)$；

（2）$\displaystyle\lim_{(x,y)\to(1,0)}\frac{xy-1}{x^2+y^2}$；

（3）$\displaystyle\lim_{(x,y)\to(0,0)}(x+y)\sin\frac{1}{x^2+y^2}$；

（4）$\displaystyle\lim_{(x,y)\to(1,1)}\frac{x^4-y^4}{x^2+y^2}$；

（5）$\lim\limits_{(x,y)\to(3,0)}\dfrac{x\sin(xy)}{y}$ ；　　　　　　　　（6）$\lim\limits_{(x,y)\to(0,0)}\dfrac{x^2+y^2}{\sqrt{x^2+y^2+1}-1}$.

4. 证明下列函数极限不存在.

（1）$\lim\limits_{(x,y)\to(0,0)}\dfrac{x^2}{x^2+y^2}$ ；　　（2）$\lim\limits_{(x,y)\to(0,0)}\dfrac{x^2+\sin^2 y}{2x^2+y^2}$ ；　　（3）$\lim\limits_{(x,y)\to(0,0)}\dfrac{xy^2}{x^2+y^4}$.

5. 求下列函数的间断点.

（1）$z=\dfrac{1}{\sqrt{x^2+y^2}}$ ；　　　　　　　　（2）$z=\dfrac{xy}{x+y}$ ；

（3）$z=\sin\dfrac{1}{xy}$ ；　　　　　　　　　（4）$z=\ln[(x-1)^2+(y-2)^2+(z-3)^2]$.

6. 讨论函数 $f(x,y)=\begin{cases}\dfrac{xy}{\sqrt{x^2+y^2}}, & (x,y)\neq(0,0),\\ 0, & (x,y)=(0,0)\end{cases}$ 在点 $(0,0)$ 处是否连续?

7. 求下列函数的一阶偏导数.

（1）$z=3x-2y^4$ ；　　　（2）$z=xe^{3y}$ ；　　　（3）$z=\dfrac{x-y}{x+y}$ ；

（4）$z=\arctan(x\sqrt{y})$ ；　　（5）$z=x^y$ ；　　　（6）$f(x,y,z)=\ln(x+2y+3z)$.

8. 求下列函数在指定点的偏导数.

（1）$f(x,y)=\sqrt{x^2+y^2}$ ，求 $f'_x(3,4)$ ；（2）$f(x,y,z)=\dfrac{x}{y+z}$ ，求 $f'_z(3,2,1)$ ；

（3）$f(x,y)=\sqrt[3]{x^3+y^3}$ ，求 $f'_x(0,0)$.

9. 求下列函数的二阶偏导数.

（1）$z=x^4-3x^2y^3$ ；　　　　　　　　（2）$z=\arctan\dfrac{y}{x}$ ；

（3）$z=x\sin(x+y)$ ；　　　　　　　　（4）$z=\dfrac{\cos x^2}{y}$.

10. 验证

（1）函数 $z=e^{-x}\cos y-e^{-y}\cos x$ 满足方程 $\dfrac{\partial^2 z}{\partial x^2}+\dfrac{\partial^2 z}{\partial y^2}=0$ ；

（2）验证函数 $f(x,y,z)=\dfrac{1}{\sqrt{x^2+y^2+z^2}}$ 满足 $f''_{xx}+f''_{yy}+f''_{zz}=0$.

11. 求下列函数的全微分.

（1）$z=x^3\ln y^2$ ；（2）$u=\dfrac{r}{s+2t}$ ；（3）$w=xye^{xz}$.

12. 设 $f(x,y)=5x^2+y^2$ ，求当 (x,y) 从 $(1,2)$ 变到 $(1.05,2.1)$ 时的全微分 dz 和全增量 Δz .

13. 用微分代替函数的增量近似地计算.

（1）$1.002\cdot2.003^2\cdot3.004^3$ ；　　（2）$\sin31°\tan44°$.

14. 求下列复合函数的全导数或偏导数（设函数 f 具有一阶连续偏导数）.

（1）$z=x^2y+3xy^4$ ，而 $x=\sin 2t,y=\cos t$ ，求 $\dfrac{dz}{dt}\Big|_{t=0}$ ；

（2）$z=e^{3x+2y}$ ，而 $x=\cos t,y=t^2$ ；

（3）$z = u^2 v - uv^2$, 而 $u = x\cos y, v = x\sin y$；

（4）$z = \arctan(2u+v)$, $u = x^2 y, v = x\ln y$；

（5）$z = (3x^2+y^2)^{4x+2y}$；

（6）$z = f(x+y, xy)$；

（7）$z = f\left(x, \dfrac{x}{y}\right)$；

（8）$z = xf(x^2-y^2, 2xy)$；

（9）$u = \dfrac{\mathrm{e}^{ax}(y-z)}{a^2+1}$, 而 $y = a\sin x, z = \cos x$.

15. 设 $z = \dfrac{y}{f(x^2-y^2)}$, 其中 $f(u)$ 为可导函数, 验证 $\dfrac{1}{x}\dfrac{\partial z}{\partial x} + \dfrac{1}{y}\dfrac{\partial z}{\partial y} = \dfrac{z}{y^2}$.

16. 求隐函数的导数及偏导数.

（1）$x^2 + 2xy - y^2 = 4$, 求 $\dfrac{\mathrm{d}y}{\mathrm{d}x}$；

（2）$xy + \mathrm{e}^y = 1$, 求 $y''(0)$；

（3）$\dfrac{x}{z} = \ln\dfrac{z}{y} + 1$, 求 $\dfrac{\partial z}{\partial x}$ 及 $\dfrac{\partial z}{\partial y}$；

（4）$2\sin(x+2y-3z) = x+2y-3z$, 求 $\dfrac{\partial z}{\partial x}$ 及 $\dfrac{\partial z}{\partial y}$.

17. 求下列函数的极值.

（1）$f(x,y) = 4(x-y) - x^2 - y^2$；（2）$f(x,y) = \mathrm{e}^{2x}(x+2y+y^2)$.

18. 求椭圆 $9x^2 + y^2 = 9$ 上与 $(1,0)$ 最近的点.

19. 求表面积为 a^2, 而体积为最大的长方体的体积.

第九章 二重积分

案例 9-1

设有一个立体，以 xOy 平面上的闭区域 D 为底，以 D 的边界线为准线而母线平行于 z 轴的柱面为侧面，以曲面 $z = f(x,y)$ 为顶（其中 $f(x,y)$ 在 D 上是非负连续的）（图 9-1），称此立体为曲顶柱体.

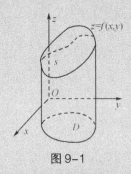

图 9-1

问题 如何计算曲顶柱体的体积 V？

案例分析

应用分割、近似、求和、取极限的方法解决这个问题. 具体步骤如下：

（1）**分割** 可用曲线网将闭区域 D 任意分为 n 个小闭区域 $\Delta\sigma_1$，$\Delta\sigma_2$，$\cdots$，$\Delta\sigma_n$，将小闭区域 $\Delta\sigma_i$ 的面积也记为 $\Delta\sigma_i$. 以这些小区域的边界线为准线作母线平行于 z 轴的柱面，相应地把原曲顶柱体分为 n 个小曲顶柱体.

（2）**近似**（图 9-2）在小闭区域 $\Delta\sigma_i$ 内任取一点 (ξ_i, η_i)（$i = 1, 2, \cdots, n$），当 $\Delta\sigma_i$ 的直径 λ_i（区域的直径是指该区域中任意两点间距离的最大值）很小时，由于函数 $f(x,y)$ 的连续性，故在区域 $\Delta\sigma_i$ 中，函数值 $f(x,y)$ 变化很小，可以近似地看成常数. 则第 i 个小曲顶柱体的体积 ΔV_i，可用高为 $f(\xi_i, \eta_i)$，底为 $\Delta\sigma_i$ 的平顶柱体的体积来近似代替，即

$$\Delta V_i \approx f(\xi_i, \eta_i)\Delta\sigma_i.$$

（3）**求和** 那么整个曲顶柱体的体积的近似值为

$$V \approx \sum_{i=1}^{n} f(\xi_i, \eta_i)\Delta\sigma_i.$$

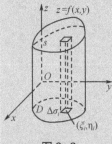

图 9-2

（4）**取极限** 当小闭区域直径的最大值 $\lambda = \max\limits_{1 \leqslant i \leqslant n}\{\lambda_i\}$ 趋于零时，若上述和式的极限存在，则该极限值就是所求曲顶柱体的体积 V，即

$$V = \lim_{\lambda \to 0} \sum_{i=1}^{n} f(\xi_i, \eta_i)\Delta\sigma_i.$$

案例 9-2

一平面薄片在 xOy 坐标面占有区域 D ，在点 (x,y) 处的面密度为 $\mu(x,y)$ ，并且 $\mu(x,y)$ 在 D 上连续．

问题 如何计算此平面薄片的质量 M ？

案例分析

若薄片的密度是均匀的，即密度是一个常数，则薄片的质量可表示为

$$质量 = 面密度 \times 面积．$$

若薄片的密度不是均匀的，而是区域 D 上的非负连续函数 $\mu(x,y)$ ，为计算该薄片的质量 M ，可采用类似于上述求曲顶柱体体积的方法．

（1）**分割** 先把该平面薄片任意分成 n 个小块

$$\Delta\sigma_1 , \quad \Delta\sigma_2 , \quad \cdots , \quad \Delta\sigma_n ,$$

将小闭区域 $\Delta\sigma_i$ 的面积也记为 $\Delta\sigma_i$ ．

（2）**近似** （图 9-3）在小闭区域 $\Delta\sigma_i$ 内任取一点 (ξ_i,η_i) ，该点的密度为 $\mu(\xi_i,\eta_i)$ ，第 i 小块质量的近似值为

$$\Delta M_i \approx \mu(\xi_i,\eta_i)\Delta\sigma_i \quad (i=1, \ 2, \ \cdots, \ n)．$$

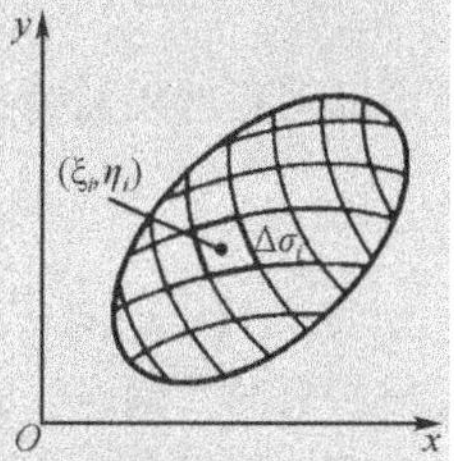

（3）**求和** 整块平面薄片的质量可近似表示为

$$M \approx \sum_{i=1}^{n} \mu(\xi_i,\eta_i)\Delta\sigma_i．$$

（4）**取极限** 当小闭区域直径的最大值 $\lambda = \max\limits_{1\leqslant i\leqslant n}\{\lambda_i\}$ 趋于零时，若上述和式的极限存在，则该极限值就是所求平面薄片的质量，即

$$M = \lim_{\lambda\to 0} \sum_{i=1}^{n} \mu(\xi_i,\eta_i)\Delta\sigma_i．$$

图 9-3

案例 9-1 和案例 9-2 虽然是两个不同的具体问题，但最终都归结为相同形式的和的极限．许多问题都可归结为这一形式的和的极限，这就是二重积分的问题．

本章主要介绍二重积分的定义、性质和计算，同时介绍二重积分的简单应用．

第一节 二重积分的概念与性质

一、二重积分的概念

定义 9.1 设二元函数 $z = f(x,y)$ 在有界闭区域 D 上有定义，将 D 任意分为 n 个小闭区域

$$\Delta\sigma_1 , \quad \Delta\sigma_2 , \quad \cdots , \quad \Delta\sigma_n ,$$

也用 $\Delta\sigma_i$ 表示第 i 个小闭区域的面积．在每个小闭区域 $\Delta\sigma_i$ 内任取一点 (ξ_i,η_i) ，作乘积 $f(\xi_i,\eta_i)\Delta\sigma_i$ （ $i=1$, 2 , $\cdots$, n ），并作和式 $\sum\limits_{i=1}^{n} f(\xi_i,\eta_i)\Delta\sigma_i$ ．当小闭区域直径的最大值 $\lambda = \max\limits_{1\leqslant i\leqslant n}\{\lambda_i\}$ 趋于零时，若该和式的极限存在，且区域的分法和区域内的点的取法都不影响该极限值，则称此极限值为二元函数 $f(x,y)$ 在有界闭区域 D 上的二重积分（double integral），记作 $\iint\limits_{D} f(x,y)\mathrm{d}\sigma$ ，即

$$\iint\limits_{D} f(x,y)\mathrm{d}\sigma = \lim_{\lambda\to 0}\sum_{i=1}^{n} f(\xi_i,\eta_i)\Delta\sigma_i ,$$

其中 $f(x,y)$ 叫做被积函数， $f(x,y)\mathrm{d}\sigma$ 叫做被积表达式， $\mathrm{d}\sigma$ 叫做面积元素（element of area）， x 与 y 叫做积分变量， D 叫做积分区域（domain of integration）．

由定义可知，二重积分的结果与积分区域 D 的分法无关，也与小区域 $\Delta\sigma_i$ 内点 (ξ_i,η_i) 的取法无关．在平面直角坐标系中，可采用分别平行于坐标轴的直线来分割区域 D，第 i 个小区域的面积 $\Delta\sigma_i=\Delta x_i\Delta y_i$，从而面积元素 $\mathrm{d}\sigma=\mathrm{d}x\mathrm{d}y$，故二重积分可以记作

$$\iint\limits_D f(x,y)\mathrm{d}x\mathrm{d}y .$$

当函数 $f(x,y)$ 在有界闭区域 D 上连续时，二重积分 $\iint\limits_D f(x,y)\mathrm{d}\sigma$ 必存在，这时称 $f(x,y)$ 在有界闭区域 D 上可积．

由二重积分的定义可知，曲顶柱体的体积为

$$V=\iint\limits_D f(x,y)\mathrm{d}\sigma ;$$

而平面薄片的质量为

$$M=\iint\limits_D \mu(x,y)\mathrm{d}\sigma .$$

如果 $f(x,y)\geqslant 0$，那么被积函数 $f(x,y)$ 可以解释为曲顶柱体的顶在点 (x,y) 处的竖坐标，因此二重积分的几何意义就是曲顶柱体的体积．如果 $f(x,y)\leqslant 0$，曲顶柱体就在 xOy 坐标面的下方，二重积分等于曲顶柱体的体积的相反数．若 $f(x,y)$ 在 D 的一部分区域是正的，而在另一部分区域是负的，则 $f(x,y)$ 在 D 上的二重积分就等于 xOy 坐标面上方的曲顶柱体的体积减去 xOy 坐标面下方的曲顶柱体的体积．

二、二重积分的性质

类似于定积分的性质，二重积分也有如下的性质．

性质 1 $\displaystyle\iint\limits_D [f(x,y)\pm g(x,y)]\mathrm{d}\sigma=\iint\limits_D f(x,y)\mathrm{d}\sigma\pm\iint\limits_D g(x,y)\mathrm{d}\sigma$ ．

性质 2 $\displaystyle\iint\limits_D kf(x,y)\mathrm{d}\sigma=k\iint\limits_D f(x,y)\mathrm{d}\sigma$ （ k 为常数）．

性质 3 如果在区域 D 上，$f(x,y)\equiv 1$，D 的面积为 σ，则

$$\iint\limits_D f(x,y)\mathrm{d}\sigma=\iint\limits_D 1\mathrm{d}\sigma=\iint\limits_D \mathrm{d}\sigma=\sigma .$$

此性质的几何意义是高为 1 的平顶柱体的体积在数值上等于该柱体的底面积．

性质 4（对积分区域的可加性） 若闭区域 D 可分为两个闭区域 D_1 与 D_2，则在区域 D 上的二重积分等于在闭区域 D_1 与 D_2 上的二重积分的和，即

$$\iint\limits_D f(x,y)\mathrm{d}\sigma=\iint\limits_{D_1} f(x,y)\mathrm{d}\sigma+\iint\limits_{D_2} f(x,y)\mathrm{d}\sigma .$$

性质 5 若在闭区域 D 上，$f(x,y)\leqslant g(x,y)$，则有

$$\iint\limits_D f(x,y)\mathrm{d}\sigma\leqslant\iint\limits_D g(x,y)\mathrm{d}\sigma .$$

特别地，由于

$$-\left|f(x,y)\right|\leqslant f(x,y)\leqslant\left|f(x,y)\right| ,$$

从而有

$$\left|\iint\limits_D f(x,y)\mathrm{d}\sigma\right|\leqslant\iint\limits_D \left|f(x,y)\right|\mathrm{d}\sigma .$$

性质 6 设 M，m 分别是函数 $f(x,y)$ 在有界闭区域 D 上的最大值、最小值，σ 是区域 D 的面积，则有

$$m\sigma \leqslant \iint\limits_{D} f(x,y)\mathrm{d}\sigma \leqslant M\sigma .$$

性质 7（二重积分的中值定理）设函数 $f(x,y)$ 在有界闭区域 D 上连续，σ 是区域 D 的面积，则在区域 D 上至少存在一点 (ξ,η)，使得

$$\iint\limits_{D} f(x,y)\mathrm{d}\sigma = f(\xi,\eta)\sigma .$$

该性质的几何意义是：对于任意一个曲顶柱体，必存在一个与它同底的、以底面上某点处的高为高的体积相等的平顶柱体.

第二节 二重积分的计算与应用

一般地，直接利用二重积分的定义计算二重积分是很困难的，下面借助二重积分的几何意义将二重积分的计算转化为两次定积分来计算.

一、直角坐标系下二重积分的计算

设非负连续函数 $z = f(x,y)$ 定义在有界闭区域 D 上，其中 D 是由连续曲线 $y = \varphi_1(x)$，$y = \varphi_2(x)$ 及直线 $x = a$，$x = b$ 所围成的（图 9-4），区域 D 也可用不等式表示为

$$a \leqslant x \leqslant b, \quad \varphi_1(x) \leqslant y \leqslant \varphi_2(x) .$$

由二重积分的几何意义知，$\iint\limits_{D} f(x,y)\mathrm{d}x\mathrm{d}y$ 表示以区域 D 为底，以曲面 $z = f(x,y)$ 为顶的曲顶柱体的体积（图 9-5）.

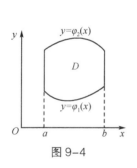

图 9-4

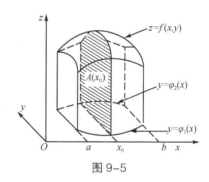

图 9-5

在区间 $[a,b]$ 上任取一点 x_0，过点 x_0 作平行于 yOz 坐标面的平面 $x = x_0$，用该平面去截曲顶柱体，得到一个曲边梯形的截面，它的底是区间 $[\varphi_1(x_0),\varphi_2(x_0)]$，它的曲边是 $z = f(x_0,y)$，因此这个截面的面积为

$$A(x_0) = \int_{\varphi_1(x_0)}^{\varphi_2(x_0)} f(x_0,y)\,\mathrm{d}y .$$

一般地，过区间 $[a,b]$ 上任意一点 x 且平行于 yOz 坐标面的平面来截曲顶柱体所得截面的面积为

$$A(x) = \int_{\varphi_1(x)}^{\varphi_2(x)} f(x,y)\,\mathrm{d}y ,$$

上式中，y 是积分变量，x 在积分时要看作常量. 由定积分的知识，得该曲顶柱体的体积

$$V = \int_a^b A(x)\mathrm{d}x = \int_a^b \left[\int_{\varphi_1(x)}^{\varphi_2(x)} f(x,y)\mathrm{d}y \right] \mathrm{d}x ,$$

从而有

$$\iint\limits_{D} f(x,y)\mathrm{d}x\mathrm{d}y = \int_a^b \left[\int_{\varphi_1(x)}^{\varphi_2(x)} f(x,y)\mathrm{d}y \right] \mathrm{d}x .$$

上式常记作

$$\iint\limits_{D} f(x,y)\mathrm{d}x\mathrm{d}y = \int_a^b \mathrm{d}x \int_{\varphi_1(x)}^{\varphi_2(x)} f(x,y)\,\mathrm{d}y \qquad （9-1）$$

式（9-1）右边的积分称为先对 y、后对 x 的二次积分. 计算时，先把 x 看成常量，把 $f(x,y)$ 只看成 y 的函数，并对 y 计算在 $[\varphi_1(x),\varphi_2(x)]$ 上的定积分；再把算得的结果（是 x 的一元函数）对 x 计算在 $[a,b]$ 上的定积分.

在上述讨论中，为了方便理解，我们假定 $f(x,y)$ 是非负的，实际上该公式的成立不受此条件约束.

当积分区域 D 是由连续曲线 $x=\psi_1(y)$，$x=\psi_2(y)$ 及直线 $y=c$，$y=d$ 所围成的（图 9-6），区域 D 也可用不等式表示为

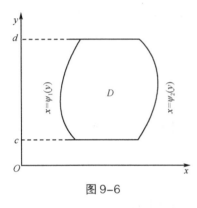

图 9-6

$$c \leqslant y \leqslant d, \qquad \psi_1(y) \leqslant x \leqslant \psi_2(y),$$

类似地可得到另一种积分次序的计算公式

$$\iint\limits_{D} f(x,y)\mathrm{d}x\mathrm{d}y = \int_c^d \mathrm{d}y \int_{\psi_1(x)}^{\psi_2(x)} f(x,y)\mathrm{d}x .$$

以后我们称图 9-4 所表示的积分区域为 X 型区域，图 9-6 所表示的积分区域为 Y 型区域. 若积分区域 D 既是 X 型区域，又是 Y 型区域，则同一个二重积分可表示为两种不同次序的二次积分，即有

$$\iint\limits_{D} f(x,y)\mathrm{d}x\mathrm{d}y = \int_a^b \mathrm{d}x \int_{\varphi_1(x)}^{\varphi_2(x)} f(x,y)\,\mathrm{d}y = \int_c^d \mathrm{d}y \int_{\psi_1(x)}^{\psi_2(x)} f(x,y)\,\mathrm{d}x .$$

$$（9-2）$$

需要注意的是，在应用公式（9-2）时，积分区域 D 必须满足：穿过区域 D 内部且平行于 y 轴（或 x 轴）的直线与区域 D 的边界相交不多于两点. 若区域 D 不满足此条件，可将区域 D 分为若干个小区域，使得每个小区域都满足这个条件. 例如，在图 9-7 中，区域 D 并不是 X 型区域，我们可将 D 分为三个 X 型区域，得

$$\iint\limits_{D} f(x,y)\mathrm{d}x\mathrm{d}y = \iint\limits_{D_1} f(x,y)\mathrm{d}x\mathrm{d}y + \iint\limits_{D_2} f(x,y)\mathrm{d}x\mathrm{d}y + \iint\limits_{D_3} f(x,y)\mathrm{d}x\mathrm{d}y ,$$

该区域 D 也可以看作是一个 Y 型区域，所以对于二重积分的计算，积分区域类型的选取很重要.

将二重积分表示为二次积分时，积分限的确定是一个关键. 不妨设积分区域 D 是 X 型区域（图 9-8），设区域 D 在 x 轴上的投影区间为 $[a,b]$. 第一次关于变量 y 积分时，固定 $[a,b]$ 上的 x，过点 x 作与 y 轴平行的直线，在 D 上对应线段上点的纵坐标从 $\varphi_1(x)$ 变到 $\varphi_2(x)$，此即公式（9-1）中对 y 积分时的下限 $\varphi_1(x)$ 和上限 $\varphi_2(x)$. 又因为上述的 x 是在 $[a,b]$ 上任意选取的，所以第二次关于变量 x 积分时，积分下限和上限分别是 a，b.

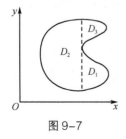

图 9-7

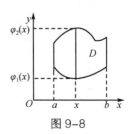

图 9-8

例 9.1 　交换 $I = \int_0^{2a} \mathrm{d}x \int_{\sqrt{2ax-x^2}}^{\sqrt{2ax}} f(x,y)\mathrm{d}y$ （ $a > 0$ ）的积分次序.

解 　由题意可知，积分区域 D 是由直线 $x = 0$ ， $x = 2a$ ，曲线 $y = \sqrt{2ax}$ ， $y = \sqrt{2ax-x^2}$ 所围成的（图 9-9）. 若变为先对 x 积分，再对 y 积分，需将 D 分割为三个 X 型区域 D_1 ， D_2 ， D_3 .

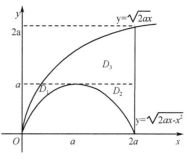

图 9-9

由 $y = \sqrt{2ax}$ 得 $x = \dfrac{y^2}{2a}$ ，由 $y = \sqrt{2ax-x^2}$ 得 $x = a \pm \sqrt{a^2 - y^2}$. 从而交换积分次序后

$$I = \int_0^a \mathrm{d}y \int_{\frac{y^2}{2a}}^{a-\sqrt{a^2-y^2}} f(x,y)\mathrm{d}x + \int_0^a \mathrm{d}y \int_{a+\sqrt{a^2-y^2}}^{2a} f(x,y)\mathrm{d}x + \int_a^{2a} \mathrm{d}y \int_{\frac{y^2}{2a}}^{2a} f(x,y)\mathrm{d}x .$$

例 9.2 　计算二重积分 $\iint\limits_D \left(1 - \dfrac{x}{2} - \dfrac{y}{3}\right)\mathrm{d}x\mathrm{d}y$ ，其中 $D = \left\{(x,y)\,\big|\,|x| \leqslant 1, |y| \leqslant 2\right\}$.

解 　由于二次积分对应的积分区间是对称区间，可利用奇函数在对称区间上的定积分等于零的性质来简化计算.

$$\iint\limits_D \left(1 - \frac{x}{2} - \frac{y}{3}\right)\mathrm{d}x\mathrm{d}y = \int_{-2}^2 \mathrm{d}y \int_{-1}^1 \left(1 - \frac{x}{2} - \frac{y}{3}\right)\mathrm{d}x = \int_{-2}^2 \mathrm{d}y \int_{-1}^1 \left(1 - \frac{y}{3}\right)\mathrm{d}x$$

$$= \int_{-2}^2 \left(x - \frac{y}{3}x\right)\Big|_{-1}^1 \mathrm{d}y = \int_{-2}^2 \left(2 - \frac{2}{3}y\right)\mathrm{d}y = \int_{-2}^2 2\mathrm{d}y = 8.$$

或者

$$\iint\limits_D \left(1 - \frac{x}{2} - \frac{y}{3}\right)\mathrm{d}x\mathrm{d}y = \int_{-1}^1 \mathrm{d}x \int_{-2}^2 \left(1 - \frac{x}{2} - \frac{y}{3}\right)\mathrm{d}y = \int_{-1}^1 \mathrm{d}x \int_{-2}^2 \left(1 - \frac{x}{2}\right)\mathrm{d}y$$

$$= \int_{-1}^1 \left(y - \frac{x}{2}y\right)\Big|_{-2}^2 \mathrm{d}x = \int_{-1}^1 (4 - 2x)\mathrm{d}x = \int_{-1}^1 4\mathrm{d}x = 8.$$

例 9.3 　计算二重积分 $\iint\limits_D xy^2 \mathrm{d}x\mathrm{d}y$ ，其中 D 为直线 $y = x$ 与抛物线 $y = x^2$ 所围成的区域.

解 　积分区域 D 如图 9-10 所示，直线 $y = x$ 与抛物线 $y = x^2$ 的交点是 $(0,0)$ 及 $(1,1)$.

方法 1 　若先对 y 积分，再对 x 积分，

$$\iint\limits_D xy^2 \mathrm{d}x\mathrm{d}y = \int_0^1 \mathrm{d}x \int_{x^2}^x xy^2 \mathrm{d}y = \int_0^1 \left(x\frac{y^3}{3}\right)\Big|_{x^2}^x \mathrm{d}x$$

$$= \frac{1}{3}\int_0^1 (x^4 - x^7)\mathrm{d}x = \frac{1}{3}\left(\frac{1}{5}x^5 - \frac{1}{8}x^8\right)\Big|_0^1 = \frac{1}{40}.$$

方法 2 　若先对 x 积分，再对 y 积分，

$$\iint\limits_D xy^2 \mathrm{d}x\mathrm{d}y = \int_0^1 \mathrm{d}y \int_y^{\sqrt{y}} xy^2 \mathrm{d}x = \int_0^1 \left(y^2 \frac{x^2}{2}\right)\Big|_y^{\sqrt{y}} \mathrm{d}y$$

$$= \frac{1}{2}\int_0^1 (y^3 - y^4)\mathrm{d}y = \frac{1}{2}\left(\frac{1}{4}y^4 - \frac{1}{5}y^5\right)\Big|_0^1 = \frac{1}{40}.$$

例 9.4 　计算二重积分 $\iint\limits_D \mathrm{e}^{-y^2}\mathrm{d}x\mathrm{d}y$ ，其中 D 是由直线 $x = 0$ ， $y = 1$ 及 $y = x$ 所围成的闭区域.

解 积分区域 D 如图 9-11 所示，若先对 y 积分，再对 x 积分，则二重积分

$$\iint_D e^{-y^2} dx dy = \int_0^1 dx \int_x^1 e^{-y^2} dy .$$

其中对 y 的积分，不能用初等函数表示，因此算不出来. 故改为先对 x 积分，再对 y 积分，即

$$\iint_D e^{-y^2} dx dy = \int_0^1 dy \int_0^y e^{-y^2} dx = \int_0^1 \left(e^{-y^2} x \right) \Big|_0^y dy$$

$$= \int_0^1 y e^{-y^2} dy = -\frac{1}{2} e^{-y^2} \Big|_0^1 = \frac{1}{2} \left(1 - \frac{1}{e} \right)$$

此例说明：求解二重积分时，积分顺序的选取很重要.

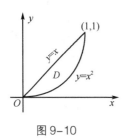
图 9-10

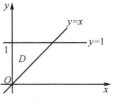
图 9-11

二、极坐标系下二重积分的计算

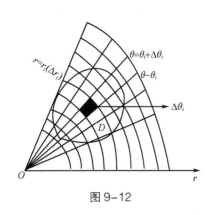
图 9-12

一般地，当积分区域 D 的边界与圆有关，或者被积函数具有 $f(x^2 + y^2)$ 的形式时，利用直角坐标系计算二重积分可能会很困难，甚至算不出来，但在极坐标系下计算二重积分往往会比较简单，下面来介绍这种计算方法.

在极坐标系下，从极点 O 引出一族射线，以极点 O 为中心作一族同心圆构成的网可将区域 D 分为若干个扇形小区域 $\Delta\sigma_i$（图 9-12）. 当把区域 D 分割很细时，扇形小区域可近似地看作小矩形区域，从而扇形小区域的面积 $\Delta\sigma_i \approx \Delta r_i \cdot (r_i \cdot \Delta\theta_i) = r_i \Delta r_i \Delta\theta_i$，从而得到极坐标系下的面积元素

$$d\sigma = r dr d\theta .$$

再分别用坐标变换公式 $x = r\cos\theta$，$y = r\sin\theta$ 代替被积函数 $f(x,y)$ 中的 x，y，就得到极坐标系下二重积分的计算公式

$$\iint_D f(x,y) d\sigma = \iint_D f(r\cos\theta, r\sin\theta) r dr d\theta .$$

极坐标系下二重积分的计算，也要化成二次积分来计算，一般要分为三种情况：

（1）极点 O 在积分区域 D 的外部（图 9-13），则积分区域 D 用不等式表示为

$$\alpha \leqslant \theta \leqslant \beta , \qquad r_1(\theta) \leqslant r \leqslant r_2(\theta) ,$$

从而有计算公式

$$\iint_D f(r\cos\theta, r\sin\theta) r dr d\theta = \int_\alpha^\beta d\theta \int_{r_1(\theta)}^{r_2(\theta)} f(r\cos\theta, r\sin\theta) r dr .$$

（2）极点 O 在积分区域 D 的内部（图 9-14），则积分区域 D 用不等式表示为

$$0 \leqslant \theta \leqslant 2\pi , \qquad 0 \leqslant r \leqslant r(\theta) ,$$

从而有计算公式

$$\iint\limits_{D} f(r\cos\theta, r\sin\theta)r\mathrm{d}r\mathrm{d}\theta = \int_{0}^{2\pi}\mathrm{d}\theta\int_{0}^{r(\theta)}f(r\cos\theta, r\sin\theta)r\mathrm{d}r .$$

（3）极点 O 在积分区域 D 的边界上（图 9-15），则积分区域 D 用不等式表示为

$$\alpha \leqslant \theta \leqslant \beta , \quad 0 \leqslant r \leqslant r(\theta) ,$$

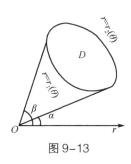

图 9-13

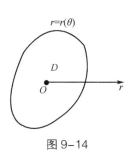

图 9-14

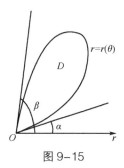

图 9-15

从而有计算公式

$$\iint\limits_{D} f(r\cos\theta, r\sin\theta)r\mathrm{d}r\mathrm{d}\theta = \int_{\alpha}^{\beta}\mathrm{d}\theta\int_{0}^{r(\theta)}f(r\cos\theta, r\sin\theta)r\mathrm{d}r .$$

例 9.5 计算二重积分 $\iint\limits_{D}\mathrm{e}^{-x^2-y^2}\mathrm{d}\sigma$，其中 $D = \left\{(x,y)\,\middle|\,x^2+y^2 \leqslant R^2\right\}$，$R > 0$．

解 在直角坐标系下，因为 $\int\mathrm{e}^{-x^2}\mathrm{d}x$ 不能用初等函数表示，从而此二重积分无法求解；但在极坐标系下，区域 D 可表示为：$0 \leqslant \theta \leqslant 2\pi$，$0 \leqslant r \leqslant R$，故

$$\iint\limits_{D}\mathrm{e}^{-x^2-y^2}\mathrm{d}\sigma = \int_{0}^{2\pi}\mathrm{d}\theta\int_{0}^{R}\mathrm{e}^{-r^2}r\mathrm{d}r = 2\pi\left(-\frac{1}{2}e^{-r^2}\right)\Bigg|_{0}^{R} = \pi\left(1-\mathrm{e}^{-R^2}\right) .$$

例 9.6 计算二重积分 $\iint\limits_{D}xy\mathrm{d}\sigma$，其中 D 为单位圆形区域在第一象限的部分．

解 在极坐标系下，区域 D 可表示为：$0 \leqslant \theta \leqslant \dfrac{\pi}{2}$，$0 \leqslant r \leqslant 1$，故

$$\iint\limits_{D}xy\mathrm{d}\sigma = \int_{0}^{\frac{\pi}{2}}\mathrm{d}\theta\int_{0}^{1}r\cos\theta\cdot r\sin\theta\cdot r\mathrm{d}r = \frac{1}{2}\int_{0}^{\frac{\pi}{2}}\sin 2\theta\mathrm{d}\theta\int_{0}^{1}r^3\mathrm{d}r$$

$$= \left(-\frac{1}{4}\cos 2\theta\right)\Bigg|_{0}^{\frac{\pi}{2}}\cdot\frac{1}{4}r^4\Big|_{0}^{1} = \frac{1}{8}.$$

例 9.7 计算二重积分 $\iint\limits_{D}\sqrt{x^2+y^2}\mathrm{d}\sigma$，其中 D 是由 $x^2+y^2=2x$ 所围成的闭区域（图 9-16）．

解 在极坐标系下，圆 $x^2+y^2=2x$ 可表示为 $r=2\cos\theta$，从而积分区域 D 可表示为：$-\dfrac{\pi}{2} \leqslant \theta \leqslant \dfrac{\pi}{2}$，$0 \leqslant r \leqslant 2\cos\theta$，故

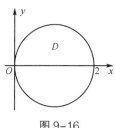

图 9-16

$$\iint\limits_{D}\sqrt{x^2+y^2}\mathrm{d}\sigma = \int_{-\frac{\pi}{2}}^{\frac{\pi}{2}}\mathrm{d}\theta\int_{0}^{2\cos\theta}r^2\mathrm{d}r = \int_{-\frac{\pi}{2}}^{\frac{\pi}{2}}\frac{8}{3}\cos^3\theta\mathrm{d}\theta = \frac{16}{3}\int_{0}^{\frac{\pi}{2}}\left(1-\sin^2\theta\right)\mathrm{d}\sin\theta$$

$$= \frac{16}{3}\left(\sin\theta-\frac{1}{3}\sin^3\theta\right)\Bigg|_{0}^{\frac{\pi}{2}} = \frac{32}{9}$$

三、二重积分的应用

从前面的讨论可知，可应用二重积分来计算曲顶柱体的体积、平面薄片的质量等，下面再举例说明二重积分的应用.

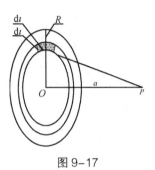

图 9-17

例 9.8 半径为 R 的均匀带电圆盘，电荷面密度为 σ（图 9-17）. 求轴线上任意一点 P 处的电势.

解 点电荷的电势公式为 $dU = k\dfrac{dq}{D}$ ，其中 q 为点电荷的电量，D 为考察点到点电荷的距离，k 为静电力常数.

设点 P 到圆盘中心 O 的距离为 a ，取半径为 r 处的一个改变量为 dr ，对应在半径为 r 的圆上取一小段圆弧 dl ，则图 9-17 中阴影部分电荷在点 P 所产生的电势为 $dU = k\dfrac{dq}{\sqrt{a^2 + r^2}} = k\dfrac{\sigma dl/dr}{\sqrt{a^2 + r^2}}$.

整个带电圆盘在点 P 所产生的电势为

$$U = \iint\limits_{D} k\frac{\sigma dl/dr}{\sqrt{a^2 + r^2}} = \int_0^R dr \int_0^{2\pi r} k\frac{\sigma}{\sqrt{a^2 + r^2}} dl$$

$$= k\sigma \int_0^R \frac{2\pi r}{\sqrt{a^2 + r^2}} dr = 2\pi k\sigma \sqrt{a^2 + r^2}\,\Big|_0^R = 2\pi k\sigma \left(\sqrt{a^2 + R^2} - a\right).$$

例 9.9 计算由直线 $y = x$ 与抛物线 $y = x^2$ 所围成的平面区域 D 的面积 σ （图 9-10）.

解 由二重积分的性质 3 得

$$\sigma = \iint\limits_{D} dx dy = \int_0^1 dx \int_{x^2}^x dy = \int_0^1 y\,\Big|_{x^2}^x dx = \int_0^1 \left(x - x^2\right) dx$$

$$= \left(\frac{1}{2}x^2 - \frac{1}{3}x^3\right)\Big|_0^1 = \frac{1}{6}.$$

习　题

1. 利用二重积分的定义证明：

（1）$\iint\limits_{D} d\sigma = \sigma$ ，其中 σ 是区域 D 的面积；

（2）$\iint\limits_{D} kf(x, y)d\sigma = k\iint\limits_{D} f(x, y)d\sigma$ ，其中 k 是常数.

2. 估计下列二重积分的值.

（1）$I = \iint\limits_{|x|+|y|\leqslant 1} \dfrac{dx dy}{1 + \sin^2 x + \cos^2 y}$ ；

（2）$I = \iint\limits_{x^2+y^2\leqslant 1} (x^2 + 4y^2 + 9)d\sigma$ ；

（3）$I = \iint\limits_{D} (x + 2y + 1)d\sigma$ ，其中 $D = \left\{(x, y) \mid 0 \leqslant x \leqslant 2, 0 \leqslant y \leqslant 1\right\}$.

3. 根据二重积分的性质，比较下列积分的大小.

（1）$I_1 = \iint\limits_{D} (x + y)^2 d\sigma$ ，$I_2 = \iint\limits_{D} (x + y)^4 d\sigma$ ，其中 D 是由直线 $x = 0$ ，$y = 0$ 与 $x + y = 1$ 围成的闭区域；

（2）$I_1 = \iint\limits_D \ln(x+y)\mathrm{d}\sigma$ ，$I_2 = \iint\limits_D [\ln(x+y)]^3 \mathrm{d}\sigma$ ，其中 $D = \{(x,y)|2 \leqslant x \leqslant 4, 1 \leqslant y \leqslant 2\}$ ；

（3）$I_1 = \iint\limits_D \ln(x+y)\mathrm{d}\sigma$ ，$I_2 = \iint\limits_D [\ln(x+y)]^2 \mathrm{d}\sigma$ ，其中 D 是三角形闭区域，三个顶点分别为（1，0），（2，0），（1，1）.

4. 交换下列二次积分的积分次序.

（1）$\int_0^1 \mathrm{d}x \int_0^x f(x,y)\,\mathrm{d}y$ ；

（2）$\int_0^2 \mathrm{d}x \int_x^{\sqrt{4x-x^2}} f(x,y)\,\mathrm{d}y$ ；

（3）$\int_0^2 \mathrm{d}y \int_{-\sqrt{4-y^2}}^{\sqrt{4-y^2}} f(x,y)\,\mathrm{d}x$.

5. 证明：

$$\int_0^a \mathrm{d}y \int_0^y \mathrm{e}^{b(a-x)} f(x)\,\mathrm{d}x = \int_0^a (a-x)\mathrm{e}^{b(a-x)} f(x)\mathrm{d}x .$$

6. 计算下列二重积分.

（1）$\iint\limits_D (x+y)\mathrm{d}x\mathrm{d}y$ ，其中 $D = \{(x,y)|1 \leqslant x \leqslant 2, 0 \leqslant y \leqslant 1\}$ ；

（2）$\iint\limits_D \dfrac{x}{y^2}\mathrm{d}x\mathrm{d}y$ ，其中 D 是由直线 $x = 0$ ，$y = 2$ 与 $y = x$ 所围成的闭区域；

（3）$\iint\limits_D (2x+3y)\mathrm{d}x\mathrm{d}y$ ，其中 D 是由两坐标轴与直线 $x+y = 3$ 所围成的闭区域；

（4）$\iint\limits_D y\sqrt{1+x^2-y^2}\mathrm{d}x\mathrm{d}y$ ，其中 D 是由直线 $x = -1$ ，$y = 1$ 与 $y = x$ 所围成的闭区域；

（5）$\iint\limits_D xy\mathrm{d}x\mathrm{d}y$ ，其中 D 是由直线 $y = x-2$ 与抛物线 $y^2 = x$ 所围成的闭区域.

7. 利用极坐标计算下列各题.

（1）$\iint\limits_D \mathrm{e}^{x^2+y^2}\mathrm{d}\sigma$ ，其中 D 是由单位圆所围成的闭区域；

（2）$\iint\limits_D \ln(1+x^2+y^2)\mathrm{d}\sigma$ ，其中 D 是由单位圆所围成的闭区域；

（3）$\iint\limits_D (x^2+y^2)\mathrm{d}\sigma$ ，其中 $D = \{(x,y)|1 \leqslant x^2+y^2 \leqslant 4\}$.

8. 设平面薄片所占的闭区域 D 是由 x 轴，直线 $x+y = 2$ ，$y = x$ 所围成的，它的面密度 $\mu(x,y) = xy^2$ ，求该平面薄片的质量.

9. 求以 xOy 坐标面上的圆周 $x^2+y^2 = x$ 围成的闭区域为底、以曲面 $z = x^2+y^2$ 为顶的曲顶柱体的体积 V .

10. 求由平面 $x = 0$ ，$y = 0$ ，$x+y = 1$ 所围成的柱体被抛物面 $z = 6-x^2-y^2$ 及平面 $z = 0$ 截得的曲顶柱体的体积 V .

第十章 数学实验

实验一 Mathematica 基本操作

说明 Mathematica 是美国 Wolfram 公司开发的一个功能强大的数学软件系统，它主要包括：数值计算、符号计算、图形功能和程序设计. 它的命令句法简单，并且具有惊人的一致性，这个特性使得 Mathematica 很容易使用. 本实验部分是按 Mathematica 5.0 版本编写的，也适合于 Mathematica 的任何其他图形界面的版本.

一、进入 Mathematica

在"开始"菜单中的"程序"中单击 Mathematica 或在桌面上双击 Mathematica 图标可进入 Mathematica. 进入 Mathematica 后的界面如图 10-1 所示的 Notebook 界面，系统自动给 Notebook 取名 Untitled-1，直到用户保存时另命名为止.

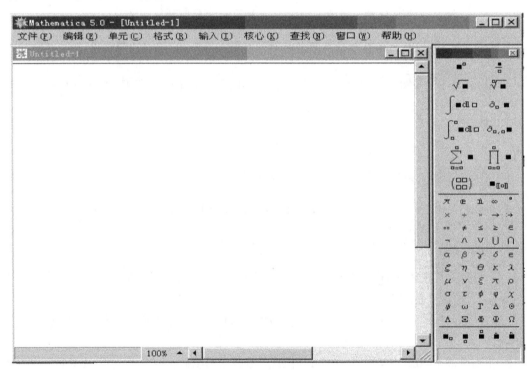

图 10-1 Mathematica 界面

二、退出 Mathematica

下列两种方法可以退出 Mathematica：
（1）在"File"菜单中选择"Exit"命令；
（2）按"Alt+F4"键，即按住 Alt 键不放再按 F4.

上面两种方法退出系统时，如果窗口中还有内容没有存盘，这时会出现一个对话框提示是否保存 Notebook 中的内容，单击对话框上的"否（N）"按钮，则系统不存盘关闭窗口退出；单击"是（Y）"按钮，则保存 Notebook 中内容关闭窗口退出.

三、输入和计算表达式

进入 Mathematica 后，在 Notebook 窗口中输入 3^100，然后按主键盘区的组合键"Shift+Enter"或数字键盘中的"Enter"键执行命令. 特别注意：符号"↙"表示敲"数字键盘"的"Enter"键执行命令.

表达式

1. 算术运算符和算术表达式

切记：运算顺序用（ ）来组织；方括号[ ]内放函数变量；大括号{ }内表示元素的分界符. 每输入一个式子或命令，建议敲一下数字键盘（最右边）中的"Enter"键.

Mathematica 的算术运算符如表 10-1. Mathematica 中的运算符运算顺序与数学中的顺序一样.

表 10-1　Mathematica 算术运算符

键盘符号	说　　明	例　　子
+	加号	$c+d$
−	减号，负号	$10-8$，-9
*	乘号	$2*6$，$s*t$ 或 st
/	除号	$3/4$
∧	乘方	3^4
%	上一个计算结果	
%%	上上一个计算结果	

例如，$\dfrac{1-x^2}{1+\sin^2 x}$ 输入形式为（1−x^2）/（1+Sin[x]^2）↙

表 10-2 是 Mathematica 中定义的一些数学常数.

表 10-2　　数学常数

数学常数	意　　义
Pi	圆周率 $\pi = 3.14159\cdots$
E	自然对数的底 $e = 2.71828\cdots$
Degree	1 度即　$\pi/180$
I	虚数单位 $i=\sqrt{-1}$
Infinity	无穷大 ∞

例如，2^{200} 的输入形式 2^200；$2\times3+4\div5$ 的输入形式：2*3+4/5.

2. 变量　Mathematica 中内部函数和命令都是以大写字母开始的标示符，为了不与它们混淆，自定义的变量应该是以小写字母开始，后跟数字和字母的组合，长度不限. 例如，$a12$，ast，aST 都是合法的，而 $12a$，$z*a$，$a\ b$（中间有空格）是非法的. 另外在 Mathematica 中的变量是区分大小写的. 在 Mathematica 中，变量不仅可以存放一个数值，还可以存放表达式或复杂的算式.

3. 基本初等函数的输入

（1）幂函数　　$x^{\mu}\ (\mu \in \mathbf{R})$.

x=5.3↙

x^1.2

按"Shift+Enter"键后得到

Out[1]=5.3

Out[2]=7.39828

（2）指数函数 a^x.

当 a=e=2.71828……时，记为 e^x，Mathematica 中有专门的函数 Exp[x].

例如，输入：

X=2.3↙

4^x

按"Shift+Enter"键后得到

Out[3]=2.3

Out[4]=24.2515

输入：

X=2.5↙

E^x

按"Shift+Enter"键后得到

Out[5]=2.5

Out[6]=12.1825

（3）对数函数 Log[b，x].

Log[x]是以 e 为底的自然对数 ln$x$，Log[b，x] 表示以 b 为底的对数 $\log_b x$.

例如，输入：

Log[5.1]

按"Shift+Enter"后得到

Out[2]=1.62924

输入：

Log[2，8]

按"Shift+Enter"后得到

Out[1]=3

（4）三角函数 sin[x]，cos[x]，tan[x]，cot[x]，sec[x]，csc[x]分别表示正弦函数、余弦函数、正切函数、余切函数、正割函数与余割函数.

例如，输入：

Sin[2.0]

按"Shift+Enter"后得到

Out[1]=0.909297

（5）反三角函数 arcsin[x]，arccos[x]，arctan[x]，arccot[x]，arcsec[x]，arccsc[x]分别表示反正弦函数、反余弦函数、反正切函数、反余切函数、反正割函数与反余割函数.

例如，输入：

ArcSin[0.4]

按"Shift+Enter"后得到

Out[1]=0.411517

输入：

ArcTan[1.5]

按"Shift+Enter"后得到

Out[2]=0.982794

4. 自定义函数

（1）自定义函数的形式.

f[$x\_$]：=表达式　　定义函数 $f(x)$，x 表示变量；

f[$x\_$]=.　　　　　　清除函数 $f(x)$ 的定义；

Clear[*f*]　　　　　清除函数 *f* 的所有定义；

Clear[*x*]　　　　　清除以前的 *x* 值记录，求极限之前切记输入此命令.

例如，定义函数 $f(x)=2x-1$，输入：

f[x_]：=2x–1↙

（2）定义分段函数的方法.

例如，定义函数 $g(x)=\begin{cases}\sin x, & x\leqslant 2,\\ \cos x, & x>2.\end{cases}$

输入：

g[x_]：=Sin[x]/；x<=2↙

输入：

g[x_]：=Cos[x]/；x>2↙

输入：

g[3.]

按"Shift+Enter"后得

Out[3]=-0.989992

5. 数值输出函数

（1）函数 *N*[表达式]：以实数形式输出表达式，默认精度为小数点后 5 位.

例如，输入：

Sin[2/3]+ cos[1/3]+Pi-3*sin[2/3]

按"Shift+Enter"得

$$\text{Out}[1]=\pi+\cos\left[\frac{1}{3}\right]-2*\sin\left[\frac{2}{3}\right]$$

上面得到的结果为精确解，如果想得到近似值执行如下操作.

输入：

N[%]（% 表示上一次的计算结果）

按"Shift+Enter"得

Out[2]=2.84981

（2）函数 *N*[表达式，*n*]：以 *n* 位精实数形式表示表达式.

输入：

N[Pi，20]

按"Shift+Enter"得

Out[4]=3.1459265358979323845

（3）ScientificForm[表达式]：科学记数法.

例如，输入：

ScientificForm[%*12345]

按"Shift+Enter"得

Out[5]//ScientificForm=3.8782961308565997529×10⁴

6. 注意

（1）为了输入计算符号时方便醒目，可将工作簿下面的 100%的字体大小调成 150%或 200%.

（2）在录入各种命令时，使用基本输入工具栏（右上角出现），可以避免录入各种命令的繁杂. 工具栏可通过"File"→"Palettes"→"Basic Input"获得.

（3）命令的输入，请切实注意字母的大小写以及字母的一致性. 每条命令的第一字母必须大写；函数的输入必须严格按照规定要求进行；必须严格注意英文字母大小写的输入，电脑不会互认.

（4）N[ ]可以将精确值化成近似值. 或者在命令中出现的第一个数字后面加上".0"（即加小

数点再加 0，或简单加一个小数点）也可得到近似值.

（5）有关 e 的计算时，要用大写的 E 来表示，不能用键盘上的字母 e.

（6）变量（字母）相乘，必须加上乘号"＊"（键盘中数字 8 上面符号），常数乘以变量（字母），乘号可以省略.

四、函数作图

（一）基本二维图形

Mathematica 在直角坐标系中作一元函数图形用下列基本命令：

Plot[f，{x，xmin，xmax}，option->value]：在指定区间上按选项定义值画出函数在直角坐标系中的图形.

Plot[{f1，f2，f3，...}，{x，xmin，xmax}，option->value]：在指定区间上按选项定义值同时画出多个函数在直角坐标系中的图形.

Mathematica 绘图时允许用户设置选项值对绘制图形的细节提出各种要求. 例如，要设置图形的高宽比，给图形加标题等. 每个选项都有一个确定的名字，以"选项名->选项值"的形式放在 Plot 中的最右边位置，一次可设置多个选项，选项依次排列，用逗号隔开，也可以不设置选项，采用系统的默认值.

选项	说明	默认值
AspectRatio	图形的高、宽比	1/0.618
AxesLabel	给坐标轴加上名字	不加
PlotLabel	给图形加上标题	不加
PlotRange	指定函数因变量的区间	计算的结果
PlotStyle	用什么样方式作图（颜色，粗细等）	值是一个表
PlotPoint	画图时计算的点数	25

举例

（1）绘制 $f(x) = \dfrac{\sin x^2}{x+1}$ 的图形.

In[1]：=f[x_]：=Sin[x^2]/（x+1）
      Plot[f[x]，{x，0，2Pi}]

Out[1]= $\dfrac{Sin[x^2]}{1+x}$

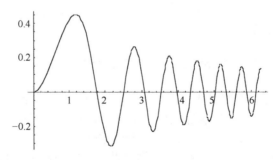

Out[2]= -Graphics-

限制长宽比例：In[3]：=Plot[f[x]，{x，0，2Pi}，AspectRatio->1/2]　长宽比例为 1：2.

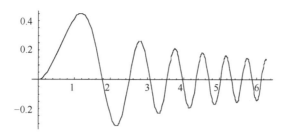

Out[3]= -Graphics-

（2）取消刻度可以使用 Ticks 选项.

In[4]：=Plot[f[x], {x, 0, 2Pi}, Ticks->None]

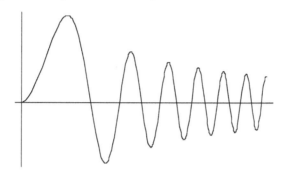

Out[4]= -Graphics-

（3）标注坐标名称 x 轴为"Time"，y 轴为"Height".

In[5]：= Plot[f[x], {x, 0, 2Pi}, AxesLabel->{"time", "height"}]

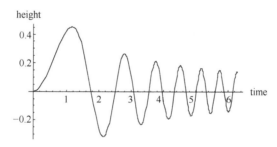

Out[5]= -Graphics-

（4）将坐标原点移到点（3，0），并标注图形名称为 Decay waves.

In[6]：= Plot[f[x], {x, 0, 2Pi}, AxesOrigin->{3, 0}, PlotLabel->"Decay waves"]

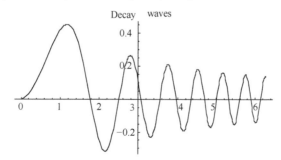

Out[6]= -Graphics-

（5）修改 x 方向的刻度，y 轴方向的刻度则用默认值.

In[7]：= Plot[f[x], {x, 0, 2Pi}, Ticks->{{0, Pi/2, Pi, 3Pi/2, 2Pi}, Automatic}]

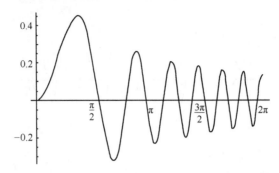

Out[7]= -Graphics-
（6）定义 y 轴的绘图范围.
In[8]：= Plot[f[x]，{x，0，2Pi}，PlotRange->{-0.6，0.6}]

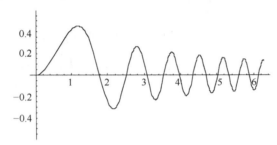

Out[8]= -Graphics-
（7）将图形结果定义给变量，但不显示图形，后用 Show 命令显示.
In[9]：=g1=Plot[f[x]，{x，0，2Pi}，DisplayFunction->Identity]
　　　g2=Plot[x*Cos[x]/12，{x，0，2Pi}，DisplayFunction->Identity]
　　　Show[g1，g2，DisplayFunction->$ DisplayFunction]
Out[9]= -Graphics-
Out[10]= -Graphics-

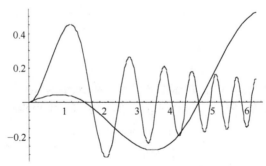

Out[11]= -Graphics-
（8）图形颜色的设置.
　　RGBColor[r，g，b]：由红、绿、蓝组成的颜色，每种色彩取 0 到 1 之间的数. Mathematica 提供各种图形指令中，对图形元素颜色的设置是一个很重要的设置.
　　下面给出三条不同颜色的正弦曲线，此处以灰度表示，即颜色深浅不同.
　　In[1]：=Plot[{Sin[x]，Sin[2x]，Sin[3x]}，{x，0，2Pi}，PlotStyle->{RGBColor[0.9，0，0]，RGBColor[0，0.9，0]，RGBColor[0，0，0.9]}]

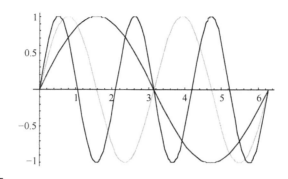

Out[1]= -Graphics-

（二）基本三维图形

绘制函数 $f(x, y)$ 在平面区域上的三维立体图形的基本命令是 Plot3D，Plot3D 和 Plot 的工作方式和选项基本相同. ListPlot3D 可以用来绘制三维数字集合的三维图形，其用法也类似于 ListPlot，下面给出这两个函数的常用形式：

Plot3D[f, (x, xmin, xmax), (y, ymin, ymax)]：绘制以 x 和 y 为变量的三维函数的图形.

ListPlot3D[{Z11, Z12, ...}, {Z21, Z22, ...}, ...]]：绘出高度为 Zvx 数组的三维图形.

Plot3D 同平面图形一样，也有许多输出选项，可通过多次试验得到最佳图形.

选项	取值	意义
Axes	True	是否包括坐标轴
AxesLabel	None	在轴上加上 zlabel 规定 z 轴的标志
		{xlabel，ylabel，zlabel}规定所有轴的标志
Boxed	True	是否在曲面周围加上立方体
ColorFunction	Automatic	使用什么颜色的明暗度
		Hue 表示使用一系列颜色
TextStyle	STextStyle	用于图形文本的缺省类型
ormatType	StandardForm	用于图形文本的缺省格式类型
DisplayFunction	SdlisplayFunction	如何绘制图形，Indentity 表示不显示
FaceGrids	None	如何在立体界面上绘上网格
		All 表示在每个界面上绘上网格
HiddenSurface	True	是否以立体的形式绘出曲面
Lighdng	True	是否用明暗分布给表面加色
Mesh	True	是否在表面上绘出 xy 网格
PlotRange	Automatic	图中坐标的范围；可以规定为 All，
		{zmin，zmax}或{xminn，xmax}，
		{ymin，ymax}，{zmin，zmax}
Shading	True	表面是用阴影还是留空白
ViewPoint	{1.3，-2.4，2}	表面的空间观察点

三维绘图举例

函数 $\sin(x+y)\cos(x+y)$ 的立体图.

In[1]：=Plot3D[Sin[x+y]*Cos[x+y], {x, 0, 4}, {y, 0, 4}]

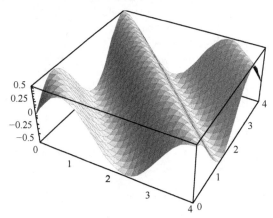

Out[1]= -SurfaceGraphics-

（三）练习（实验报告写法包括：题目，命令，结果（要近似值））

1. 计算下列各式的值.

（1）$e^{2.3}$；　　（2）$\sin 15°+\cos 15°$；　　（3）$\log_5 135$；　　（4）$\ln(e^{-2}+1)$；

（5）$\cos\left(2\arccos\dfrac{1}{3}-\arccos\dfrac{1}{6}\right)$；(6)$\tan\left(\arctan\dfrac{\sqrt{2}}{2}+\arctan\dfrac{\sqrt{2}}{3}\right)$；

（7）$f(x)=e^{-x}\sin x,\quad 求\ f(0.12),f(0.67)$.

2. 作函数 $y=\dfrac{1}{\sqrt{2\pi}}e^{-\frac{x^2}{2}}$ 在区间[-4，4]上的图形.

3. 作函数 $f(x,y)=\dfrac{1}{2}\left(-\dfrac{x^2}{16}+\dfrac{y^2}{9}\right)$ 在 $\{-4\leqslant x\leqslant 4,-3\leqslant y\leqslant 3\}$ 的函数图像.

实验二　极限运算

求函数的极限

求函数极限 $\lim\limits_{x\to x_0}f(x)$ 的一般形式：Limit[f（x），x→x0]；

求函数左极限 $\lim\limits_{x\to x_0^-}f(x)$ 的一般形式：Limit[f（x），x→x0，Direction→1]；

求函数右极限 $\lim\limits_{x\to x_0^+}f(x)$ 的一般形式：Limit[f（x），x→x0，Direction→-1]；

Clear[x]　清除以前的 x 值记录，求极限之前切记输入此命令.

例如，

（1）输入：

Limit[（x^2-1）/（4*x^2-7*x+1），x->Infinity]✓ $\left(计算极限 \lim\limits_{x\to\infty}\dfrac{x^2-1}{4x^2-7x+1}\right)$.

（2）输入：

Limit[（x^3-1）/（-3*x^3+2*x^2），x->Infinity，Direction->-1]✓ $\left(计算极限 \lim\limits_{x\to-\infty}\dfrac{x^3-1}{-3x^3+2x^2}\right)$.

（3）输入：

Limit[（x-1）/（x^2-1），x->1]✓ $\left(\text{即计算极限 } \lim\limits_{x\to 1}\dfrac{x-1}{x^2-1}\right)$.

（4）输入：

Limit[1/x，x->0，Direction->-1] ✓ $\left(\text{即计算极限 } \lim\limits_{x\to 0^+}\dfrac{1}{x}\right)$.

练习（实验报告写法包括：题目，命令，结果（要近似值））

1. $\lim\limits_{x\to -1}\dfrac{2x^2-3x-5}{x^2-x-2}$； 2. $\lim\limits_{x\to 1}\left(\dfrac{1}{1-x}-\dfrac{3}{1-x^3}\right)$； 3. $\lim\limits_{x\to 0}\dfrac{\sin^2 x}{1-\cos x}$；

4. $\lim\limits_{x\to \infty}\left(\dfrac{x+1}{x-1}\right)^x$； 5. $\lim\limits_{x\to \infty}(\sqrt{x^2+1}-\sqrt{x^2-1})$； 6. $\lim\limits_{x\to 0}\dfrac{\sqrt{1+x}-\sqrt{1-x}}{x}$.

实验三　导数及微分计算

一、求函数的导数

Mathematica 能方便地计算任何函数表达式的任意阶导数.

（1）命令 D[f, x]　计算函数 $f(x)$ 的导数 $f'(x)$.

（2）命令 D[f, {x, n}]　计算函数 $f(x)$ 的 n 阶导数 $f^{(n)}(x)$.

例如，（1）计算 $f(x)=2x^n$ 的导数.

输入：

D[2x^n，x]

按"Shift+Enter"得

Out[1]= $2nx^{-1+n}$

（3）计算函数 cx^n 的二阶导数.

输入：

D[c*x^n, {x, 2}] ✓

得 Out[1]：$=c(-1+n)nx^{-2+n}$

二、求函数的微分

命令 Dt[f] 计算函数 $f(x)$ 的微分；结果中的 Dt[x] 即是 dx.

例如，输入：

Dt[E^（2x）]

按"Shift+Enter"可得

$Out[1]=2e^{2x}Dt[x]$

练习（实验报告写法包括：题目，命令，结果）

1. 求下列函数的导数：

(1)　$y=a^x\ln x$； (2)　$y=x^x$； (3)　$y=\sqrt[3]{1+\sqrt[3]{1+\sqrt[3]{x}}}$； (4)　$y=\arctan\dfrac{1+x}{1-x}$.

2. 求下列函数的高阶导数：

(1) $y = e^{2x} \sin 3x$, 求 $y^{(4)}$;   (2) $y = \ln(1+x^2)$; 求 y'''.

3. 求下列函数微分：

(1) $y = \dfrac{1-\ln x}{1+\ln x}$;   (2) $y = e^x + e^{e^x}$;   (3) $y = e^{2x} \sin 3x$.

实验四   不定积分与定积分计算

一、不定积分命令

求不定积分命令的一般形式.

Integrate[f, x]：计算不定积分$\int f(x)\,\mathrm{d}x$. 也可使用工具栏直接输入不定积分式.

注意：Integrate 主要计算被积函数只含有"简单初等函数"的不定积分.

例如，

（1）计算积分$\int 3a * x^2 \mathrm{d}x$.

输入：

Integrate[3a*x^2, x]

按"Shift+Enter"得

Out[1]：$= ax^3$

（2）计算积分$\int \sqrt{\tan x}\mathrm{d}x$.

输入：

Integrate[*Sqrt*[*Tan*[*x*]], *x*] ↙ 得

（结果省略）

二、定积分精确计算

计算定积分的命令：

Integrate[f, {x, a, b}]：计算定积分$\int_a^b f(x)\mathrm{d}x$ 的精确解. 当然也可使用工具栏直接输入定积分式.

例如，计算定积分$\int_0^1 (\cos^2 x + \sin^3 x)\mathrm{d}x$.

输入：

Integrate[Cos[x]^2+Sin[x]^3, {x, 0, 1}]

按"Shift+Enter"得

Out[1]$= \dfrac{7}{6} - \dfrac{3\cos[1]}{4} + \dfrac{\cos[3]}{12} + \dfrac{\sin[2]}{4}$

输入：

N[%]

按"Shift+Enter"得

Out[2]=0.906265

例如，计算定积分$\int_0^4 |x-2|\mathrm{d}x$.

输入：

Integrate[Abs[x - 2]，{x，0，4}]

按 "Shift+Enter" 得

Out[2]=4

这条命令也可以求广义积分.

例如，求 $\int_0^4 \dfrac{1}{(x-2)^2}\mathrm{d}x$.

In[7]：=Integrate[1/（x-2）^2，{x，0，4}]

Out[7]=∞

例如， $\int_1^{+\infty} \dfrac{1}{x^4}\mathrm{d}x$.

In[8]：=Integrate[1/x^4，{x，1，Infinity}]

Out[8]=$\dfrac{1}{3}$

如果广义积分发散也能给出结果，例如，

In[9]：=Integrate[1/x^2，{x，-1，1}]

Out[9]= ∞

如果无法判定敛散性，就给出一个提示，例如：

In[10]：=Integrate[1/x，{x，0，2}]

Integrate：：idiv：Integral of $\dfrac{1}{x}$ does not converge on {0，2}.

Out[10]=$\int_0^2 \dfrac{1}{x}\mathrm{d}x$

如果广义积分敛散性与某个符号的取值有关，它也能给出在不同情况下的积分结果. 例如，

$\int_1^{+\infty} \dfrac{1}{x^p}\mathrm{d}x$:

In[11]：=Integrate[1/x^p，{x，1，Infinity}]

Out[11]=If[Re[p]>1， $\dfrac{1}{-1+p}$ ，Integrate[x^{-p} ,{x,1,∞}，Assumptions→Re[p]≤1]]

结果的意义是当 $p >1$ 时，积分值为 $\dfrac{1}{-1+p}$ ，否则不收敛. 在 Integrate 中可加两个参数 Assumptions 和 GenerateConditions. 例如，上例中，只要用 Assumptions->{Re[p]>1}就可以得到收敛情况的解：

In[12]：=Integrate[1/x^p，{x，1，Infinity}，Assumptions->{Re[p]>1}]

Out[12]= $\dfrac{1}{-1+p}$

三、定积分的数值解

当被积函数无法通过积分得到原函数时，Integrate 积分命令无法计算定积分，可以通过近似计算来获得定积分. Mathematica 提供了定积分近似计算函数.

NIntegrate[f，{x，a，b}]：计算 $\int_a^b f(x)\mathrm{d}x$ 的近似值.

例如：计算定积分 $\int_0^1 (\cos^2 x + \sin^3 x)\mathrm{d}x$.

输入：

NIntegrate[Cos[x]^2+Sin[x]^3，{x，0，1}]

按 "Shift+Enter" 得

Out[1]=0.906265

Integrate 与 NIntegrate 区别：当被积函数无法积分得到原函数时，NIntegrate 可以通过近似求法获得近似值，而 Integrate 则无法算出结果. 通过上机自己比较 Integrate 与 NIntegrate 的区别.

四、练习（实验报告写法包括：题目，命令，结果）

1. 求下列不定积分：

(1) $\int (2x-3)^{100} \, dx$;   (2) $\int \dfrac{x+1}{\sqrt{x}} \, dx$;   (3) $\int x^2 a^x \, dx$;

(4) $\int \dfrac{1}{1+\sqrt{x}} dx$;   (5) $\int \dfrac{\sqrt{1+\ln x}}{x} dx$;   (6) $\int \cos 3x \cos 4x \, dx$.

2. 计算下列定积分（要近似值）：

(1) $\displaystyle\int_0^1 \sin^2 x \cos^2 x \, dx$;   (2) $\displaystyle\int_0^{\ln 2} \sqrt{e^x - 1} \, dx$;

(3) $\displaystyle\int_0^1 \dfrac{\sqrt{e^x}}{\sqrt{e^x + e^{-x}}} dx$;   (4) $\displaystyle\int_0^4 \dfrac{x^2}{\sqrt{x^2 + 4^2}} dx$.

实验五 求解微分方程

在 Mathematica 中使用 DSolve[] 可以求解线性和非线性微分方程，以及联立的微分方程组. 在没有给定方程的初值条件下，所得到的解包括 C[1], C[2] 是待定系数. 求解微分方程就是寻找未知的函数的表达式，在 Mathematica 中，方程中未知函数用 $y[x]$ 表示，其微分用 $y'[x]$, $y''[x]$ 等表示. 下面给出微分方程（组）的求解函数.

DSolve[eqn，y[x]，x]：求解微分方程函数 y[x]

DSolve[eqn，y，x]：求解微分方程函数 y

DSolve[{eqn1，eqn2，...}，{y1，y2，....}，x]：求解微分方程组

一、用 Dsolve 求解微分方程 $y[x]$

请分析下列例子：

In[1]: =DSolve[y ' [x]==2y[x]，y[x]，x]

Out[1]={{y[x]→e^{2x}C[1]}}

In[2]: =DSolve[y'[x]+ 2y[x]+1==0，y[x]，x]

Out[2]={{y[x]→$-\dfrac{1}{2}$+e^{-2x}C[1]}}

In[3]: =DSolve[y''[x]+ 2y '[x]+ y[x]==0，y[x]，x]

Out[3]={{y[x]→e^{-x}C[1]+ e^{-x}xC[2]}}

解 $y[x]$ 仅适合其本身，并不适合于 $y[x]$ 的其他形式，如 $y'[x]$, $y[0]$ 等，也就是说 $y[x]$ 不是函数，例如，如果有如下操作，$y'[x]$, $y[0]$ 并没有发生变化：

In[4]: =y[x]+y[0]+y'[x]/.%

Out[4]= {e^{-x}C[1]+ e^{-x}xC[2]+y[0]+y'[x]}

二、解的纯函数形式

使用 DSolve 命令可以给出解的纯函数形式，即 y，请分析下面的例子.

In[5]：= DSolve[y'[x]==2y[x]，y，x]

Out[5]={{y→Function[{x}，e^{2x}C[1]]}}

In[6]：=DSolve[y'[x]+ 2y[x]+1==0，y，x]

Out[6]={{y→Function[{x}，$-\frac{1}{2}$+e^{-2x}C[1]]}}

In[7]：=DSolve[y''[x]+ 2y '[x]+ y[x]==0，y，x]

Out[7]={{y→Function[{x}，e^{-x}C[1]+ e^{-x}xC[2]]}}

这里 y 适合 y 的所有情况，下面的例子可以说明这一点.

In[8]：=y[x]+y'[x]+y[0]/.%

Out[8]= {C[1]+ e^{-x}C[2]}

在标准数学表达式中，直接引入亚变量表示函数自变量，用此方法可以生成微分方程的解. 如果需要的只是解的符号形式，引入亚变量很方便. 然而，如果想在其他的计算中使用该结果，那么最好使用不带亚变量的纯函数形式的结果.

三、求微分方程组

请分析下面的例子：

In[9]：=DSolve[{y[x]==-z'[x]，z[x]==-y'[x]}，{y[x]，z[x]}，x]

Out[9]={{z[x]→$\frac{1}{2}$e^{-x}（1+ e^{2x}）C[1] -$\frac{1}{2}$e^{-x}（-1+e^{2x}）C[2]，

y[x]→ -$\frac{1}{2}$e^{-x}（-1+ e^{2x}）C[1]+ $\frac{1}{2}$e^{-x}（1+e^{2x}）C[2]}}

当然微分方程组也有纯函数形式：

In[10]：=DSolve[{y[x]==-z '[x]，z[x]==-y'[x]}，{y，z}，x]

Out[10]={{z→Function[{x}，$\frac{1}{2}$e^{-x}（1+ e^{2x}）C[1] -$\frac{1}{2}$e^{-x}（-1+e^{2x}）C[2]]，

y→Function[{x}，$-\frac{1}{2}$e^{-x}（-1+ e^{2x}）C[1]+$\frac{1}{2}$e^{-x}（1+e^{2x}）C[2]]}}

四、带初始条件的微分方程的解

当给定一个微分方程的初始条件可以确定一个待定系数. 请看下面的例子：

In[11]：=DSolve[{y'[x]== y[x]，y[0]==5}，y[x]，x]

Out[11]={{y[x]→5e^{x}}}

In[12]：=DSolve[{y''[x]== y[x]，y'[0]==0}，y[x]，x]

Out[12]={{y[x]→e^{-x}（1+ e^{2x}）C[2]}}

由于给出一个初始条件所以只能确定 C[1].

注意：在上述命令中，一阶求导符号是用键盘上的单引号'输入的，二阶导数符号要输入两个单引号，而不能输入一个双引号. 等号在输入时要使用双等号.

五、练习（实验报告写法包括：题目，命令，结果）

1. 求下列常微分方程（组）的解.

(1) $\begin{cases} \dfrac{\mathrm{d}y}{\mathrm{d}x} = y + x, \\ y(0) = 1; \end{cases}$　　(2) $\begin{cases} \dfrac{\mathrm{d}x}{\mathrm{d}t} + y = \cos t, \\ \dfrac{\mathrm{d}y}{\mathrm{d}t} + x = \sin t. \end{cases}$

2. 求下列常微分方程的解：

（1）求微分方程 $y' + y\cos x = \mathrm{e}^{-\sin x}$ 的通解.

（2）求微分方程 $y'' - y' = x$ 的通解.

3. 在下列条件下求微分方程 $y'' + 8y' + 15y = 0$ 的解.

（1） $y\big|_{x=0} = 0$;

（2） $y\big|_{x=0} = 0$, $y'\big|_{x=0} = 2$.

实验六　多元函数微积分计算

一、多元函数的偏导数

与求一元函数导数类似，也可以用 D 函数求函数 f 的偏导数，基本格式如下.

D[f, {变量，n}]　给出对变量的 n 阶偏导数.

D[f, 变量 1，变量 2，...]　给出高阶混合偏导数.

例如，求 $z = \sin x + x\cos y$ 的两个一阶偏导数和四个二阶偏导数.

（一）先定义函数，再求偏导数

输入：Clear[x, y]

按"Shift+Enter".

输入：f[x_, y_]: =Sin[x]+x*Cos[y]

按"Shift+Enter".

输入：D[f[x, y], x]

按"Shift+Enter"得

Out[3]=cos[x]+cos[y]

输入：D[f[x, y], y]

按"Shift+Enter"得

Out[4]= –xsin[y].

输入：D[f[x, y], {x, 2}]

按"Shift+Enter"得

Out[5]=–sin[x].

输入：D[f[x, y], {y, 2}]

按"Shift+Enter"得

Out[6]= -xsin[y].

输入：D[f[x, y], x, y]

按"Shift+Enter"得

Out[7]= –sin[y].

输入：D[f[x，y]，y，x]
按"Shift+Enter"得
Out[8]= –sin[x].

（二）也可以直接利用偏导数命令来获得结果

输入：
D[Sin[x]+x*Cos[y]，x]
按"Shift+Enter"得
Out[3]= cos[x]+cos[y]
输入：
D[Sin[x]+x*Cos[y]，x，x]
按"Shift+Enter"得
Out[5]= -sin[x]

二、求全微分

在 Mathematica 系统中与求一元函数微分类似用 Dt 函数求函数 $f(x，y)$ 的全微分，基本格式为

$$Dt[f(x，y)]$$

注意：结果中的 Dt[x] 就是 dx，Dt[y] 就是 dy.

例如：求函数 $z = x^3 + y^3 - xy + 9x - 6y + 20$ 的全微分.

输入：
Dt[x^3+y^3-x*y+9x-6y+20]
按"Shift+Enter"得
Out[2]= $9Dt[x] + 3x^2 Dt[x] - yDt[x] - 6Dt[y] - xDt[y] + 3y^2 Dt[y]$.

三、求函数的二重积分 $\iint_D f(x,y)\mathrm{d}x\mathrm{d}y$

Integrate[f(x，y)，{x，xmin，xmax}，{y，ymin，ymax}]：$f(x，y)$ 为二元函数，{x，xmin，xmax} 表示 x 的取值范围，{y，ymin，ymax} 表示 y 的取值范围.

NIntegrate[f(x，y)，{x，xmin，xmax}，{y，ymin，ymax}]：数值积分.

例如：求二重积分 $\iint_D xy\mathrm{d}x\mathrm{d}y(D:1\leqslant x\leqslant 2,x\leqslant y\leqslant 2x)$.

输入：Integrate[x*y，{x，1，2}，{y，x，2x}]
按"Shift+Enter"得
Out[1]= $\dfrac{45}{8}$

四、求多元函数的极值

注意：函数可能有多个极小值或极大值

（一）求极小值

在 Mathematica 系统中与求一元函数极小值类似用 FindMinimum 函数求多变量函数 f 的极小值，基本格式为

FindMinimum [f，{x，x_0}，{y，y_0}，…]：{x_0，y_0，…}为初始值（可以随意选择），表示求出的是 f 在（x_0，y_0，…）附近的极小值. 因此，一般需借助于 Plot3D 函数先作出函数的图像，由图像帮助确定初始值，再利用 FindMinimum 求出 f 在（x_0，y_0）附近的极小值.

（二）求极大值

仍用 FindMinimum 函数来求多元函数的极大值，基本格式为

FindMinimum [-f，{x，x0}，{y，y0}，…]：{ x0，y0，…}为初始值（可以随意选择），表示求出的是 $-f$ 在（x_0，y_0，…）附近的极小值，记为 W ，也间接地求出了 f 在（x_0，y_0，…）附近的极大值 $-W$.

例如：求函数 $z = x^2 + y^2 - xy + 9x - 6y + 20$ 的极值.

输入：

Clear[f，x，y]

按"Shift+Enter".

输入：FindMinimum[x^2+y^2+9*x-x*y-6y+20，{x，-4}，{y，-4}]

按"Shift+Enter"得

Out[2]= {-1.,{x → -4.,y → 1.}}

输入：

Plot3D[x^2+y^2+9*x-x*y-6y+20，{x，-4，5}，{y，-4，5}]

按"Shift+Enter"得

Out[3]= …SurfaceGraphics…

表示 z 在 $x=-4$，$y=1$ 处取得极小值-1，该函数无极大值.图形如图 10-2 所示.

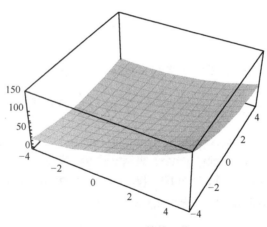

图 10-2　函数的图像

五、函数幂级数展开

函数幂级数展开格式：Series[f，{x，x0，n}]　（将函数 f 在 x_0 处展开成最高 n 次的幂级数）.

例如：将 e^x 在 $x=0$ 处展开到 x 的 7 次幂.

输入：

Series[$E \char`^ x$ ，{x，0，7}]

按"Shift+Enter"得

$$Out[4]= 1+ x + \frac{x^2}{2} + \frac{x^3}{6} + \frac{x^4}{24} + \frac{x^5}{120} + \frac{x^6}{720} + \frac{x^7}{5040} + O[x]^8$$

六、练习（实验报告写法包括：题目，命令，结果）

1. 求函数 $f(x, y) = x^2 y^2$ 的一阶偏导数和二阶偏导数.

2. 求函数 $f(x, y) = x \ln(x + y)$ 的一阶偏导数和二阶偏导数.

3. 求下列函数的全微分.

(1) $z = e^{x-2y}$ ； (2) $z = \sqrt{\dfrac{x}{y}}$ ； (3) $z = \arcsin(xy)$ ；

(4) $z = (x^2 + y^2) \ln(x + y)$ ； (5) $z = x^y + y \sin^2 x$.

4. （求近似值）计算二重积分 $\displaystyle\iint\limits_{D} (x^3 + 3x^2 y + y^3) \mathrm{d}x\mathrm{d}y$ （$D: 0 \leqslant x \leqslant 1, 0 \leqslant y \leqslant 1$）.

5. （求近似值）计算二重积分 $\displaystyle\iint\limits_{D} x^2 e^{-y^2} \mathrm{d}x\mathrm{d}y$ ，D 是由 $x = 0$，$y = 1$ 及 $y = x$ 所围成的区域.

6. 求二元函数的极值（每题都要求进行：求极小值和求极大值）.

(1) $z = x^3 - y^3 + 3x^2 + 3y^2 - 9x$ ，初始点取（0，0）；

(2) $z = 4(x - y) - x^2 - y^2$ ，   初始点取（3，−3）.

7. （1）将 $f(x) = \ln x$ 在 $x = 10$ 处展开成幂级数，最高次数为 7；

（2）将 $f(x) = \dfrac{1}{3 - x}$ 在 $x = 1$ 处展开成幂级数，最高次数为 8.

习 题 答 案

第 一 章

1. $\dfrac{-3}{(x+h-2)(x-2)}$.

2. （1）$(1,+\infty)$；（2）$(-\infty,-1)\bigcup(3,+\infty)$；（3）$\{x\mid x\neq3,x\neq-2\}$；（4）$(0,3]$.

3. （1）偶函数；（2）奇函数；（3）奇函数；（4）非奇非偶；（5）奇函数；（6）非奇非偶.

4. $x=390$.

5. （1）$A(1)=\dfrac{3}{2}$；（2）$A(u)=\dfrac{u^2+2u}{2}$，$u\in[-1,+\infty)$；（3）$A(u)$ 的定义域：$u\in[-1,+\infty)$；（4）略

6. （1）周期函数，周期为 π；（2）周期函数，周期为 π；（3）周期函数，周期为 π；
（4）不是周期函数.

7. （1）$f[\varphi(x)]=\sqrt{\left(\dfrac{2}{x}\right)^2-1}=\sqrt{\dfrac{4-x^2}{x^2}}$，定义域：$\left\{x\mid-2\leqslant x\leqslant2,x\neq0\right\}$；

（2）$\varphi[f(u)]=\dfrac{2}{\sqrt{u^2-1}}$，定义域：$(-\infty,-1)\bigcup(1,+\infty)$.

8. （1）$y=\sin\sqrt{x}$ 由 $y=\sin u,u=\sqrt{x}$ 复合而成；

（2）$y=\arctan\dfrac{x}{3}$ 由 $y=\arctan u,u=\dfrac{x}{3}$ 复合而成；

（3）$y=\left(x^3-1\right)^7$ 由 $y=u^7,u=x^3-1$ 复合而成；

（4）$y=\mathrm{e}^{-\sin2x}$ 由 $y=\mathrm{e}^u,u=-\sin v,v=2x$ 复合而成；

（5）$y=\lg\cos\sqrt{x}$ 由 $y=\lg u,u=\cos v,v=\sqrt{x}$ 复合而成；

（6）$y=\arccos\left(\dfrac{x}{a}+1\right)^2$ 由 $y=\arccos u,u=v^2,v=\dfrac{x}{a}+1$ 复合而成.

9. （1）-1；（2）-1；（3）t^2-9；（4）4；（5）∞；（6）1.

10. 略.

11. （1）0；（2）2；（3）∞；（4）∞；（5）$-\dfrac{2}{3}$；（6）0；（7）-1；（8）0.

12. （1）3；（2）2；（3）$\dfrac{3}{5}$；（4）0；（5）e；（6）e^{-6}；（7）e^4；（8）e^{-2} .

13. （1）3；（2）1；（3）1；（4）$\sqrt{a}$.

14. $\dfrac{D_0\mathrm{e}^{-kt}}{1-\mathrm{e}^{-k\tau}}$.

15. （1）无穷大；（2）无穷小；（3）无穷大；（4）无穷小.

16. x 与 $\tan x$ 是 $x\to0$ 时的等价无穷小. 当 $x\to0$ 时，$1-\cos x$ 是比 x 高阶的无穷小. 当 $x\to0$ 时，$1-\cos x$ 是比 $\tan x$ 高阶的无穷小.

17. $a=2,b=-1$.

18.（1）$x=1$ 是 $y=\dfrac{x+2}{x^2+x-2}$ 的无穷间断点，$x=-2$ 是 $y=\dfrac{x+2}{x^2+x-2}$ 的可去间断点；

（2）$x=\dfrac{\pi}{2}$ 是 $y=\dfrac{\cos x}{\dfrac{\pi}{2}-x}$ 的可去间断点；

（3）$x=-1,x=-2$ 是 $y=\dfrac{1}{\sqrt{x^2+3x+2}}$ 的无穷间断点；

（4）不存在间断点．

19.（1）1；（2）1．

20．提示：令 $f(x)=\sin x+2-x$ ．

第 二 章

一、

1. $\sqrt{}$； 2. ×； 3. $\sqrt{}$； 4. $\sqrt{}$； 5. ×．

二、

1. C；2. C；3. A；4. D；5. A．

三、

1. $v(1)=10-g$ ．

2. 提示：$n'(t)=(n_0\mathrm{e}^{kt})'=n_0 k\mathrm{e}^{kt}$ ，因此，某时刻 t 的增长率 $K_t=n_0 k\mathrm{e}^{kt}=k(n_0\mathrm{e}^{kt})$ ．
由于 k 为常数，因此 t 时刻的增长率与酵母细胞数 $n_0\mathrm{e}^{kt}$ 成正比．

3. 切线方程：$y-1=2\left(x-\dfrac{\pi}{4}\right)$ ，法线方程：$y-1=-\dfrac{1}{2}\left(x-\dfrac{\pi}{4}\right)$ ．

4.（1）$f(x)$ 在 $x=0$ 处不可导．（2）$f(x)$ 在 $x=0$ 处不可导．

5. $f'_+(0)=1$ ，$f'_-(0)=1$ ，$f'(0)$ 存在，且 $f'(0)=1$ ．

6.（1）$y'=ax^{a-1}+a^x\ln a$ ；（2）$y'=-\dfrac{1}{2}x^{-\frac{3}{2}}-\dfrac{1}{2}x^{-\frac{1}{2}}$ ；

（3）$y'=1+\ln x$ ；（4）$y'=\dfrac{x\cos x-2\sin x}{x^3}$ ．

7.（1）$y'=\dfrac{\cos x}{\sqrt{1-\sin^2 x}}$ ；（2）$y'=\dfrac{1}{x\ln x}$ ；（3）$y'=x\sec^2\dfrac{x^2}{2}$ ；（4）$y'=\dfrac{x}{\sqrt{1+x^2}}$ ．

8.（1）$y'=3x^2\cdot f'(x^3)$ ；（2）$\sin 2x[f'(\sin^2 x)-f'(\cos^2 x)]$ ．

9.（1）$y'=\dfrac{y}{y-x}$ ；（2）$y'=\dfrac{ay-x^2}{y^2-ax}$ ；（3）$y'=\dfrac{\mathrm{e}^{x+y}-y}{x-\mathrm{e}^{x+y}}$ ；（4）$y'=-\dfrac{\mathrm{e}^y}{1+x\mathrm{e}^y}$ ．

10.（1）$y''=2-\dfrac{1}{x^2}$ ；（2）$y''=4\mathrm{e}^{2x-1}$ ；（3）$y''=-2\sin x-x\cos x$ ；（4）$y''=-\dfrac{1}{(1+x)^2}$ ．

11.（1）$y'=\left(\dfrac{x}{1+x}\right)^x\left(\ln\dfrac{x}{1+x}+\dfrac{1}{1+x}\right)$ ；（2）$y'=\dfrac{1}{5}\sqrt[5]{\dfrac{x-5}{\sqrt[5]{x^2+2}}}\left[\dfrac{1}{x-5}-\dfrac{2x}{5(x^2+2)}\right]$ ；

（3）$y'=\dfrac{\sqrt{x+2}(3-x)^4}{(x+1)^5}\left[\dfrac{1}{2(x+2)}-\dfrac{4}{3-x}-\dfrac{5}{x+1}\right]$ ；

（4）$y'=\dfrac{1}{2}\sqrt{x\sin x\sqrt{1-\mathrm{e}^x}}\left[\dfrac{1}{x}+\cot x-\dfrac{\mathrm{e}^x}{2(1-\mathrm{e}^x)}\right]$ ．

12.（1）$\dfrac{dy}{dx} = -\dfrac{1}{t}$；（2）$\dfrac{dy}{dx} = -\dfrac{b}{a}\cot t$.

13.（1）$d(x^3 + C) = 3x^2 dx$；（2）$d(\ln x + C) = \dfrac{1}{x}dx$；（3）$d(-\cos x + C) = \sin x dx$；

（4）$d(2\sqrt{x} + C) = \dfrac{1}{\sqrt{x}}dx$；（5）$d\left(\dfrac{1}{3}\tan 3x + C\right) = \sec^2 3x dx$；

（6）$d(\ln(1+x) + C) = \dfrac{1}{1+x}dx$

14.（1）$dy = (x^2 + 1)^{-\frac{3}{2}}dx$；（2）$dy = \dfrac{2\ln x}{x}dx$；（3）$dy = 2\tan x \sec^2 x dx$；

（4）$dy = e^x[\sin(3-x) - \cos(3-x)]dx$.

15.（1）43.63cm^2；（2）104.72cm^2.

16.（1）1.01；（2）$1.01e$；（3）$\dfrac{1}{2} + \dfrac{\sqrt{3}}{360}\pi$.

17. A 的绝对误差限约为 $\delta_A \approx 4.712(\text{mm}^2)$；相对误差限约为 $\dfrac{\delta_A}{A} \approx 0.17\%$.

第 三 章

1. 略.

2. 略.

3.（1）$\dfrac{4}{5}$；（2）$\dfrac{1}{3}$；（3）$\dfrac{9}{5}$；（4）$-\dfrac{1}{2}$；（5）$\dfrac{1}{6}$；（6）5；（7）1；（8）∞；（9）π；（10）0；

（11）3；（12）$-\dfrac{1}{3}$；（13）e^4；（14）e^2；（15）1；（16）1；（17）e；（18）0.

4. 1.

5. 56.

6. 略.

7.（1）$x < \dfrac{3}{4}$ 单调递减，$\dfrac{3}{4} < x < +\infty$ 单调递增；（2）单调递增；（3）$x > 0$ 单调递减，$x < 0$ 单调递增；（4）$0 < x < \dfrac{1}{2}$ 单调递减，$x > \dfrac{1}{2}$ 单调递增.

8. 略.

9.（1）无极值；（2）极小值 $f(0) = 0$，极大值 $f(2) = \dfrac{4}{e^2}$；（3）极小值 $f(-1) = -1$，极大值 $f(1) = 1$；（4）极小值 $f(0) = 0$.

10.（1）最大值 $f(2) = 15$，最小值 $f(0) = 5$；（2）最大值 $f(0) = 1$，最小值 $f(0) = 5$ $f(-5) = \sqrt{6} - 5$.

11. $f(8) = 180$.

12.（1）$x < \dfrac{1}{2}$ 凸，$x > \dfrac{1}{2}$ 凹，拐点 $\left(\dfrac{1}{2}, -\dfrac{17}{2}\right)$；（2）$x < 0$ 凸，$x > 0$ 凹，拐点（0，0）.

13.（1）垂直渐近 $x = 0$，线斜渐近线 $y = x + 2$；（2）$y = 0$ 水平渐近线；（3）垂直渐近线 $x = 1$；（4）垂直渐近线 $x = 0$.

14. 略.

第 四 章

1. 略.

2. C，E.

3. $x^2 + C$.

4. $y = \ln x - 1$.

5. $S(t) = t^3 - t^2 + 1$.

6. （1）$\dfrac{1}{3}x^3 - x^2 + 3x + C$ ；（2）$\dfrac{3}{10}x^{\frac{10}{3}} + C$ ；（3）$\dfrac{8}{15}x^{\frac{15}{8}} + C$ ；

（4）$2e^x - \cos x + 3\ln|x| + C$ ；（5）$e^x - \arcsin x + C$ ；（6）$3x - 5\left(\dfrac{3}{2}\right)^x \Big/ \ln\left(\dfrac{3}{2}\right) + C$ ；

（7）$e^x + x + C$ ；（8）$\dfrac{1}{3}x^3 - x + \arctan x + C$ ；（9）$\dfrac{1}{6}x^2 + \dfrac{1}{3}x + \dfrac{1}{x} - \ln|x| + C$ ；

（10）$-\dfrac{1}{x} - \arctan x + C$ ；（11）$\dfrac{1}{2}(x - \sin x) + C$ ；（12）$-\cot x - \tan x + C$ ；

（13）$2\tan x + C$ ；（14）$-\dfrac{1}{2}\cos x + C$ ；（15）$\tan x + \sec x + C$.

7. （1）$\dfrac{1}{3}\ln|2 + 3x| + C$ ；（2）$-\dfrac{5^{-2x}}{2\ln 5} + C$ ；（3）$-\sqrt{1 - x^2} + C$ ；（4）$\dfrac{1}{3}\tan x^3 + C$ ；

（5）$2\sin\sqrt{x} + C$ ；（6）$\cos\left(\dfrac{1}{x}\right) + C$ ；（7）$\dfrac{2}{3\ln 2}(1 + 2^x)^{\frac{3}{2}} + C$ ；

（8）$\ln|\ln x| + C$ ；（9）$\dfrac{1}{2\cos^2 x} + C$ ；（10）$\ln|1 + \tan x| + C$ ；

（11）$\dfrac{1}{3}\sec^3 x + C$ ；（12）$\dfrac{1}{4}\sin 2x - \dfrac{1}{16}\sin 8x + C$ ；（13）$2\sqrt{\arctan x} + C$ ；

（14）$\dfrac{2^{\arcsin x}}{\ln 2} + C$ ；（15）$\dfrac{\sqrt{2}}{2}\arctan(\sqrt{2}\tan x) + C$ ；（16）$\dfrac{1}{4}\ln^2(1 + x^2) + C$ ；

（17）$\dfrac{9}{2}\arcsin\dfrac{x}{3} + \dfrac{x\sqrt{9 - x^2}}{2} + C$ ；（18）$\ln\left|\dfrac{\sqrt{4 + x^2} + x}{2}\right| + C$ ；（19）$-\dfrac{\sqrt{1 - x^2}}{x} + C$ ；

（20）$\dfrac{1}{2}\arctan(x + 1) + \dfrac{x + 1}{2(x^2 + 2x + 2)} + C$ ；（21）$\sqrt{2x} + \ln\left|\sqrt{2x} - 1\right| + C$ ；

（22）$\dfrac{3}{2}(x - 1)^{\frac{2}{3}} - 3(x - 1)^{\frac{1}{3}} + 3\ln\left|1 + (x - 1)^{\frac{1}{3}}\right| + C$ ；

（23）$2\sqrt{x + 1} - 4\sqrt[4]{x + 1} + 4\ln\left|\sqrt[4]{x + 1} + 1\right| + C$ ；

（24）$\dfrac{1}{2}\ln(5 + 2x + x^2) - \dfrac{1}{2}\arctan\left(\dfrac{x + 1}{2}\right) + C$ ；

（25）$\dfrac{1}{3}\arcsin\left(\dfrac{3}{4}x\right) + \dfrac{1}{9}\sqrt{16 - 9x^2} + C$ ；

（26）$\ln(\sqrt{1 + e^x} - 1) - \ln(\sqrt{1 + e^x} + 1) + C$ ；

（27） $-\ln\left|\dfrac{1+\sqrt{\dfrac{1-x}{1+x}}}{1-\sqrt{\dfrac{1-x}{1+x}}}\right|+2\arctan\sqrt{\dfrac{1-x}{1+x}}+C$.

8. （1） $\dfrac{x2^x}{\ln 2}-\dfrac{2^x}{(\ln 2)^2}+C$ ；（2） $\dfrac{1}{2}x\sin(2x+3)+\dfrac{1}{4}\cos(2x+3)+C$ ；

（3） $-\dfrac{1}{2}x^2\cos 2x+\dfrac{1}{2}x\sin 2x+\dfrac{1}{4}\cos 2x+C$ ；（4） $x(\ln x-1)+C$ ；

（5） $\dfrac{1}{3}x^3\arctan x-\dfrac{1}{6}x^2+\dfrac{1}{6}\ln(1+x^2)+C$ ；

（6） $x(\arcsin x)^2+2\arcsin x\sqrt{1-x^2}-2x+C$ ；

（7） $\dfrac{b\sin bx+a\cos bx}{a^2+b^2}e^{ax}+C$ ；（8） $\dfrac{1}{2}x[\sin(\ln x)-\cos(\ln x)]+C$ ；

（9） $-\sqrt{1-x^2}\arcsin x+x+C$ ；（10） $\ln x\cdot\ln(\ln x)-\ln x+C$ ；

（11） $\tan x\cdot\ln(\cos x)+\tan x-x+C$ ；（12） $2\sqrt{x}\arctan\sqrt{x}-\ln(1+x)+C$ ；

（13） $x\ln(x+\sqrt{x^2+1})-\sqrt{x^2+1}+C$ ；

（14） $2x\sqrt{e^x-1}-4\sqrt{e^x-1}+4\arctan\sqrt{e^x-1}+C$ ；

（15） $-\dfrac{\arctan x}{x}+\dfrac{1}{2}\ln\dfrac{x^2}{1+x^2}-\dfrac{1}{2}(\arctan x)^2+C$ ；

（16） $\dfrac{1}{2}x\sqrt{1+x^2}-\dfrac{1}{2}\ln\left|x+\sqrt{1+x^2}\right|+C$.

9. （1） $\ln|x+1|+\dfrac{2}{x+1}+C$ ；（2） $2\ln|x-2|+3\ln|x+5|+C$ ；

（3） $\ln|x|-\dfrac{1}{2}\ln(x^2+1)+C$ ；（4） $\ln|x|-\dfrac{2}{x-1}+C$ ；

（5） $\ln|x|-\dfrac{1}{2}\ln|x+1|-\dfrac{1}{4}\ln|x^2+1|-\dfrac{1}{2}\arctan x+C$ ；

（6） $\dfrac{2\sqrt{3}}{3}\arctan\dfrac{\sqrt{3}\tan\dfrac{x}{2}}{3}+C$ ；（7） $\ln\left|1+\tan\dfrac{x}{2}\right|+C$ ；

（8） $\dfrac{1}{2\sqrt{2}}\arctan\dfrac{x^2-1}{\sqrt{2}x}-\dfrac{1}{4\sqrt{2}}\ln\left|\dfrac{x^2-\sqrt{2}x+1}{x^2+\sqrt{2}x+1}\right|+C$.

第 五 章

1. （1） $\dfrac{b^2-a^2}{2}$ ；（2） $\dfrac{5}{2}$.

2. （1）成立；（2）成立

3. （1） 0 ；（2） 0 ；（3） 0 ；（4） $\dfrac{\pi^3}{324}$.

4. （1） $1\leqslant\displaystyle\int_0^1 e^{x^2}\mathrm{d}x\leqslant e$ ； （2） $4\leqslant\displaystyle\int_1^3(x^2+1)\mathrm{d}x\leqslant 20$ ； （3） $\dfrac{2\pi}{9}\leqslant\displaystyle\int_{\frac{1}{\sqrt{3}}}^{\sqrt{3}}x\operatorname{arccot}x\mathrm{d}x\leqslant\dfrac{\pi}{3}$ ；

（4）$\dfrac{\pi}{2}\leqslant\displaystyle\int_{0}^{\frac{\pi}{2}}\dfrac{\mathrm{d}x}{\sqrt{1-\frac{1}{2}\sin^{2}x}}\leqslant\dfrac{\pi}{\sqrt{2}}$．

5.（1）$\displaystyle\int_{0}^{1}x\,\mathrm{d}x\leqslant\int_{0}^{1}x^{2}\,\mathrm{d}x\leqslant\int_{0}^{1}x^{3}\,\mathrm{d}x$；（2）$\displaystyle\int_{1}^{e}\ln x\,\mathrm{d}x\geqslant\int_{1}^{e}\ln^{2}x\,\mathrm{d}x\geqslant\int_{1}^{e}\ln^{3}x\,\mathrm{d}x$．

6. 略.

7. $1-\dfrac{1}{e}$．

8. $f'(0)=\dfrac{1}{3}$．

9. $y'=e^{y}\cos x$．

10.（1）e^{2-x}；（2）$\dfrac{1}{2\sqrt{x}}\cos(x+1)$；（3）$2x\sqrt{1+x^{4}}$；（4）$e^{-x}+2e^{2x}$．

11. 极小值 $\varPhi(0)=0$．$\pm\dfrac{1}{\sqrt{2}}$

12.（1）3；（2）$\dfrac{2}{3}$；（3）e.

13. 略.

14.（1）$3e-\dfrac{7}{3}$；（2）$\dfrac{\pi}{3a}$；（3）4π；（4）1；（5）$2\sqrt{2}-1$；（6）$\dfrac{4}{5}\ln 2$；（7）$\pm\dfrac{2}{3}$；

（8）$\arctan e-\dfrac{\pi}{4}$；（9）π；（10）$\dfrac{1}{2}-\dfrac{1}{2}\ln 2$；（11）$\dfrac{2}{5}$；（12）$\dfrac{4}{3}$；（13）$\sqrt{2}-\dfrac{2}{\sqrt{3}}$；

（14）$2\ln 2-1$；（15）$4-2\arctan 2$；（16）$4-\pi$；（17）$1-\dfrac{\pi}{4}$；（18）$\dfrac{\pi}{4}$；

（19）$\dfrac{\pi}{4}+\dfrac{1}{2}$；（20）$2-\dfrac{2}{e}$．

15.（1）$\dfrac{\pi}{4}+\ln\dfrac{\sqrt{2}}{2}$；（2）$8(\ln 2-1)$；（3）$2-\dfrac{3}{4\ln 2}$；（4）$\dfrac{1}{4}(1-\ln 2)$；（5）$\pi^{2}$；

（6）$\dfrac{2}{3}$；（7）$\dfrac{1}{2}$；（8）$\dfrac{e}{2}(\sin 1-\cos 1)+\dfrac{1}{2}$；（9）$\dfrac{1}{5}(e^{\pi}+e^{-\pi})$．

16.（1）$\dfrac{1}{a}$；（2）$\dfrac{\pi}{2e}$；（3）$\dfrac{\pi}{4}+\dfrac{1}{2}\ln 2$；（4）$\dfrac{1}{2}$；（5）发散；（6）$\pi$；（7）发散；

（8）$\dfrac{16}{3}$；（9）$\dfrac{4\ln 2}{3}$；（10）π；（11）发散；（12）发散；（13）发散.

第 六 章

1. $\dfrac{32}{3}$．2. $e+\dfrac{1}{e}-2$．3. $e^{b}-e^{a}$．4. $\dfrac{7}{6}$．5. $2a^{2}$．6. $\dfrac{\pi}{5}$．7. $\dfrac{3\pi}{10}$．8. $160\pi^{2}$．9. $\dfrac{128\pi}{7}$；$\dfrac{64\pi}{5}$．

10. $8a$．11. $\dfrac{kb^{4}}{12}$．12. (1) $t=1$，$f(t)_{\max}=0.6$；（2）1.0125．

第 七 章

1. $e^{y}-\dfrac{15}{16}=(x+\dfrac{1}{4})^{2}$．

2. 微分方程中，未知函数的导数的最高阶数，称为微分方程的阶.

（1）（2）是一阶，（3）（4）是二阶.

3. （1）$1+y^2 = C\mathrm{e}^{-\frac{1}{x}}$.

（2）$y = \frac{1}{5}x^3 + \frac{1}{2}x^2 + C$.

（3）$\arcsin y = \arcsin x + C$.

（4）$\cos y = C\cos x$.

（5）$\mathrm{e}^y = \mathrm{e}^x + 1$.

（6）$y^3 = \frac{3}{2}x^2 - 3\cos x + 11$.

（7）$\arctan(x+y) = x + C$.

（8）$y = 2x - 1 - C\mathrm{e}^{-x}$.

（9）$y = \dfrac{x}{1+\sqrt{x}}$.

（10）$y^2 - x^2 = y^3$.

4. （1）$y = \mathrm{e}^{-x}(x+C)$.

（2）$y = -\frac{1}{2}x - \frac{5}{4} + C\mathrm{e}^{2x}$.

（3）$y = \frac{1}{x}(\sin x - x\cos x + C)$.

（4）$y = \frac{2}{3}(4 - \mathrm{e}^{-3x})$.

（5）$y = \frac{1}{x}(\mathrm{e}^x + 2\mathrm{e})$.

（6）$x = \frac{1}{2}y^2(1+y)$.

（7）$x = -\frac{1}{2}(\sin y + \cos y) + C\mathrm{e}^y$.

（8）$\frac{1}{y} = \mathrm{e}^{\sin x}(-x + C)$.

5. （1）$y = x\mathrm{e}^{-x} + C_1 x + C_2$.

（2）$y = \frac{1}{6}x^3 - \sin x + C_1 x + C_2$.

（3）$y = -\dfrac{C_1}{x} + C_2$.

（4）$y = -\frac{1}{2}x^2 - x + C_1\mathrm{e}^x + C_2$.

（5）$\dfrac{1}{\sqrt{C_1}}\arctan\dfrac{y}{\sqrt{C_1}} = x + C_2$.

（6）$y = 1 + C_2\mathrm{e}^{C_1 x}$.

6. （1）$y = C_1\mathrm{e}^{-3x} + C_2\mathrm{e}^{-5x}$.

（2）$y = C_1 + C_2\mathrm{e}^{-5x}$.

（3）$y = (C_1 + C_2 x)\mathrm{e}^{-5x}$.

（4）$y = (C_1 + C_2 x)\mathrm{e}^{-\frac{3}{2}x}$.

（5）$s = \mathrm{e}^t\left(C_1\cos\frac{t}{2} + C_2\sin\frac{t}{2}\right)$.

（6）$y = \mathrm{e}^{-x}(C_1\cos 2x + C_2\sin 2x)$.

（7）$y = C_1\cos 3x + C_2\sin 3x$.

7. $y = k\ln x + 2$.

8. t 时刻容器内的含糖量为 $x = \dfrac{1}{50+t}(100t + t^2 + 500)$，故 20 分钟后容器内含糖量 $x = 41.43$（千克）.

9. 在时刻 t 人群中被感染者的比率 $y = \dfrac{a}{a+b}[1 - \mathrm{e}^{-(a+b)t}]$.

10. $k = \dfrac{1}{2}\ln\dfrac{4314}{2455} = 0.2819$.

第 八 章

1. $f(x) = x^2 + 2x,\ z = x + \sqrt{y} - 1$.

2. （1）$D = \left\{(x,y)\,|\,x + y + 1 \geqslant 0, x \neq 2\right\}$；（2）$D = \left\{(x,y)\,|\,x < y^2\right\}$；

（3）$D = \{(x,y) \mid y \mid \leqslant \mid x \mid, x \neq 0\}$；　　　　（4）$D = \{(x,y) \mid x^2 + y^2 < 16\}$.

3.（1）2025；（2）-1；（3）0；（4）0；（5）9；（6）2.

4. 证：略.（3）提示：分别考察当点（x，y）沿着直线 $y=x$ 和抛物线 $x=y^2$ 趋向(0,0)时的极限情况.

5.（1）（0，0）；（2）直线 $x+y=0$ 上所有的点；（3）坐标轴上的所有点；（4）（1，2，3）.

6. 略.

7.（1）$\dfrac{\partial z}{\partial x} = 3$，$\dfrac{\partial z}{\partial y} = -8y^3$；（2）$\dfrac{\partial z}{\partial x} = \mathrm{e}^{3y}$，$\dfrac{\partial z}{\partial x} = 3x\mathrm{e}^{3y}$；（3）$\dfrac{\partial z}{\partial x} = \dfrac{2y}{(x+y)^2}$，$\dfrac{\partial z}{\partial y} = -\dfrac{2x}{(x+y)^2}$；

（4）$\dfrac{\partial z}{\partial x} = \dfrac{\sqrt{y}}{1+x^2 y}$，$\dfrac{\partial z}{\partial y} = \dfrac{-x}{2\sqrt{y}(1+x^2 y)}$；（5）$\dfrac{\partial z}{\partial x} = yx^{y-1}$，$\dfrac{\partial z}{\partial x} = x^y \ln x$；

（6）$f'_x(x,y,z) = \dfrac{1}{x+2y+3z}$，$f'_y(x,y,z) = \dfrac{2}{x+2y+3z}$，$f'_z(x,y,z) = \dfrac{3}{x+2y+3z}$.

8.（1）$f'_x(3,4) = \dfrac{3}{5}$；（2）$f'_z(3,2,1) = \dfrac{-1}{3}$；

（3）（提示：可先将 $y=0$ 代入到 $f(x,y)$ 中，然后求一元函数的导数）$f'_x(0,0) = -\dfrac{1}{3}$.

9.（1）$\dfrac{\partial^2 z}{\partial x^2} = 12x^2 - 6y^3$，$\dfrac{\partial^2 z}{\partial y^2} = -18x^2 y$，$\dfrac{\partial^2 z}{\partial y \partial x} = -18xy^2$；

（2）$\dfrac{\partial^2 z}{\partial x^2} = \dfrac{2xy}{(x^2+y^2)^2}$，$\dfrac{\partial^2 z}{\partial y^2} = -\dfrac{2xy}{(x^2+y^2)^2}$，$\dfrac{\partial^2 z}{\partial y \partial x} = \dfrac{y^2 - x^2}{(x^2+y^2)^2}$；

（3）$\dfrac{\partial^2 z}{\partial x^2} = 2\cos(x+y) - x\sin(x+y)$，$\dfrac{\partial^2 z}{\partial y^2} = -x\sin(x+y)$　$\dfrac{\partial^2 z}{\partial y \partial x} = \cos(x+y) - x\sin(x+y)$；

（4）$\dfrac{\partial^2 z}{\partial x^2} = -\dfrac{2}{y}(\sin x^2 + 2x^2 \cos x^2)$，$\dfrac{\partial^2 z}{\partial y^2} = \dfrac{2\cos x^2}{y^3}$，$\dfrac{\partial^2 z}{\partial y \partial x} = \dfrac{2x}{y^2}\sin x^2$.

10. 略.

11.（1）$\mathrm{d}z = (3x^2 \ln y^2)\mathrm{d}x + \dfrac{2x^3}{y}\mathrm{d}y$；（2）$\mathrm{d}u = -\dfrac{r}{(s+2t)^2}\mathrm{d}s + \dfrac{1}{s+2t}\mathrm{d}r - \dfrac{2r}{(s+2t)^2}\mathrm{d}t$；

（3）$\mathrm{d}z = (y\mathrm{e}^{xz} + xyz\mathrm{e}^{xz})\mathrm{d}x + x\mathrm{e}^{xz}\mathrm{d}y + x^2 y\mathrm{e}^{xz}\mathrm{d}z$.

12. $\mathrm{d}z = 0.9$，$\Delta z = 0.9225$.

13.（1）108.972；　（2）0.498.

14.（1）$\dfrac{\mathrm{d}z}{\mathrm{d}t}\Big|_{t=0} = 6$；（2）$\dfrac{\mathrm{d}z}{\mathrm{d}t} = -3\sin t\mathrm{e}^{3\cos t + 2t^2} + 4t\mathrm{e}^{3\cos t + 2t^2}$；

（3）$\dfrac{\partial z}{\partial x} = \dfrac{3}{2}x^2 \sin 2y(\cos y - \sin y)$，$\dfrac{\partial z}{\partial y} = \dfrac{3}{2}x^2 (\cos y + \sin y)(2 - 3\sin 2y)$；

（4）$\dfrac{\partial z}{\partial x} = \dfrac{2xy + \ln y}{1 + (2x^2 y + x\ln x)^2}$，$\dfrac{\partial z}{\partial y} = \dfrac{2x^2 + x/y}{1 + (2x^2 y + x\ln y)^2}$；

（5）（提示：$u = 3x^2 + y^2, v = 4x + 2y$，则 $z = u^v$ 是一个以 u，v 为中间变量，x，y 为自变量的

复合函数）$\dfrac{\partial z}{\partial x} = (3x^2 + y^2)^{4x+2y-1}[6x(4x+2y) + 4(3x^2 + y^2)\ln(3x^2 + y^2)]$，

$\dfrac{\partial z}{\partial y} = 2(3x^2 + y^2)^{4x+2y-1}[y(4x+2y) + (3x^2 + y^2)\ln(3x^2 + y^2)]$；

（7）$\dfrac{\partial z}{\partial x} = f_1' + \dfrac{1}{y}f_2'$，$\dfrac{\partial z}{\partial y} = -\dfrac{x}{y^2}f_2'$；

（8）$\dfrac{\partial z}{\partial x} = f(x^2-y^2,2xy) + 2x^2 f_1' + 2xy f_2'$，$\dfrac{\partial z}{\partial y} = -2xy f_1' + 2x^2 f_2'$；

（9）$\dfrac{\mathrm{d}u}{\mathrm{d}x} = \mathrm{e}^{ax}\sin x$．

15. 证略（提示：令 $w = f(x^2-y^2)$）．

16.（1）$y'''(0)=0$；（2）$f' = -\dfrac{F_x'}{F_y'} = \dfrac{\cos x \cos y - \cos x}{\sin x \sin y - \sin y}$；

（3）$\dfrac{\partial z}{\partial x} = -\dfrac{F_x'}{F_z'} = -\dfrac{yz + \sin(x+y+z)}{xy + \sin(x+y+z)}$，$\dfrac{\partial z}{\partial x} = -\dfrac{F_y'}{F_z'} = -\dfrac{xz + \sin(x+y+z)}{xy + \sin(x+y+z)}$；

（4）$\dfrac{\partial z}{\partial x} = -\dfrac{F_x'}{F_z'} = \dfrac{1}{y(x+z)-1}$，$\dfrac{\partial z}{\partial x} = -\dfrac{F_y'}{F_z'} = \dfrac{z}{1-y(x+z)}$．

17.（1）极大值为 $f(2,-2)=8$；（2）极小值为 $f\left(\dfrac{1}{2},-1\right) = -\dfrac{\mathrm{e}}{2}$．

18. $\left(-\dfrac{1}{8}, \dfrac{9\sqrt{7}}{8}\right)$ 和 $\left(-\dfrac{1}{8}, -\dfrac{9\sqrt{7}}{8}\right)$．

19. $V = \left(\dfrac{\sqrt{6}}{6}a\right)^3 = \dfrac{\sqrt{6}}{36}a^3$（提示：设长方体的长、宽、高分别为 x，y，z，则该问题就是在约束条件

$g(x,y,z) = 2xy + 2yz + 2xz - a^2 = 0$ 下，求函数 $V = xyz(x>0,y>0,z>0)$ 的最大值）．

第 九 章

1. 证略.

2.（1）$\dfrac{2}{3} \leqslant I \leqslant 2$；（2）$9\pi \leqslant I \leqslant 13\pi$；（3）$2 \leqslant I \leqslant 10$．

3.（1）$I_1 \geqslant I_2$；（2）$I_1 \leqslant I_2$；（3）$I_1 \geqslant I_2$．

4.（1）$\displaystyle\int_0^1 \mathrm{d}y \int_y^1 f(x,y)\,\mathrm{d}x$；（2）$\displaystyle\int_0^2 \mathrm{d}y \int_{2+\sqrt{4-y^2}}^{y} f(x,y)\,\mathrm{d}x$；

（3）$\displaystyle\int_{-2}^2 \mathrm{d}x \int_0^{\sqrt{4-x^2}} f(x,y)\,\mathrm{d}y$．

5. 证略.

6.（1）2；（2）1；（3）$\dfrac{45}{2}$；（4）$\dfrac{1}{2}$；（5）$\dfrac{45}{8}$．

7.（1）$\pi(\mathrm{e}-1)$；（2）$\pi(2\ln 2-1)$；（3）$\dfrac{15\pi}{2}$．

8. $\dfrac{1}{6}$．

9. $\dfrac{3}{32}\pi$．

10. $\dfrac{17}{6}$．